电机轴承应用技术

才家刚 王 勇 等编著

机 械 工 业 出 版 社

本书以图文并茂的形式，向广大读者介绍了电机常用滚动轴承的分类、代号表示方法、设计选型技术、润滑的机理和选型、油路及润滑设计、再润滑的周期计算、寿命计算、装配和拆卸工艺、外形尺寸和游隙的测量、电机运行中的轴承噪声与振动分析、测量及故障处理、日常维护保养和运行监测，轴承失效分析、常见故障分析和判断等方面的知识。最后一章以问答的形式给出了一些轴承故障案例。附录给出了常用滚动轴承的使用参数、我国新旧轴承型号对比、中外轴承型号对比、常用轴承游隙等资料，供读者选型时参考使用。

本书可供电机设计和研究人员学习参考，可作为与轴承有关的设备使用和维修人员的日常工作指导用书，也可用作技术学校相关专业师生的教材和参考资料。

图书在版编目（CIP）数据

电机轴承应用技术/才家刚等编著. —北京：机械工业出版社，2020.4
（2021.7 重印）

ISBN 978-7-111-64660-0

Ⅰ.①电… Ⅱ.①才… Ⅲ.①电机–滚动轴承 Ⅳ.①TM303.5

中国版本图书馆 CIP 数据核字（2020）第 022537 号

机械工业出版社（北京市百万庄大街 22 号　邮政编码 100037）
策划编辑：江婧婧　责任编辑：江婧婧
责任校对：李　杉　封面设计：鞠　杨
责任印制：张　博
涿州市般润文化传播有限公司印刷
2021 年 7 月第 1 版第 2 次印刷
169mm×239mm·17.5 印张·360 千字
3 001—4 000 册
标准书号：ISBN 978-7-111-64660-0
定价：89.00 元

电话服务　　　　　　　　网络服务

客服电话：010 - 88361066　　机　工　官　网：www.cmpbook.com
　　　　　010 - 88379833　　机　工　官　博：weibo.com/cmp1952
　　　　　010 - 68326294　　金　书　网：www.golden - book.com
封底无防伪标均为盗版　　机工教育服务网：www.cmpedu.com

前　言

电机分为电动机和发电机两大类，其中电动机占绝大部分，是广泛用于各种机械的动力设备。轴承是保障电机正常运行的关键。

电机中所用轴承主要有滚动轴承和滑动轴承两大类，其中滚动轴承应用较多，是本书要介绍的内容。

对于从事电机设计的工程技术人员（本书中简称为电机设计人员）而言，轴承的选择是电机机械结构设计中无法回避的话题，对于从事电机生产及使用和维修的工程技术人员来说，对轴承的装配、拆卸和故障分析诊断是从业人员必备的技能。

选择、应用和维护电机轴承需要做的工作可以概括为如图1所示的几个步骤。

| 轴承的选型 | → | 轴承的校核计算 | → | 轴承的润滑设计 | → | 轴承轴系结构设计（上图样） | → | 轴承的安装(工艺设计) | → | 电机测试过程中的轴承问题排查 | → | 电机运行时轴承的监测和维护 | → | 轴承拆卸 | → | 轴承失效分析 |

图1　电机轴承的选择、应用和维护

完成上述工作需要具备的知识如图2所示。

显然，轴承在电机中的应用技术有其本身的体系。应用技术是根据设备运行工况要求，对给定产品进行选择、使用、维护、分析等方面工作的技术。应用技术的边界条件是"工况要求"和"给定产品"。与设计技术不同的是，应用技术不涉及改变工况要求和改变产品设计。或者说，应用技术是把产品性能用到最佳、使之得以充分发挥其性能的技术。

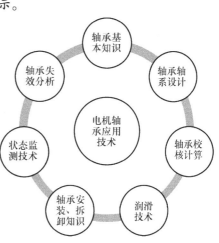

图2　电机轴承应用知识

在现代的教育体系中，对于电机专业而言，有电机的设计、制造、控制技术的教学；对于轴承专业（目前专业名称有所调整）而言，有轴承设计、制造方面的教学，而对专门的应用技术所谈甚少。由于对应用技术的教育空白，在实际工作中经常遇到的问题往往只能靠摸索和经验的积累来解决。即便在技术资料方面，也很难寻找到成体系的介绍。

正是由于工程技术人员这样的知识体系，造成有些人把设计制造技术用于应用领域，或者把应用技术归于纯经验，甚至认为存在某种不可知性。

在电机的轴承应用领域，简单地将研发设计技术用于应用领域时，技术人员会经常提出根据工况的设计更改。须知，轴承是标准件，通常在普遍设计不适用的情况下确实存在更改设计的需求，但是在"物尽其用"之前，轻易地提出修改设计，会造成成本的增加，同时轴承在电机中的使用会遇到后续维护通用性不好、难以寻找备品配件的情况。对于电机设计人员而言，轴承知识并非专业技术的核心内容，如果缺乏轴承应用知识，会直接求助于轴承专业技术人员；而轴承工程技术人员如果对应用工况以及应用技术了解不足，就会盲目地修改轴承设计。更有甚者，由于相互沟通不良，会造成工程问题中的责任不清，甚至扯皮。这样的情况在电机制造商和轴承供应商之间频频发生。

另一方面，由于缺乏轴承应用技术教育，一些工程技术人员将应用技术归纳为纯经验领域的学问。日常的轴承应用技术教育都是面对工程实际的口传心授。不同的人有不同的理解，以及不同的表达和传授方式，导致电机轴承应用技术陷入一种标准模糊的境地。甚至很多工程技术人员认为电机轴承存在一些很难解决的问题，而事实并非如此。

实际上，从前面的介绍也可以看出，电机轴承的应用技术其实有其自身的体系，这个知识体系并不是独立于电机技术和轴承技术而单独存在的。相反地，电机轴承应用技术和电机技术、轴承技术存在千丝万缕的联系，同时又有其独特的方面。整个电机轴承应用技术处于两个学科的边缘部分，又自成体系。它们之间的关系如图3所示。

图3　电机轴承应用技术与相关领域技术的关系

电机轴承应用技术作为"边缘技术"，是电机生产、设计、制造、维护的相关实际工作中最常用的一门技术。其需求的频繁出现和目前电机轴承应用技术教育的空缺造成了很多工程技术人员的困扰。

事实上，国内外很多工程技术人员，经过多年的知识和经验积累，已经逐渐形成电机轴承应用技术的知识体系。很多轴承的应用标准和电机轴承的标准，就是这些技术进展的一个体现。这些规范说明电机轴承应用技术并非零散的经验累积，很多知识有明确规范的使用和解释。遗憾的是，目前市场上很难见到一本系统化介绍电机轴承应用技术的书籍。所以希望本书能够贡献一份力量。

本书将电机轴承应用知识分为 11 个部分：①电机轴承基础知识；②电机常用滚动轴承的性能及选择；③电机轴系中的轴承结构配置及选择；④电机轴承润滑选择和应用；⑤滚动轴承寿命计算；⑥滚动轴承的装配和拆卸工艺；⑦电机运行中的轴承噪声与振动分析；⑧电机轴承维护与状态监测；⑨电机轴承失效分析；⑩电机轴承在使用前和使用中的检测；⑪电机轴承应用技术问答 61 例。在这些内容中，电机轴承噪声与振动分析部分和最后的应用技术问答部分一样，属于对诸多领域知识的综合应用，其他部分是相对独立的应用知识介绍。

需要说明的是，本书中各个章节的知识是相互联系的，而非单独割裂的。在实际工作中，面对一个问题，经常需要同时考虑这些知识模块中的各种可能因素，而这些因素之间其实也是相互影响的。比如，在电机轴承轴系设计中，考虑了选什么轴承，如何在轴系中进行布置，进而对轴承进行校核。很有可能校核的结果导致轴承选型的改变，然后又进入轴系设计步骤。在这个过程中交叉运用了轴承基本知识、轴系配置知识、校核计算、润滑甚至安装拆卸等多方面知识。在本书中，只是为了将轴承应用技术进行系统化梳理，才根据实际应用的大致流程进行了切割和排序，而这并不意味着知识的割裂。

但是，另一方面，本书的内容编排也反映了一些应用技术的流程，同时也界定了某些区别和差异。比如在轴承失效分析和状态监测部分，很多资料都是完整地介绍完轴承的安装拆卸之后讨论失效分析，最后介绍状态监测。事实上，这样的排序模糊了状态监测和轴承失效分析的前后顺序，同时也模糊了两个技术环节之间的相互关系和界限。本书在轴承失效分析和状态监测部分用了一定的篇幅介绍目的、意义和两门技术之间的联系，就是为了帮助读者厘清这两部分技术的关系。

本书在介绍各个领域技术时，除了着重介绍技术本身"是什么"之外，还着重说明"为什么"。目前很多标准及技术资料对"是什么"的问题已经有了较多描述，但是就"为什么"的问题论述相对较少。在实际工作中也经常遇到电机设计人员坚持"是什么"的教条，而由于不了解"为什么"，便不敢进行变通。希望通过本书的介绍，可以让读者真正掌握电机轴承应用技术，而非知其然不知其所以然。

本书在介绍过程中尽量避免过多的理论探讨，我们希望通过对实践问题的解决和理论之间的印证能帮助大家更好地理解电机轴承应用技术。

书中还穿插介绍了一些在国内电机生产中实际遇到的问题以及分析和解决方法，希望能帮助更多的同行解决问题。

实际上，电机轴承应用技术除了本书所说的一些分类知识以外，还有一些难以被分类、分散在其他领域的知识。在最后一章中，也对一些问题的解答做了补充。

在前些年，本书编者曾出版过《滚动轴承使用常识》（第 1 版和第 2 版）。本书借用了其中大部分内容。本书中的有些数据来源于国家和行业标准、轴承生产企业的样本和使用手册；引用了刘泽九先生主编的《滚动轴承应用手册（第 3 版）》

中的一些轴承数据。在此，对刘泽九先生及其他相关作者表示衷心的感谢。

　　本书编者中，才家刚编写了第一章、第十章、第六章和附录，以及第十一章的部分内容，并对全书进行统稿；王勇编写了前言、第二章、第三章、第五章、第七～九章以及第四章和第十一章的大部分内容；赵明、赵文杰、齐永红、李红、薛红秋、齐岳等参与了部分内容的编写、资料收集、绘图、打字、校核和修改等工作。

　　由于编者知识水平和实践经验有限，书中难免有不准确甚至错误之处。恳请在电机和轴承行业工作的专家以及广大工作在一线的电机使用和维修人员提出宝贵的意见和建议，在此表示感谢。

编　者

目　录

第一章 电机轴承基础知识

第一节 滚动轴承的分类及基本结构

轴承按照摩擦方式可分为两大类,一类是滚动轴承;另一类是滑动轴承。在一般的工业电机中前者应用较广泛,是本书要介绍的内容。

滚动轴承的种类虽然繁多,但都已成为了"标准件",具有统一的编号形式,使用时按样本选用即可。

一、滚动轴承的分类

(一)按轴承的尺寸大小分类

轴承的大小是按其公称外径尺寸大小来确定的。具体规定见表1-1。

表1-1 按轴承的尺寸大小分类

类型	微型	小型	中小型	中大型	大型	特大型
公称外径尺寸/mm	≤26	28~55	60~115	120~190	200~430	≥440

(二)按承受载荷方向、公称接触角及滚动体形状分类

1. 公称接触角的定义

所谓的"公称接触角"(用符号 α 表示),是指滚动体与滚道接触区中点处滚动体载荷向量与轴承径向平面之间的夹角。一般滚动体载荷作用在接触区的中心与接触表面垂直,所以接触角即指接触面中心与滚动体中心的连线与轴承径向平面之间的夹角。

通过滚动体中心与轴承轴线垂直的平面称为轴承的径向平面;包含轴承中心线的平面称为轴向平面。

图1-1为几种类型轴承接触角的表示方法。

2. 分类

国家标准 GB/T 271—2017《滚动轴承 分类》中,将滚动轴承按其所能承受的载荷方向、公称接触角及滚动体形状分为三大类共15种基本类型,见表1-2。

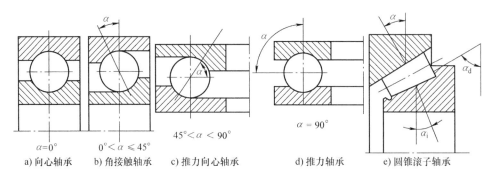

图 1-1　几种类型轴承接触角的表示方法

表 1-2　按轴承所能承受的载荷方向、公称接触角及滚动体形状分类

序号	分类		
1	向心轴承 （公称接触角 $0° \leqslant \alpha < 45°$）	向心球轴承	深沟球轴承（$\alpha = 0°$），又称为径向接触轴承
			调心球轴承
			角接触球轴承（$0° < \alpha < 45°$）
		向心滚子轴承	圆柱滚子轴承（$\alpha = 0°$）
			滚针轴承（$\alpha = 0°$）
			调心滚子轴承
			圆锥滚子轴承（$0° < \alpha < 45°$）
2	推力轴承 （公称接触角 $45° < \alpha \leqslant 90°$）	球轴承	推力角接触球轴承（$45° < \alpha < 90°$）
			推力球轴承（$\alpha = 90°$）
			角接触球轴承（$0° < \alpha < 45°$）
		滚子轴承	推力调心滚子轴承
			推力圆锥滚子轴承
			推力圆柱滚子轴承
			推力滚针轴承
3	组合轴承（一套轴承内由两种或两种以上轴承组合而成的轴承组）		

（三）按轴承的结构或公称接触角分类

按结构的不同或公称接触角的不同，主要分类见表 1-3。

表 1-3　常用轴承

序号	名称	定　义
1	向心轴承	主要用于承受径向载荷的滚动轴承，公称接触角为 0°~45°
2	径向接触轴承	公称接触角为 0°的向心轴承
3	角接触向心轴承	公称接触角为 0°~45°的向心轴承
4	推力轴承	主要用于承受轴向载荷的轴承，公称接触角为 45°~90°

（续）

序号	名称	定 义
5	轴向接触轴承	公称接触角为 90° 的推力轴承
6	角接触推力轴承	公称接触角 >45°，但 <90° 的推力轴承
7	球轴承	滚动体为球的轴承
8	滚子轴承	滚动体为滚子，按滚子的形状，又可分为圆柱滚子轴承、圆锥滚子轴承、滚针轴承、球面滚子轴承（调心滚子轴承）等
9	调心轴承	滚道是球面形的，能适应两滚道轴心线间的角偏差及角运动的轴承
10	非调心轴承（刚性轴承）	能阻抗滚道间轴心线角偏移的轴承
11	单列轴承	具有一列滚动体的轴承
12	双列轴承	具有两列滚动体的轴承
13	多列轴承	具有多于两列的滚动体，并且承受同一方向载荷的轴承
14	可分离轴承	具有可分离部件的轴承，俗称活套轴承
15	不可分离轴承	轴承在最终配套后，套圈均不能任意自由分离的轴承
16	密封轴承	带密封圈的轴承，有单密封和双密封之分
17	沟形球轴承	滚道一般为沟形，沟的圆弧半径略大于球半径的滚动轴承
18	深沟球轴承	每个套圈均具有横截面弧长为球周长 1/3 的连续沟道的向心球轴承

（四）几种特殊工况下使用的轴承

当设备运行在特殊环境中或具有特殊运行要求的场合时，需用配置符合要求的特殊轴承。现将常见的几种列于表 1-4 中，供参考使用。

表 1-4 几种特殊工况下使用的轴承

名称	定义和性能简介
高速轴承	通常指外圈直径与内圈转速的乘积 $>1 \times 10^6$ mm·r/min 的滚动轴承。滚动体的质量相对较小，选用特轻或超轻直径系列，有些滚子会是空心的或陶瓷的
高温轴承	工作温度高于 120℃ 的轴承。其零部件需经过特殊的高温回火和尺寸稳定处理，保持架通常使用黄铜或硅铁合金材料制造，160℃ 以上的轴承需用高温润滑脂
低温轴承	工作温度低于 -60℃ 的轴承。可以采用不锈钢制造，保持架用相同材料或聚四氯乙烯复合材料制造，应使用低温润滑脂
耐腐蚀轴承	可在具有腐蚀性介质中运行的轴承。一般采用不锈钢制造（承载能力较低），对于浓酸、烧碱和熔融环境，则需要使用陶瓷材料
防磁轴承	可在较强磁场中工作而不产生涡流损伤的轴承。由非磁性材料制成，例如铍青铜（承载能力较低）和陶瓷等
自润滑轴承	采用以保持架作润滑源的转移润滑方法，维持正常运转的一种特殊轴承。一般用不锈钢轴承制造，性能要求较高时用陶瓷材料，保持架由润滑材料与基体材料（粉末状）烧结而成
陶瓷轴承	用陶瓷材料制成的轴承。用于高速、高温、低温、强磁场、真空、高压等很多恶劣环境中，承载能力高，摩擦系数小，寿命长，可实现自润滑

二、基本结构、组成轴承的部件及各部位的名称

（一）常用系列部件及各部位的名称

常用的单列向心深沟球轴承、单列圆柱滚子轴承、圆锥滚子轴承、单列向心推力球轴承、单向推力球轴承的部件及各部位的名称如图1-2所示。

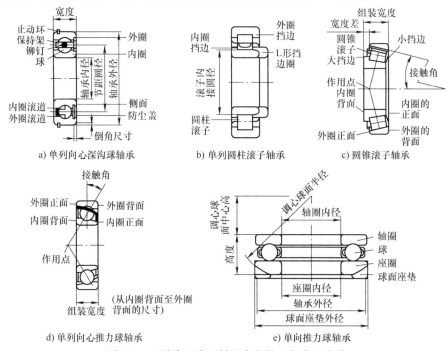

图1-2　几种常用类型轴承各部件和部位的名称

（二）密封装置

很多小型球轴承有各种密封装置，用于封住内部的油脂和防止外面的粉尘进入（所以也称为"防尘盖"），并分单边和双边两种，在我国标准 GB/T 272—2017《滚动轴承 代号方法》以及 JB/T 2974—2004《滚动轴承 代号方法的补充规定》中规定：用字母和数字标注在规格型号后面，单边的称为 Z 型，双边的称为 2Z 型，常用的有 "－Z"（轴承一面带防尘盖，例如6210－Z）、"－2Z"（轴承两面带防尘盖，例如 6210－2Z）、 "－RZ"（轴承一面带非接触式骨架橡胶密封圈，例如6210－RZ）、"－2RZ"（轴承两面带非接触式骨架橡胶密封圈，例如 6210－2RZ）、 "－RS"（轴承一面带接触式骨架橡胶密封圈，例如 6210－RS）、"－2RS"（轴承两面带接触式骨架橡胶密封圈，例如 6210－2RS）等符号，如图1-3所示。

（三）保持架

保持架在轴承中是用于分隔引导滚动体的运行的元件。它可以防止滚动体之间的金属直接接触带来的摩擦和发热，同时为润滑提供了空间，对于分离式的轴承在安装和拆卸的过程中也起到了固定滚动体的作用。

　　保持架有用于球轴承的波浪式和柱式及圆锥轴承的花篮式、筐式等多种形式，波浪式的材质一般用钢材冲压制成，花篮式的材质则有：实体黄铜、工程塑料、钢或球墨铸铁、钢板冲压、铜板冲压等多种。其形状如图 1-4 所示，保持架所用材料的字母和数字代号见表 1-5。

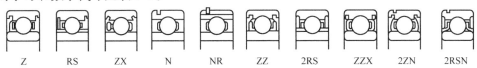

图 1-3　深沟球轴承的密封类型

图 1-4　滚动轴承的保持架

表 1-5　保持架所用材料的字母和数字代号

代号	材 料 名 称
F	钢、球墨铸铁或粉末冶金实体保持架，用附加数字表示不同的材料：F1——碳钢；F2——石墨钢；F3——球墨铸铁；　F4——粉末冶金
M	黄铜实体保持架
T	酚醛层压布管实体保持架
TH	玻璃纤维增强酚醛树脂保持架（筐式）
N	工程塑料模铸保持架，用附加数字表示不同的材料：TN1——尼龙；TN2——聚砜；TN3——聚酰亚胺；TN4——聚碳酸酯；TN5——聚甲醛
J	钢板冲压保持架，材料有变化时附加数字区别
Y	铜板冲压保持架，材料有变化时附加数字区别
V	满装滚动体（无保持架）

（四）滚动体

　　滚动体按其形状分为球形、圆柱形（含短圆柱形、长圆柱形和针形）、锥形（实际为圆台形）、球面形（鼓形）和针形等几种。如图 1-5 所示。

球形滚子　圆柱形滚子　锥形滚子　球面形(鼓形)滚子　针形滚子

图 1-5　滚动体的类型

第二节　滚动轴承代号

一、代号的三个部分名称及包含的内容

国家标准 GB/T 272—2017《滚动轴承 代号方法》规定了滚动轴承代号的编制方法。其中规定，滚动轴承代号由前置代号、基本代号和后置代号共 3 个部分组成，其排列见表 1-6。由于第 1 部分（前置代号）对于识别整套轴承意义不大，所以下面仅介绍第 2 和第 3 部分所包含的内容。

表 1-6　滚动轴承代号的构成

顺序	1	2				3							
	前置代号	基本代号				后置代号							
		结构类型	尺寸系列		内径	1	2	3	4	5	6	7	8
内容	成套轴承分部件		宽/高度系列	直径系列	接触角	内部结构	密封与防尘套圈变形	保持架及其材料	轴承材料	公差等级	游隙	配置	其他

二、基本代号和所包含的内容

（一）结构类型代号

基本代号中的结构类型代号用数字或字母符号表示，各自所代表的内容见表 1-7，对应示例见图 1-6。

表 1-7　滚动轴承基本代号中轴承类型所用符号

代号	轴承类型	图例	代号	轴承类型	图例
0	双列角接触球轴承	图 1-6a	N	圆柱滚子轴承（双列或多列用 NN 表示）	图 1-6j
1	调心球轴承	图 1-6b			
2	调心滚子和调心推力滚子轴承	图 1-6c	NU	单列短圆柱轴承（内圈无挡圈）	图 1-6k
3	圆锥滚子轴承	图 1-6d			
4	双列深沟球轴承	图 1-6e	NJ	单列短圆柱轴承（内圈有一边挡圈）	图 1-6l
5	推力球轴承	图 1-6f			
6	深沟球轴承	图 1-6g	QJ	四点接触球轴承	图 1-6m
7	角接触球轴承	图 1-6h	RNA	向心滚针轴承	图 1-6n
8	推力圆柱滚子轴承	图 1-6i			

注：表中代号后或前加字母或数字，表示该类轴承中的不同结构。

（二）尺寸系列代号

基本代号中的尺寸系列代号用两位数字表示，前一位是轴承的宽度（对向心轴承）或高度（对推力轴承）系列代号，后一位是轴承的直径（外径）系列代号，

a) 00000型　　b) 10000型　　c) 20000型　　d) 30000型

e) 40000型　　f) 50000型　　g) 60000型　　h) 70000型

i) 80000型　　j) N和NN0000型　　k) NU0000型　　l) NJ0000型

m) QJ0000型　　n) RNA0000型　　o) 外圈带止动槽的轴承(X0000N型)

p) 电绝缘轴承　　q) 聚合物滚珠轴承　　r) 陶瓷轴承和滚珠

图 1-6　常用和特殊用途滚动轴承外形和局部剖面图

例如 "58" 表示该轴承的宽度系列为 5、直径系列为 8 的向心轴承，详见表 1-8。

在和结构类型代号合写成组合代号（轴承系列代号）时，前一位是 0 的，可省略（另有其他可省略的情况，详见表 1-10）。

宽度、高度、直径（外径）的实际尺寸数值，将根据其代号从相关表中查得。

（三）内径系列代号

基本代号中的内径系列代号用数字表示，根据尺寸大小的不同，表示方法也有所不同，详见表 1-9，其中 d 为轴承内径，单位为 mm。

表1-8 滚动轴承尺寸系列代号

直径系列代号	向心轴承								推力轴承			
	宽度系列代号								高度系列代号			
	8	0	1	2	3	4	5	6	7	9	1	2
	尺寸系列代号								尺寸系列代号			
7	—	—	17	—	37	—	—	—	—	—	—	—
8	—	08	18	28	38	48	58	68	—	—	—	—
9	—	09	19	29	39	49	59	69	—	—	—	—
0	—	00	10	20	30	40	50	60	70	90	10	—
1	—	01	11	21	31	41	51	61	71	91	11	—
2	82	02	12	22	32	42	52	62	72	92	12	22
3	83	03	13	23	33	—	—	—	73	93	13	23
4	—	04	—	24	—	—	—	—	74	94	14	24
5	—	—	—	—	—	—	—	—	—	95	—	—

表1-9 滚动轴承内径系列代号

公称内径/mm		内径系列代号	示例
0.6~10（非整数）		用公称内径毫米数直接表示，在其与结构类型尺寸系列代号之间用"/"分开	深沟球轴承618/2.5，$d=2.5$mm
1~9（整数）		用公称内径毫米数直接表示，对深沟球轴承及角接触球轴承7、8、9直径系列，内径系列与结构类型尺寸系列代号之间用"/"分开	深沟球轴承62/5，618/5，$d=5$mm
10~17	10	00	
	12	01	深沟球轴承62/00，$d=10$mm
	15	02	深沟球轴承619/02，$d=15$mm
	17	03	
20~480（22、28、32除外）		公称内径毫米数除以5的商数，如商数为个位数，需在商数左边加"0"	推力球轴承591/20，$d=100$mm 深沟球轴承632/08，$d=40$mm
≥500以及22、28、32		用公称内径毫米数直接表示，在其与尺寸系列代号之间用"/"分开	深沟球轴承62/22，$d=22$mm 调心滚子轴230/500，$d=500$mm

注：为了明确，表中轴承内径系列代号的数字加了下划线（例如2.5），实际使用时不带此下划线。

（四）常用的轴承组合代号

轴承的结构类型代号和尺寸系列代号合在一起组成轴承的组合代号。常用的轴承组合代号见表1-10，表中用括号"（ ）"括起来的数字表示在组合代号中可以省略。

表 1-10　常用的轴承组合代号

轴承类型		简图	类型代号	尺寸系列代号	组合代号
深沟球轴承			6	17	617
			6	37	637
			6	18	618
			6	19	619
			16	(0) 0	160
			6	(1) 0	60
			6	(0) 2	62
双列深沟球轴承			4	(2) 2	42
				(2) 3	43
圆柱滚子轴承	外圈无挡边圆柱滚子轴承		N	10	N10
				(0) 2	N2
				22	N22
				(0) 3	N3
				23	N23
				(0) 4	N4
				10	N10
	内圈无挡边圆柱滚子轴承		NU	10	NU10
				(0) 2	NU2
				22	NU22
				(0) 3	NU3
				23	NU23
	内圈单挡边圆柱滚子轴承		NJ	10	NJ10
				(0) 2	NJ2
				22	NJ22
				(0) 3	NJ3
				23	NJ23
	外圈单挡边圆柱滚子轴承		NF	(0) 2	NF2
				(0) 3	NF3
				23	NF23

（续）

轴承类型		简图	类型代号	尺寸系列代号	组合代号
推力轴承	推力球轴承		5	11	511
				12	512
				13	513
				14	514
	双向推力球轴承		5	22	522
				23	523
				24	524
	推力圆柱滚子轴承		8	11	811
				12	812
圆锥滚子轴承			3	02	302
				03	303
				13	313
				20	320
				22	322
				23	323

（五）向心滚动轴承常用尺寸系列

向心滚动轴承常用尺寸系列如图1-7所示。

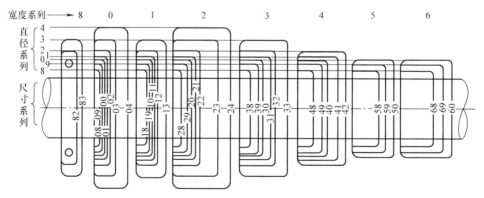

图1-7 向心滚动轴承常用尺寸系列示意图（圆锥滚子轴承除外）

三、轴承后置代号及其含义

滚动轴承后置代号用于表示轴承的内部结构、密封防尘与外部形状变化，以及保持架结构、材料改变、轴承零部件材料改变、公差等级、游隙等方面的内容，用字母或数字加字母符号表示。现将与常用轴承有关的密封防尘与外部形状变化和保持架结构、材料改变等方面的内容介绍如下。

（一）密封防尘与外部形状变化代号

密封防尘与外部形状变化代号用字母或数字加字母表示，见表1-11。

表1-11　密封防尘与外部形状变化代号及所包含的内容

代号	含　义	示例
- RS	轴承一面带骨架式橡胶密封圈（接触式）	6210 - RS
- 2RS	轴承两面带骨架式橡胶密封圈（接触式）	6210 - 2RS
- RZ	轴承一面带骨架式橡胶密封圈（非接触式）	6210 - RZ
- 2RZ	轴承两面带骨架式橡胶密封圈（非接触式）	6210 - 2RZ
- Z	轴承一面带防尘盖	6210 - Z
- 2Z	轴承两面带防尘盖	6210 - 2Z
- RSZ	轴承一面带骨架式橡胶密封圈（接触式）、一面带防尘盖	6210 - RSZ
- RZZ	轴承一面带骨架式橡胶密封圈（非接触式）、一面带防尘盖	6210 - RZZ
N	轴承外圈有止动槽	6210N
NR	轴承外圈有止动槽，并带止动环	6210NR
- ZN	轴承一面带防尘盖，另一面外圈有止动槽	6210 - ZN
- ZNR	轴承一面带防尘盖，另一面外圈有止动槽，并带止动环	6210 - ZNR
- ZNB	轴承一面带防尘盖，同一面外圈有止动槽	6210 - ZNB
- U	推力轴承，带球面垫圈	53210 - U
- FS	轴承一面带毡圈密封	6203 - FS
- 2FS	轴承两面带毡圈密封	6206 - 2FS
- LS	轴承一面带骨架式橡胶密封圈（接触式，套圈不开槽）	NU3317 - LS
- 2LS	轴承两面带骨架式橡胶密封圈（接触式，套圈不开槽）	NNF5012 - 2LS

（二）保持架材料代号

保持架材料代号见表1-5。但当轴承的保持架采用表1-12所列的结构和材料时，不编制保持架材料改变的后置代号。

表1-12　不编制保持架材料改变后置代号的轴承保持架结构和材料

轴承类型	保持架的结构和材料
深沟球轴承	（1）当轴承外径 $D \leqslant 400mm$ 时，采用钢板（带）或黄铜板（带）冲压保持架 （2）当轴承外径 $D > 400mm$ 时，采用黄铜实体保持架
圆柱滚子轴承	（1）圆柱滚子轴承：当轴承外径 $D \leqslant 400mm$ 时，采用钢板（带）冲压保持架；外径 $D > 400mm$ 时，采用钢制实体保持架 （2）双列圆柱滚子轴承，采用黄铜实体保持架

（续）

轴承类型	保持架的结构和材料
滚针轴承	采用钢板或硬铝冲压保持架
长圆柱滚子轴承	采用钢板（带）冲压保持架
圆锥滚子轴承	（1）当轴承外径 $D \leqslant 650mm$ 时，采用钢板冲压保持架 （2）当轴承外径 $D > 650mm$ 时，采用钢制实体保持架
推力球轴承	（1）当轴承外径 $D \leqslant 250mm$ 时，采用钢板（带）冲压保持架 （2）当轴承外径 $D > 250mm$ 时，采用实体保持架
推力滚子轴承	推力圆柱或圆锥滚子轴承，采用实体保持架

（三）公差等级代号

公差等级代号用字母或数字加字母表示，见表 1-13。较常用的为 0 级（普通级）、6 级、6X 级、5 级、4 级和 2 级。其中 0 级尺寸公差范围最大，称为普通级，用于普通用途的机械（例如一般用途的电动机）；之后按这一前后顺序，尺寸公差范围依次减小，或者说精度等级依次提高。公差范围的具体数值见附录 K、附录 L 以及相关表册。

表 1-13　公差等级代号

代号	含　义	示例
/P0	公差等级符合标准规定的 0 级，代号中省略，不表示	6203
/P6	公差等级符合标准规定的 6 级	6203/P6
/P6X	公差等级符合标准规定的 6X 级	30210/P6X
/P5	公差等级符合标准规定的 5 级	6203/P5
/P4	公差等级符合标准规定的 4 级	6203/P4
/P2	公差等级符合标准规定的 2 级	6203/P2

（四）游隙代号

游隙代号用字母加数字表示（0 组只用数字"0"表示），如不加说明，是指轴承的径向游隙（详见第 2 章），见表 1-14。常用深沟球轴承和圆柱滚子轴承的径向具体数值分别见附录 A 和附录 B。

表 1-14　游隙代号

代号	含　义	示例
–	游隙符合标准规定的 0 组	6210
/C1	游隙符合标准规定的 1 组	NN3006K/C1
/C2	游隙符合标准规定的 2 组	6210/C2
/C3	游隙符合标准规定的 3 组	6210/C3
/C4	游隙符合标准规定的 4 组	NN3006K/C4

（续）

代号	含　义	示例
/C5	游隙符合标准规定的 5 组	NNU4920K/C5
/C9	游隙不同于现行标准规定	6205 – 2RS/C9
/CN	0 组游隙。/CN 与字母 H、M 或 L 组合，表示游隙范围减半，若与 P 组合，表示游隙范围偏移 /CNH——表示 0 组游隙减半，位于上半部 /CNM——表示 0 组游隙减半，位于中部 /CNL——表示 0 组游隙减半，位于下半部 /CNP——表示游隙范围位于 0 组上半部及 C3 的下半部	—

注：公差等级代号与游隙代号同时表示时，可进行简化，取公差等级代号加上游隙组号（0 组不表示）的组合。例如：某轴承的公差等级为 P6 组、径向游隙为 C3 组，可简化为"/P63"；某轴承的公差等级为 P5 组、径向游隙为 C2 组，可简化为"/P52"。

四、常用轴承代号速记图和口诀

说明：为了便于记忆，将上述第二节所介绍的轴承代号内容中，与常用轴承有关的内容绘制和编制成"关系图"与口诀，其中有些不十分全面或表述不十分清晰的，请以前面所讲述的内容为准。

（一）常用轴承代号速记图

常用轴承代号中类型和尺寸系列内容速记"关系图"如图 1-8 所示。

（二）常用轴承代号内容速记口诀

1. 结构

轴承代号有规定，　三个部分来组成。

前置、基本和后置，各自内容都不同。

前置表示分部件，　一般代号不使用；

基本代号为主体，　通常只用此部分；

后置代号为辅助，　表示内容七八种。

2. 基本代号

（1）系列代号

基本代号要记清，一般包含三个内容。

结构类型第一个，比较常用有七种。

圆锥滚子代号 3；5 为推力球轴承；

深沟向心球为 6；7 为角接球轴承；

推力圆柱代号 8；N 为向心柱轴承；

NU 单列短圆柱，内圈无挡较常用。

（2）尺寸代号

尺寸系列在正中，表明宽高和外径。

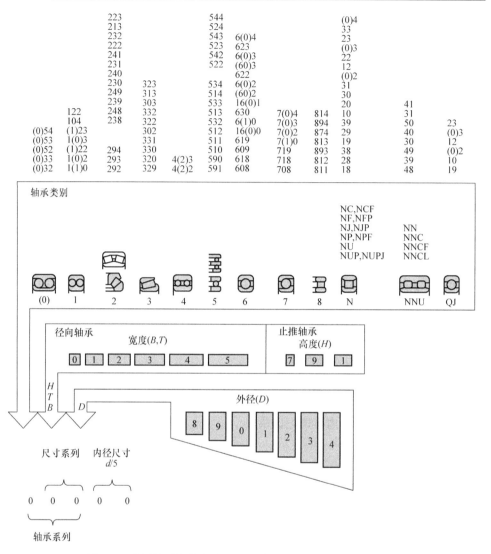

图1-8　常用轴承代号中类型和尺寸系列内容速记"关系图"

出现数字为两位，前为宽高后直径。

若出数字为一位，外径代号应是零[⊖]。

（3）内径尺寸代号

内径代号在最后，相对复杂要分清。

[⊖]　对于尺寸系列中的宽度（高度）和外径代号，若外径代号为0，则可将其简化，即不出现该部分，因此尺寸系列的代号部分将只有一位代表高度或宽度的数字，例如6312（第一位"6"表示深沟向心球轴承，后两位"12"表示轴承内径为（12×5）mm＝60mm，则表示尺寸系列的代号只有一位数字"3"，实际上应为"30"，即宽度代号为"3"，外径代号为"0"，此处将外径代号为"0"省略了）。

20 以下最难记，10 至 17 分四等：

03、02 和 01，　还有一个是 00，

17、15、12、10，依次排列相对应；

20 以上到 500，　内径除以 5 来标明，

所除得商一位数，前面加上一个 0；

500 以上用实数，前加斜杠（/）来分清；

23、28 和 32，标写规定与上同。

3. 后置代号

后置代号有时有，有无都要搞清楚。

内部结构保持架，密封、游隙和精度。

（1）密封装置代号

防尘密封符号 Z；RZ 骨架非接触；

骨架接触 RS。双边有 2 单边无 ⊖。

（2）游隙代号

游隙使用符号 C，后跟数字表级数，

从 0 到 5 共六种，0 级符号不标出；

其他 C1 到 C5，前加斜杠（/）来分出。

（3）精度等级代号

精度等级符号 P，常跟数字 0 至 6，

标出规定同游隙，若是 0 级不标出 ⊖。

（4）保持架材料代号

材料代号保持架，一到两个英字母，

黄铜 M 酚醛 T；钢铁冶金为 F；

标 N 表示是塑料，字母 V 表示无 ⊖。

五、几种电机常用滚动轴承介绍

（一）深沟球轴承（DGBB）

从结构上可以看出，深沟球轴承（Deep Groove Ball Bearing，DGBB）其滚动体是球形的，在滚道内进行轴向旋转（见图 1-9）。深沟球轴承滚道的曲率半径和球的半径不同。通常把滚道轴向弧长大于 1/3 滚球圆周长的径向滚动轴承叫作深沟球轴承。由于其具有足够的"深"度，因此深沟球轴承除了具有径向负荷承载能力

⊖　"双边有 2"是指两面都具有防尘密封装置的，其字母代号前加一个数字"2"，例如 6210 - 2Z；"单边无"则是说只有一面有防尘密封装置的，其字母代号前不加数字，例如 6210 - Z。

⊖　见表 1-14 注。

⊖　"字母 V 表示无"是说该轴承无保持架，即滚道中满装滚动体。

之外，还具有一定的双向轴向负荷承载能力。

同时，球轴承滚动体和滚道之间的接触是点接触⊖。因此，球轴承的承载能力相较于线接触（同点接触的注）的滚子轴承而言偏弱；另外，球轴承与线接触的滚子轴承相比，球轴承滚动体和滚道接触面积较小、发热小、散热相对容易，相对于同直径的滚子而言，质量较小，滚球旋转离心力小，因此球轴承相较于同内径尺寸的滚子轴承而言，其转速能力更强。

图 1-9　深沟球轴承外形和局部剖面图

深沟球轴承具有很小的承受偏心的能力，最大值不应该超过 $10'$。通常不建议利用这个轴承偏心能力。

（二）圆柱滚子轴承（CRB）

圆柱滚子轴承（Cylindrical Roller Bearing，CRB）在电机中常用的是 N 系列和 NU 系列，如图 1-10 所示。从结构中可以看出，这两类轴承在内圈或者外圈具有双侧挡边，但是在相应的另一边没有挡边。因此，这两类圆柱滚子轴承不具备轴向承载能力。

a) NU型　　　　　　　　　　　　　　　　b) N型和NN型

图 1-10　NU 系列和 N 系列圆柱滚子轴承外形和结构图

由于圆柱滚子轴承滚动体和滚道之间的接触是线接触，因此具有承载能力大的特点（径向）。但相较于深沟球轴承，其转速能力相对较弱。

同时，由于圆柱滚子轴承承载时的接触线是沿轴向的，因此其对负载的偏心十分敏感。所以，电机的对中不好（即转轴与轴承室的同轴度较差），或者由于机座加工引起的轴承负荷不对中，会对圆柱滚子轴承带来较大的影响。

由于圆柱滚子轴承是柱状滚动体，滚动体与辊道之间属于线接触，因此圆柱滚子轴承具有十分小的偏心承载能力，通常小于 $2' \sim 4'$。进行电机结构设计时，应严格控制圆柱滚子轴承承载的偏心，避免造成轴承的提早失效。

在常用的圆柱滚子轴承中，经常有电机设计人员询问 N 系列和 NU 系列在使用

⊖　考虑材料弹性，微观上是面接触。——作者注

方面的利弊。从两种轴承的结构上就可以看出，NU 系列圆柱滚子轴承（见图 1-10a）滚动体保持架和外圈是一个组件整体，而 N 系列圆柱滚子轴承（见图 1-10b）则相反。当对电机进行组装的时候，两者的区别就会显现出来。通常，圆柱滚子轴承的安装都是分开内外圈安装的，即将外圈装入轴承室，再将内圈装在轴上。对于 NU 系列的轴承，内圈加热仅仅是加热一个铁环；对于 N 系列的圆柱滚子轴承，需要加热一整个内圈和滚动体组件，并且加热之后，操作者需要拿起整个热的（100℃左右）组件进行安装，安装过程中极易污染滚动体组件，并且一旦污染，还很难擦拭，这个问题在 NU 系列的圆柱滚子轴承里就不会存在。因此在安装使用环节上，NU 系列更加方便。

另一个方面，即对于使用滚柱轴承的立式电机，当轴承旋转时，N 系列却比 NU 系列具有更好的油脂保持能力，更有利于润滑。

因此具体到轴承的选择，需要电机设计人员根据实际工况酌情进行处理。

（三）角接触球轴承（ACBB）

角接触球轴承（Angular Contact Ball Bearing，ACBB）是另一类电机中常用的轴承。如图 1-11 所示，从其结构可以看出，由于接触角的存在，这种轴承可以承受比较大的轴向负荷（相对于深沟球轴承而言）以及相应的径向负荷。

角接触球轴承的内部滚动接触和深沟球轴承类似，因此具有较强的转速性能。又由于角接触球轴承运行时所有滚动体都承受负荷，所以系统刚性更好。角接触球轴承的转速性能甚至可以优于深沟球轴承。因此，有些高转速场合，有时会使用施加过预紧的角接触球轴承来替代深沟球轴承，以获得更强的转速性能。

图 1-11　角接触轴承外形和局部剖面图

（四）调心滚子轴承（SRB）

调心滚子轴承（Spherical Roller Bearing，SRB）内部是一列或两列可以调心的滚子运行在球面滚道之上（见图 1-12）。调心滚子轴承具较大径向负荷承载能力，同时具备双向的轴向负荷承载能力。

对于具有两列滚子的调心滚子轴

图 1-12　调心滚子轴承外形和结构图

承，由于是两列滚子承载，所以相较于单列的圆柱滚子轴承而言，其径向负荷承载能力更大。相应的，其滚动体滚动发热更多、散热不利、内部润滑更困难、高速下滚子离心力更大，因此其转速能力相对圆柱滚子轴承更低。

由于调心滚子轴承其内部的滚动体和滚道的形状，导致其具有良好的调心性能，可以适应一定程度的负载不对中（负载设备的转轴与电机转轴同轴度较差）。

（五）其他类型轴承

电机中还有可能使用一些其他类型的轴承，如圆锥滚子轴承、四点接触球轴承、调心滚子推力轴承等。

圆锥滚子轴承（见图1-13a）使用相对复杂，尤其其预负荷调整，对一般的电机厂而言，是需要比较多的知识和经验累积。但是对于某些大轴向负荷而言，不得不使用此类轴承。

四点接触球轴承（见图1-13b）是两柱一球结构中可能会使用的轴承，此类轴承不能承受径向负荷，仅仅能承受轴向负荷。通常电机厂会用相应尺寸的深沟球轴承进行替代。

绝缘轴承在一些对轴电流较大的电机中会有应用，包括仅对外圈进行绝缘处理或内外圈均进行绝缘处理的电绝缘轴承（见图1-13c）及陶瓷轴承和滚珠（见图1-13d）等。陶瓷轴承还具有转速及承载能力高、耐极低温度和可免润滑剂的独特性能。

外圈带轴向止动沟槽的轴承（见图1-13e）通过施加橡胶止动环与轴承室相配合，用于对轴承外圈在轴向移动量方面有要求的场合，同时也具有一定的控制轴承外圈在轴承室中沿圆周方向滑动的作用。

a) 圆锥滚子轴承　　b) 四点接触球轴承　c) 电绝缘轴承　d) 陶瓷轴承和滚珠

e) 外圈带轴向止动沟槽的轴承

图1-13　特殊用途滚动轴承

第二章 电机常用滚动轴承的性能及选择

电机轴承的选型是电机设计人员在电机设计中的一项重要工作，同时也是电机后续轴承相关工作的起点，对电机后续轴承运行起到十分关键的作用。

电机轴承的选型本质是按照电机工作时轴支撑点需要的承载能力与能够满足这个要求的轴承进行匹配的过程。这就要求电机设计人员在设计电机时，不仅仅要对外界工况要求十分了解，同时也要对各类轴承的性能十分熟悉。所以，作为电机轴承使用的第一步就是了解不同类型轴承的性能。

本章将介绍轴承的一些共有性能，其中包括轴承各部位允许的最高温度、承载特性、轴承的转速性能、不同温度下的性能、不同轴承保持架的性能、轴承游隙的选择等，同时讲述供电机设计人员参考使用的电机用轴承选型方法。

第一节 轴承允许的最高温度

一、电机轴承的运行温度

电机轴承能够运行的温度是一个很宽泛的概念。常用轴承通常由轴承内圈和外圈、滚动体、保持架、润滑、密封等元件构成。如果电机轴承在某个温度下稳定运行，这些元件不仅需要能够承受住这个温度，而且还要在这个温度下承载、运转。通常选择轴承时，就已经选定了轴承的这些元件，因此某个轴承能稳定运行的最高温度就已经被确定了。

这里讨论的轴承温度指的是轴承外圈温度，实际工况中应该采取轴承外圈温度测量值作为轴承温度值，如果无法测量轴承外圈温度，应该尽量贴近轴承外圈来测量轴承温度值。

电机设计人员在测量轴承温度之前需要明确一点——电机轴承的允许运行温度应该是多少。

首先，电机轴承的发热不应该是电机主动热源的主要部分。轴承在电机中的作用主要是支撑，并且减少轴的旋转摩擦。虽然轴承旋转时也会发热，轴承的发热不应该给电机带来过多的额外热量。而轴承本身的温度也应该主要是由电机机座和轴传导而来的热量导致的。

电机在进行设计时要考虑所用绕组绝缘材料的耐热等级温度值，这个温度值是保证电机内部绝缘部件在电机工作温度下依然能够起到有效绝缘作用的限度。但是，电机内部绝缘耐热等级的温度要经过传导才能到达轴承部分，所以轴承部分的温度不可能等于绝缘温度等级。在现实中，经常有电机设计人员用电机内部绝缘等级的温度当作对轴承温度的要求，这是不正确的。

根据很多国家标准，一般中小型电机滚动轴承的工作温度不得高于95℃。一般的，在外界环境温度正常时，中小型电机轴承部分的温度也不会到达这样的限值。在实际工况中，电机轴承温度在 60～70℃ 时比较常见。一旦电机轴承温度达到90℃，就要引起电机设计人员的重视。

本章所说的电机轴承的温度，通常是指电机工况温度范围。例如，电机长期在低温下工作（北方冬季），电机工况温度很高（钢厂等特殊环境）等的情况。外界温度对电机轴承运转提出了要求，因此需要考量轴承每一个部件允许的工作温度范围。

二、轴承钢热处理尺寸稳定温度

轴承是由轴承钢加工而成，轴承钢经过一定的热处理后可以保持一定的尺寸稳定性。轴承钢的热尺寸稳定性是指轴承钢在受到热作用下外形尺寸不发生永久变化的性能。当然，在受热时，钢材质内部金属组织结构和成分也会发生变化，对于外部而言，最重要的变化就是尺寸和硬度。

对于普通轴承钢都有一个热处理稳定温度，在这个温度以下轴承保持尺寸稳定，同时轴承钢材质的硬度等也满足使用要求。一般轴承的热处理稳定温度为120℃。在轴承上通常用 SN 标记，或者省略标记。除此之外，根据 DIN 623 ［DIN 62 为德国标准《滚动轴承代号》的编号，DIN 为德国标准化学会（Deutsches Institut für Normung e. V.）的缩写］，轴承的热处理稳定温度及其相应后缀为 S1、S2、S3 和 S4，所对应的热处理稳定温度见表 2-1。

表 2-1 轴承热处理稳定温度

后缀	S1	S2	S3	S4
热处理稳定温度/℃	200	250	300	350

相应地，各个轴承生产厂家对不同类型轴承的热处理稳定温度有不同的要求，因此具体默认的热处理稳定温度需要咨询相应厂家。例如：

FAG 轴承：外径 <240mm 的轴承为150℃；外径≥240mm 的轴承为200℃；其他轴承用后缀标出。

SKF 轴承：深沟球轴承为120℃；圆柱滚子轴承为150℃；球面滚子轴承为200℃；NTN 轴承为120℃；其他轴承用后缀标出。

三、轴承保持架温度范围

轴承不同材质的保持架能够承受的温度范围不同。通常钢或者黄铜保持架能够承受的温度范围比较大，和轴承钢相近。但对于尼龙保持架则不同，通常普通尼龙保持架能够承受的温度范围是 $-40 \sim 120℃$。

一般不建议使用者超出这个温度范围使用。但对于某些短时超出此温度范围（尤其是高温）的，依然有可能使用。因为尼龙保持架随温度上升，其硬度变软是一个连续过程，即不是突然到120℃马上就崩溃，因此在略微超过120℃时依然有使用的可能性，具体适用性需要请轴承专业技术人员给出建议。有些品牌的轴承会给出查询表格，比如斯凯孚的建议图表如图2-1所示。

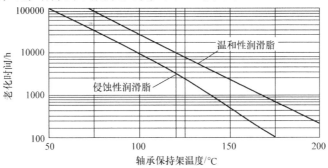

图2-1　斯凯孚轴承尼龙保持架温度 – 老化时间关系曲线

四、密封件的温度范围

对于封闭轴承，在某工作温度下选择合适的轴承就需要考虑密封件可以承受的温度范围。常用封闭轴承的防护方式多为金属材料防尘盖或橡胶材料密封件。

对于金属材料防尘盖，温度范围不需要特殊考虑。

对于橡胶材料密封件，需要根据密封件所采用橡胶材料的不同，来获知密封件能承受的最高温度。常用的密封轴承密封件材料是丁腈橡胶（NBR）和氟橡胶（FKM）。对于丁腈橡胶，工作温度范围是 $-40 \sim 100℃$，可稳定地工作于100℃以内，可短时工作于120℃；对于氟橡胶，其工作温度范围是 $-30 \sim 200℃$，可稳定地工作于200℃以内，可短时工作于230℃。

其他密封轴承密封件的允许工作温度，需向轴承生产厂家咨询。

五、轴承润滑脂允许的温度范围

温度是影响润滑的一个最重要的关键因素。随着温度的升高，润滑脂基础油黏度降低。在高温或者低温下运行，就需要具有特殊性能的润滑脂。并且，基于70℃计算的润滑脂寿命，其运行温度每升高15℃，寿命将降低一半。因此，轴承能否运行于高温环境，轴承本身的材质并不是最大的障碍，而润滑脂的选择成为了瓶颈。

关于温度和轴承润滑之间的关系，具体内容请参考润滑部分的内容。

六、电机用滚动轴承适用的温度范围

电机用滚动轴承允许的工作温度应该是轴承各个零部件能够允许的工作温度的最窄范围（下限中的最高值以及上限中的最低值）。只有在这个温度范围内才能保证所用轴承每一个零部件的安全。作为一个多零部件组合的主体，任何一个组成零部件，如果因超出工作温度范围而引起失效，最终都会以轴承整体失效的形式表现出来。

在根据工作温度选择电机轴承时，还应注意的是，通常是根据电机额定工作温度（或者假定额定工作温度）进行的选择。电机在实际工作中要经历停机冷态、稳定热态和短暂过载的情况，这些情况都会带来温度的波动，从而影响所选轴承的运行表现。

作者曾遇到的两个具体案例。

案例一：我国北方某电机厂，每到冬季就会出现电机噪声不达标比例较大的问题。起初，电机厂认为是轴承质量问题。后来经过检查发现，在冬季，该电机厂原材料仓库内实际温度接近0℃，而试验场地的温度也只有10℃左右。电机在这个环境温度情况下，通常起动初期噪声较大，待运行到稳定时噪声明显减小。其实这是一个典型的实际工作温度和额定工作温度不同带来的问题。电机设计人员根据稳定工况，按照70℃的情况选择的轴承和润滑，在接近0℃起动时，油脂稠度过高，带来噪声。当电机进入运行状态时，电机温升趋于稳定，即接近额定温度，电机轴承噪声自然会降低。因此这种情况不是轴承质量问题，也不是工程技术人员设计问题（当然，工程技术人员可以设计0℃工作的轴承，可是这种工况既不是额定工况，也不是常见工况，如果兼顾70℃工况，又兼顾0℃工况，这样将付出很多不必要的成本）。

案例二：作者在国内见到的绝大多数客户选择的油脂都是普通中温油脂，而在印度，据说电机生产厂选择的普通轴承油脂都是我国所说的高温油脂。最初觉得他们是选型不当。后来亲赴印度，才体会到那里平时的环境温度就在30~40℃，电机一旦满载稳定运行，很多电机内部温度将达到90℃以上。因此普通电机选择高温油脂是恰当的。但作者建议印度电机生产厂家，在做出口电机时，若出口到北方，需要对润滑脂进行调整。相应地，作者想到国内的电机生产厂，也需要根据自己电机出口地点，考虑电机实际工作温度的不同，从而进行正确的轴承用润滑脂温度范围选择。

第二节　电机轴承的转速

电机轴承的选择需要考虑的另一个重要因素是转速。以前电机调速技术不发达，电机所能运行的转速范围有限，而随着电机调速和控制技术的发展，电机可运行的转速范围越来越宽，从而对机械零部件的转速能力提出了挑战，因此选择正确转速能力的轴承变得至关重要。

通常谈及轴承转速或者额定轴承转速要讨论两个基本概念：轴承的热参考转速和机械极限转速。

一、轴承的热参考转速

轴承旋转时会发热，并且随着转速的升高，这个发热会越来越严重。因此国际上制定了一套轴承热平衡条件，在这个条件下达到热平衡的最高转速就定义为轴承的热参考转速。

根据国际标准 ISO 15312—2018《滚动轴承—热转速等级—计算》，确定热参考转速的给定轴承的参考条件如下。

（一）外圈固定、内圈旋转的轴承

环境温度20℃，轴承外圈温度70℃。

对于径向轴承：轴承径向负荷为 0.05 倍额定静负荷。

对于推力轴承：轴承轴向负荷为 0.02 倍额定静负荷。

（二）普通游隙的开式轴承

1. 对于油润滑

润滑剂：矿物油，无极压添加剂。

对于径向轴承：ISO VG32，40℃基础油黏度为 $12mm^2/s$。

对于推力轴承：ISO VG68，40℃基础油黏度为 $24mm^2/s$。

润滑方法：脂润滑。

润滑量：以最低滚子中心线位置作为油位。

2. 对于脂润滑

润滑剂：锂基矿物油，基础油黏度40℃时为（100~200）mm^2/s。

对于这个定义，如果要转换成实际工况下轴承的温度，就需要进行一些调整计算，这里不进行计算的展开。电机设计人员可以咨询轴承工程技术人员进行计算或者仿真。

电机设计人员需要了解的是，轴承的热参考转速标志的是轴承热平衡状态下的最高转速。换言之，就是如果轴承运转速度高于这个转速，轴承就会过多地发热。

但是，如果电机设计人员可以改善润滑和散热，使轴承即便运行在高于热参考转速的情况下，其温度依然不至于过高，那么，即使超过这个转速也是允许的，但前提是机械强度要足够。

由此可知，轴承的热参考转速不是一个不可以超越的转速限定，它标志着热平衡下的转速参考，在一些条件下（例如加强散热）可以超越，但是这种超越需要谨慎处理。

二、轴承的机械极限转速

在电机的热参考转速中已经说明，如果改善散热，就可以超越热参考转速值，但究竟能够超越多少？这里就涉及了轴承机械极限转速的问题。

轴承的机械极限转速是指在轴承运行于理想状态下，轴承可以达到的机械和动力学极限转速。也就是假定一切状态理想，轴承自身旋转在高速下，由于离心力的作用，其内部结构的机械强度将达到极限。标志此极限的转速，就是轴承的机械极限转速。

轴承的机械极限转速与轴承类型、轴承内部设计等诸多因素相关。因此，不同类型的轴承，其机械极限转速不同；相同型号的轴承，不同厂家设计生产的轴承，其机械极限转速也可能有所不同。

由于轴承的机械极限转速是一个极限的定义，因此在任何情况下都不应该在超过这个转速的情况下应用轴承（轴承设计普遍的薄弱点是保持架，在超越机械极限转速的情况下，经常出现的情况就是保持架断裂）。

本书附录 C~附录 J 给出了电机常用滚动轴承的极限转速范围，各种轴承的具体数据请查阅轴承样本。

三、轴承热参考转速与机械极限转速和其他因素之间的关系

在各个轴承生产厂家的轴承型录中，都会发现一个问题：有的轴承的机械极限转速高于热参考转速；有的轴承的热参考转速高于机械极限转速。电机设计人员会发出这样的问题：如果轴承的热参考转速高于其机械极限转速，那就意味着电机轴承还没有过热时，其所承受的机械强度已经达到极限，轴承已经失效。如此一来，热参考转速如何得出呢？

事实上，轴承的热参考转速是一个热平衡结果。当然，轴承生产厂家会根据 ISO 15312—2018《滚动轴承—转速等级—计算》来进行一些轴承转速试验，但是更多的情况下此值是一个热量平衡计算值。而轴承型录上的这个额定值也多数是一个计算值。

相应地，不同类型轴承热参考转速和机械极限转速的相对高低揭示了轴承运行时限制转速的主要矛盾所在。比如，深沟球轴承的热参考转速高于机械极限转速，而圆柱滚子轴承则相反。这说明，在转速升高的情况下，对深沟球轴承而言，发热不是主要矛盾，而其机械强度（保持架强度）将是限制转速的主要瓶颈；对圆柱滚子轴承而言，转速提高时，由于该类轴承是线接触的，散热不利，因此其发热是

限制转速的主要瓶颈，而其相对结实的保持架不是限制轴承转速的主要因素。

所以，了解轴承结构，可以帮助我们理解轴承热参考转速和机械极限转速之间的关系。

四、主要轴承品牌对轴承转速的定义

上述轴承转速的基本定义适用于几乎所有的滚动轴承类型。因此在各个轴承生产厂家的综合型录里，对轴承转速的定义基本上都涵盖了这两个基本概念。

多数主流轴承生产厂家直接引用了热参考转速和机械极限转速的定义作为产品的额定转速，但也有一些生产厂家将轴承的额定转速定义为油润滑和脂润滑的额定转速。

之所以有这样的定义，是因为实践中人们发现轴承在起动时，在使用油润滑和脂润滑两种不同的润滑条件下，轴承的温度有所不同。对于油润滑，温度偏低；对于脂润滑，温度偏高。根据这个理解做了一系列实验，从而界定了不同的额定转速。从这个定义可以看出，这种额定转速其实质上也是热参考转速的概念，只不过根据不同润滑介质而定义出了不同的数值。但是在实际工况中，当轴承稳定运行时，油润滑和脂润滑所带来的温度差异并不十分显著，所以很多主流轴承生产厂家又将这两个转速合并为统一的热参考转速。

由上述可知，当我们翻阅不同厂家轴承的型录时，如果额定转速只有油润滑和脂润滑的定义，就说明这里定义了热参考转速，并将其根据不同润滑介质进行分列。如果厂家定义了一个热参考转速和一个机械极限转速，就说明他们是合并了油润滑和脂润滑的热参考转速，同时也会提供机械极限转速。

五、影响轴承转速能力的重要因素

不同的轴承转速能力不同。轴承高转速运行时，其各个零部件的离心力，以及各个零部件的相互摩擦发热等因素是影响轴承转速能力的重要因素。

（一）轴承大小与轴承转速能力的关系

从离心力的角度来看，由常识可知，轴承直径越大，其零部件重量也越大，因此轴承高速旋转时离心力也就越大，相应的轴承的转速能力就会越低。由此可以得到第一个基本的规律：轴承越大，转速能力越弱。

如果轴承内孔直径相同，若对于同一种轴承（如深沟球轴承），重系列的轴承零部件体积和重量（主要是滚动体）大于轻系列的轴承；对于不同类型的轴承滚动体的重量，圆柱滚子轴承大于球轴承。而滚动体重量越大，高速转动时离心力也就越大，因此其转速能力也就越低。由此可得到第二个基本规律：相同内径轴承的转速能力，重系列轴承低于轻系列轴承；圆柱滚子轴承低于球滚子轴承。

通过以上两个基本规律，在为高转速电机选择轴承时，如果想选择转速能力高的轴承就需要：

1）尽量选择小轴径轴承。

2）尽量选择轻系列轴承。

3）尽量选择球轴承，其次是单列圆柱滚子轴承，再次是双列圆柱滚子轴承。

上述原则为一个通用的定性原则，不可以教条使用。具体选用时可以根据这些原则来确定，最后还是以校核轴承的热参考转速和机械极限转速值为准。

（二）不同类型轴承的转速能力

不同类型的轴承（考虑相同内径），由于其内部设计结构等的不同，具有不同的转速能力。图 2-2 就某一个尺寸的轴承进行了对比，从中可以得到一些定性的结论。

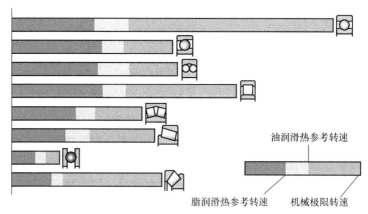

图 2-2　不同类型轴承转速能力

（三）轴承不同设计的转速能力

对于相同轴承，根据不同需要，有时会使用不同的内部设计，这些不同的内部设计也带来了轴承转速能力的不同。其中最重要的是密封件和保持架的设计带来的不同。

1. 不同保持架设计的轴承转速能力

保持架作为轴承重要的零部件，对轴承转速能力有着重要的影响。

（1）从材质角度看　轴承常用的保持架材质主要有钢、尼龙和铜 3 种［结构和代码等内容详见第一章第一节中第二（三）部分和第二节第三（二）部分］。

1）钢保持架。钢保持架具有强度高、使用温度范围宽、重量相对较轻的特点，是最常用的轴承保持架材质。由于钢保持架的这些特点，此类轴承可以运行于较宽的温度范围和速度范围。

2）尼龙保持架。尼龙保持架具有重量轻、弹性强、边界润滑性能良好的特点。尼龙保持架的强度在所有保持架材质中是最弱的，因此在具有较大振动场合和频繁起停的工况下，容易出现断裂。但由于它是所有常用保持架材质中最轻的，因此此类轴承的转速能力最高，经常被使用于高速场合。尼龙保持架的应用有其温度限制，通常的尼龙保持架温度范围是 $-40 \sim 120℃$。

3）黄铜保持架。黄铜保持架具有强度高、抗振、加速性能优良、油润滑下转速能力卓越的特点。通常应用于有较大振动、频繁起停、油润滑的场合，以发挥其特性。但黄铜保持架价格相对较高，同时不能在有氨的环境下工作。有时会和一些油脂发生化学反应。因此在选用时要考虑这些因素。

（2）从保持架引导方式角度　轴承运转时，保持架的运动轨迹受到滚动体运动和自身重力的影响，会被不断地修正其运动轨迹，实现绕轴心的自转。这种运动轨迹的修正就是通过保持架和滚动体或轴承圈的碰撞来完成的。通常，依照引导方式的不同，分为滚动体引导、外圈引导和内圈引导，如图 2-3 所示。

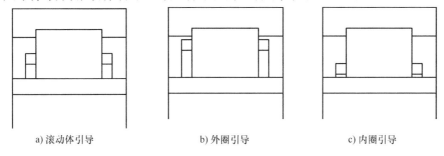

a）滚动体引导　　　　　　　b）外圈引导　　　　　　　c）内圈引导

图 2-3　圆柱滚子轴承保持架的三种引导方式示意图

从图 2-3 中可以看到，内圈和外圈引导的方式，其保持架距离内圈或者外圈比较近，靠和这个圈的碰撞修正运动轨迹。保持架和轴承圈之间的狭缝非常不利于脂润滑。而对于油润滑，由于虹吸作用，非常容易保持润滑油。因此在使用脂润滑，且 $ndm > 250000$（式中，n 为轴承转速，单位为 r/min；dm 为轴承内外径的算术平均值，单位为 mm）时，不建议使用内圈或者外圈引导的轴承。

常见的轴承磨铜粉现象是由于使用了外圈或者内圈引导的轴承工作于过高的转速，造成保持架和内外圈之间无法良好润滑而产生的。如果无法更换轴承，而又无法改变成油润滑，那么使用黏度低的油脂会有一些帮助，但仍然不能解决根本问题。

对于内外圈引导的保持架类型，在轴承运转时，保持架需要和内圈或者外圈发生碰撞摩擦，而保持架和引导的轴承圈之间的距离很小，因此在不同润滑方式下，表现出的轴承转速能力不同。

1）脂润滑时，保持架边缘和引导的轴承圈之间的距离无法被油脂良好地润滑，因此在一定转速时（$ndm > 250000$ 时）会出现保持架和轴承圈之间的干摩擦（铜保持架轴承经常出现的掉铜粉现象，就是这种摩擦产生的）。所以，此时内外圈引导的轴承转速能力会低于滚动体引导轴承的转速能力。

2）油润滑时，由于内圈或者外圈引导的轴承，保持架和引导的轴承圈之间有一个狭缝，这个狭缝对润滑油来说会有一个虹吸作用，因此可以良好地将润滑油吸附到保持架端部与轴承圈之间。在轴承高速运转时，保持架和轴承圈之间的相对碰撞或者摩擦，都可以由润滑油在其中起到很好的润滑作用。因此，这种情况下，内外圈引导的轴承转速能力会高于滚动体引导的轴承转速能力。

上述由于保持架设计因素带来的转速能力不同在圆柱滚子轴承上十分常见。电机设计人员可以和相应品牌的轴承技术人员联系，拿到更详细的技术资料。因为品牌不同，设计方法和系数各不相同，此处不一一列举。

保持架的加工方式等往往是轴承设计厂家已经设定好的，对于电机设计人员来说并没有太多的选择余地。但是对于最常用的中小型深沟球轴承以及一些圆柱滚子轴承，轴承生产厂家往往可以提供不同材质的保持架以供选择。因此电机设计人员可根据实际工况，同时根据前面讲述过的一些基本原则选择合适的保持架类型。

比如，对于高转速的场合，经常使用尼龙保持架；对于振动较大、需要频繁起动的电机，可以选择铜保持架；对于使用油润滑的轴承，选择内圈或者外圈引导的保持架等。

1）保持架材质方面。轴承保持架重量越轻，其自身离心力越小，轴承转速能力越高。因此通常而言，尼龙保持架转速能力最高，其次是钢保持架，再次是铜保持架。

2）从保持架设计方面。保持架有引导和保持滚动体的功能，但其自身的运动也需要一些引导。从重量看，外圈引导最重，滚动体引导次之，内圈引导最次。除重量以外，不同类型的保持架结构也有所不同，因此导致其机械极限转速能力不同。由于各个品牌设计不同，因此这方面的折算方法也不尽相同，以斯凯孚集团生产的圆柱滚子轴承为例，其圆柱滚子轴承不同保持架的机械极限转速折算系数见表2-2。

表2-2　不同保持架的机械极限转速折算系数

保持架类型	P，J，M，MR	MA，MB	ML，MP
P，J，M，MR	1	1.3	1.5
MA，MB	0.75	1	1.2
ML，MP	—	—	1

2. 不同密封设计的轴承转速能力

轴承密封结构和代码等内容详见第一章第一节中第二（二）部分和第二节第三（一）部分。

电机中常用的封闭式轴承主要是深沟球轴承。通常深沟球轴承的防护方式主要有两大类：一类是加防尘盖（见图2-4）；另一类是加密封件（见图2-5）。

（1）具有防尘盖的深沟球轴承　具有防尘盖的深沟球轴承的防尘盖多为金属材料，且防尘盖固定于轴承外圈上，和轴承内圈有一个非常小的间隙，即不与内圈接触。当轴承旋转时，间隙中可能会分布一些油脂。由于防尘盖和轴承内圈是非接触形式的，所以防尘盖通常不会影响轴承的转速能力。因此具有防尘盖的深沟球轴承的转速能力与开式轴承相当。但其仅具备基本的防尘能力，而不具备密封能力，所以不能防护细微尘埃以及液体污染。

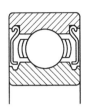

图 2-4　具有防尘盖的深沟球轴承结构

a) 非接触式密封　　b) 接触式密封

图 2-5　两种密封方式的深沟球轴承结构

（2）具有密封件的深沟球轴承　具有密封件的深沟球轴承的密封件多为橡胶材质（丁腈橡胶或者氟橡胶居多）。主流品牌提供轻接触式密封（或者非接触式密封，见图 2-5a）和接触式密封（见图 2-5b）两种防护能力的密封深沟球轴承，且其转速能力不同。

轻接触式（或者非接触式）密封轴承，有的轴承生产厂家设计的密封件和内圈轻微接触，有的并不接触，但是具有一个类似迷宫的结构；接触式密封轴承密封件和内圈有接触，因此在轴承旋转时，接触的密封唇口和内圈之间产生摩擦，会发热。就转速能力而言，两者相比，接触式密封的轴承低于轻接触式密封的轴承。

对比上述两类（三种）轴承防护方式，会得到一个总体结论：密封效果较好的轴承，其运转阻转矩就会较大，高速运转时会产生较多的热量（由密封唇口和内圈之间的摩擦引起），其转速能力也会较弱。

因各品牌密封件设计有所不同，致使密封件对转速的影响程度各不相同。电机设计人员需要从所有品牌的产品型录中找到对应值。

对于开式轴承，电机设计人员有时需要进行密封设计，以保护轴承。密封件起到密封作用是靠密封唇口和轴之间的压紧而产生的。由密封件与轴之间的摩擦产生热量的多少决定，与密封的唇口形状设计、密封材质、轴的表面加工精度等相关。总体上来讲，使用一般橡胶材料的密封件，密封唇口和轴之间的相对线速度建议不超过 14m/s 为宜。

第三节　电机轴承的承载能力

电机轴承由于其本身设计特性会导致其承载能力不同。在第一章第一节的内容中，讨论了几种常用类型轴承承受不同方向负载的能力。本节就轴承承载能力的方向、分类及其大小进行介绍。

一、电机轴承承载方向及其分类

轴承的负荷是从轴承的一个圈通过滚动体传递到轴承的另一个圈,那么其公称接触角(轴承公称接触角的定义和常用轴承的数值见第一章第一节相关内容)的连线也就是轴承内部承载力传递的方向。由此可知,轴承公称接触角越大,轴承的轴向承载能力越大,反之亦然。

如果轴承的公称接触角为 0°,也就意味着轴承承载方向没有轴向分量,轴承承受纯径向负荷,这种轴承被称为径向轴承或者向心轴承。

相应地,如果轴承的公称接触角为 90°,也就是轴承的承载方向没有径向分量,轴承承受纯轴向负荷,这种轴承被称为推力轴承。

公称接触角为 0~90°的轴承,统称为角接触轴承。这类轴承同时具有轴向承载能力和径向承载能力。

二、根据接触角对轴承分类

常用轴承的接触角大小和范围在第一章第一节中已经做了简单介绍。下面再介绍一些详细内容。

接触角在 0°~90°之间,以 45°为界,根据接触角的大小,可以对轴承进行分类,如图 2-6 所示。

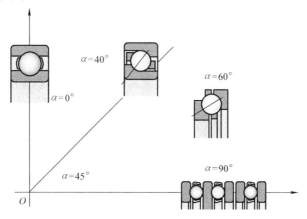

图 2-6 轴承按接触角分类

接触角为 0°的,称之为向心轴承,如果滚动体是球,称为向心球轴承,也叫深沟球轴承;如果滚动体为圆柱状滚子,称为向心圆柱滚子轴承,其中径长比在 1:3 以上的,称之为短圆柱轴承(也叫圆柱滚子轴承),径长比在 1:3 以下的,称之为滚针轴承。

接触角为 0°~45°之间的,称之为向心推力轴承。

接触角为 45°~90°之间的,称之为推力向心轴承。

向心推力轴承和推力向心轴承统称为角接触轴承。如果滚动体是球，就是角接触球轴承。

接触角为90°的，为推力轴承，根据滚动体不同分为推力球轴承和推力滚子轴承。

对于圆锥滚子轴承，由于其两个滚道之间并非平行，因此可以针对某一个滚道法线与垂直方向夹角来计入接触角。此处不展开，若需了解，请参看相关资料。

需要说明的是，深沟球轴承由于其内部滚道为一个圆形沟槽，因此当轴承承受轴向负荷时，滚动体在两个滚道上的接触点会相应地出现偏移。宏观上讲，深沟球轴承具有一定的轴向承载能力；微观上讲，此时深沟球轴承接触点连线已经与垂直方向出现夹角，处于角接触球轴承的工作状态。此时已经不是作为一个纯向心轴承承载。这就是深沟球轴承作为向心轴承却能够承载轴向负荷的原因。

三、轴承承载负荷大小的能力选择

轴承的承载是通过滚动体和滚道之间的接触实现的，在相同压强下，承载面积越大，其整体承载负荷就会越大。

从宏观的角度来讲，对于球轴承而言，滚动体和滚道之间的接触是点接触；对于圆柱滚子轴承而言，滚动体和滚道之间的接触是线接触；对于调心滚子轴承而言，每次都是一对滚子和滚道接触，不仅仅是线接触，而且线接触的长度大于单列轴承。

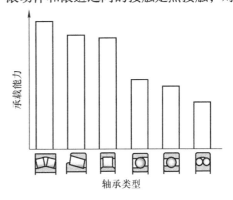

由上述分析可知，电机常用的轴承中，在相同内径下，调心滚子轴承的承载能力大于单列圆柱滚子轴承，单列圆柱滚子轴承承载能力大于深沟球轴承。斯凯孚对各类轴承的承载能力有一个定性的对比，如图2-7所示，图2-7中轴承的承载能力用基本额定动负荷的方式表示。

图2-7　不同类型轴承的承载能力

第四节　电机轴承游隙的选择

一、游隙的概念

轴承一圈固定，另一圈相对固定圈的移动距离就是轴承的游隙。如果这个移动是径向的，则这个移动距离就是径向游隙（对向心轴承而言，理论上的径向游隙是指外圈滚道直径减去内圈滚道直径，再减去2倍滚动体的直径）；如果这个移动是轴向的，这个游隙就是轴向游隙。如图 2-8 所示。

通常，各轴承生产厂家轴承型录里使用的游隙值，对于径向轴承（深沟球轴承、圆柱滚子轴承、球面滚子轴承等）而言，都是径向游隙；对于角接触球轴承、圆锥滚子轴承、推力轴承而言，都是轴向游隙。

在第一章第一节中已经介绍，根据设计游隙的大小，将轴承游隙分成 5 组，分别用后缀符号 C2、C0、C3、C4、C5 表示。其中 C0 是普通游隙组别，C2 组游隙小于 C0 组，其他数字越大游隙越大。

以上说的轴承游隙概念是指轴承的初始游隙（即单个轴承的游隙，如图 2-8 所示）。当轴承被安装在电机轴上和轴承室中并运行于稳定工况时的游隙是轴承的工作游隙。

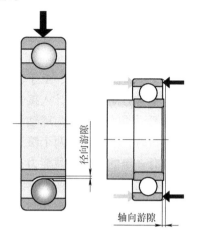

图 2-8　向心球轴承的游隙

二、工作游隙的概念和数值计算

一般而言，轴承圈和轴以及轴承室之间有一定的公差配合。通常一个圈为过盈配合（相对较紧），一个圈为过渡配合（相对较松）。以普通卧式内转式电机轴承为例，通常轴承内圈为过盈配合，轴承外圈为过渡配合。此时，会使轴承内圈直径有所增大，而轴承外圈直径基本不变。这样就会造成轴承内部径向游隙相较于初始径向游隙有一个减小量；另一方面，当电机运行于稳定工况时，电机达到稳定温升，由于转子发热通过转轴传导给轴承内圈，造成轴承内圈温度高于外圈温度，所以轴承内圈的热膨胀量就大于轴承外圈，由此又带来一部分轴承径向游隙的减少量。轴承处于正常工作状态时的游隙就是轴承的工作游隙。如图 2-9 所示。

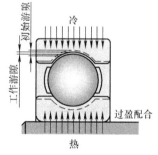

图 2-9　向心球轴承的初始径向游隙和工作径向游隙

轴承工作的径向游隙 $C_{工作}$ 由初始径向游隙 $C_{初始}$ 减去由于公差配合带来的径向游隙减少量 $\Delta C_{配合}$，再减去由于温度变化带来的径向游隙减小量 $\Delta C_{温度}$ 而得到，用公式表示为

$$C_{工作} = C_{初始} - \Delta C_{配合} - \Delta C_{温度}$$

实际上，对于球轴承，当施加一定载荷时，由于滚球与沟道的挤压作用，深沟球轴承的径向游隙将会有所增加，在规定的径向载荷下，深沟球轴承的径向游隙增量见表 2-3。计算球轴承的工作径向游隙时，应对此增加值加以考虑。

表2-3 在测量载荷下深沟球轴承的径向游隙增加量（摘自 GB/T 4604.1—2012）

内径范围 /mm	测量载荷 /N	不同游隙组别（代号）的径向游隙增加量/μm				
		2 组（C2）	0 组	3 组（C3）	4 组（C4）	5 组（C5）
>10 ~ 18	25	3	4	4	5	5
>18 ~ 30	50	4	5	5	6	6
>30 ~ 50	50	3	4	4	5	5
>50 ~ 80	100	5	6	7	7	7
>80 ~ 100	150	6	8	8	9	9

注：测量载荷 <50N 时，游隙增加量 <2μm。

三、工作游隙与轴承寿命的关系

轴承在电机轴上工作时，假定无轴向负荷，分布在轴下方的滚动体承受由轴传递来的径向负荷。此时这些分布着承受径向负荷的滚动体的区域就是负荷区。当电机轴承存在正工作游隙时，分布在轴承最上方的滚动体不承受径向负荷。这些分布着不承受径向负荷的区域叫作非负荷区。轴承理想的负荷区范围是轴承径向负荷方向大约150°的范围。如图 2-10 所示。

在径向负荷下：①轴承游隙过大，负荷区会变小，承载的滚动体数量变少，单个滚动体承载变大，轴承应力集中；②轴承游隙过小，负荷区会变大，承载的滚动体数量变多，影响轴承寿命。

对于普通径向轴承而言，图 2-11 所示为轴承工作游隙与轴承寿命的关系。从图 2-11 中可以看到，当轴承的工作游隙是一个比零略小的值时，轴承寿命达到最佳值。但是此时如果由于外界因素等导致轴承游隙进一步减小，轴承会迅速进入预负荷状态，将导致轴承寿命大幅度下降。在现实工况中就是轴承的"抱死"状态，轴承会迅速失效。

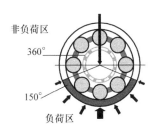

图 2-10 轴承负荷区分布

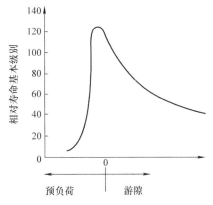

图 2-11 轴承工作游隙与轴承寿命的关系

轴承的正常工作游隙若是一个比零略大的值，则当轴承游隙受到外界影响变小时，轴承内部游隙不至于进入抱死状态；相反地，当受到外界影响，轴承工作游隙变大时，轴承的寿命会有所降低，但是下降的速度不大，不至于让轴承迅速出现问题。实践也证明，比零略大的值是一个比较安全的工作游隙值。

四、轴承游隙的选择

电机设计人员在选用轴承时，对于向心轴承，需要让轴承工作于一个比零略大的工作游隙（对于角接触球轴承等轴向轴承，工作游隙为负值），而轴承由于温度和配合带来的游隙减小量在外界设计已经确定时就已经被固定下来，因此，实际就要选择一个合适的轴承初始游隙，以保证轴承在正常工作时的工作游隙是一个理想值。

轴承应用工程技术人员可以根据实际的轴承的初始游隙、公差配合、轴承预计的温度分布等，计算轴承的工作游隙。但对于电机设计人员而言，通常在电机中使用的轴承游隙就是C0（CN）组和C3组游隙的轴承。只有在特殊需求下才对游隙进行核算。由于轴承游隙有标准分组，所以校核的结果往往是通过调整公差配合来使工作游隙达到要求值（另一种方法是让轴承生产厂家定制某种初始游隙的轴承，通常这种做法可行性较差）。

对于C0组和C3组游隙的选择，不妨以前面关于轴承游隙与寿命的关系作为指导原则。通常而言，对于负荷重、转速高、温升高的场合，会更多地使用C3组游隙的轴承。

五、电机生产厂遇到的游隙选型典型问题

电机生产厂设计的电机采用圆柱滚子轴承和深沟球轴承搭配时（一柱一球结构或者两柱一球结构），通常由于负荷等原因，选择C3组游隙的圆柱滚子轴承及深沟球轴承。我们可以对比一下深沟球轴承及圆柱滚子游隙表（见附录A和附录B）。从表中不难发现，相同内径的圆柱滚子轴承的径向游隙较深沟球轴承的径向游隙大；圆柱滚子轴承的普通径向游隙几乎相当于深沟球轴承C3组的径向游隙。这样，如果在相同的温度、相似的配合的情况下，圆柱滚子轴承的工作游隙明显大于深沟球轴承工作游隙，这也是圆柱滚子轴承更容易出现滚动体进入负荷区的激振现象和出现啸叫声的原因（见第七章电机运行中的轴承噪声及振动分析相关内容）。所以，如果可以对圆柱滚子轴承选择小一组的初始游隙，或者C3L组的初始游隙，将会大大减少其啸叫声发生的比率。

第三章 电机轴系中的轴承结构配置及选择

轴承的选型和结构配置是电机设计人员在电机结构设计时必须进行的一项重要工作。电机轴承的结构配置包含了根据给定工况需要做的如下一些工作。

1）根据负荷、转速等情况，大致选择轴承类型。

2）根据轴系的工况要求，将轴承合理地配置在轴系之中。

3）电机轴、轴承相关的周边设计，其中包括润滑通路和预负荷等。

电机轴承结构配置工作的后续工作是对轴承进行基本校核，包含寿命计算和润滑计算等内容。若此部分校核结果要求对轴承进行修改，再返回轴承结构布置进行调整，如此往复，完成电机结构设计中轴承轴系部分的设计工作。通俗说就是，电机轴承结构配置解决轴承类型选择问题和将轴承放到图样里的问题，而轴承寿命校核是解决选多大的轴承的问题。两者相辅相成，紧密相关，是结构设计不可分割的组成部分。

本章解决的主要问题是电机轴承的结构配置，而在根据工况进行合理的轴承类型选择之前，需要对轴承的基本承载特性有一个了解才可以进行后面的工作。因此建议读者在学习本章内容之前，先学习本章之前介绍的电机常用各类轴承相关内容，以了解轴承的承载特性。

第一节 电机轴承基本结构配置原理

一、电机轴承配置的基本概念

电机轴承的结构配置通常是指电机设计人员根据电机的承载和转速需求，选择出可以承载的轴承类型，并将其在轴系中进行机械布置的过程。因此，了解电机的承载工况就是十分关键的第一步。

前面已经讨论了电机中常用的轴承承载能力，下面讨论电机轴承的承载工况。

二、电机轴承的承载

电机轴系的承载系统可以承担负荷的方向如图 3-1 所示。

由图 3-1 可知，电机轴系主要承
受外界施加的负荷按照方向分，包括
轴向负荷和径向负荷（图 3-1 中分别
用 F_a 和 F_r 来表示）。

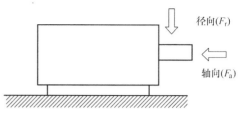

　　径向(F_r)
　　轴向(F_a)

图 3-1　电机系统的外界承载示意图

在三坐标系统中，除了轴向和径
向之外还有周向。如果电机轴承受的
周向负荷构成力偶矩，则大小相当方
向相反的两个周向力相互抵消，如图 3-2 所示。此时电机所承受的力偶矩对轴承不
构成影响，外界转矩和电机内部电磁转矩相平衡。

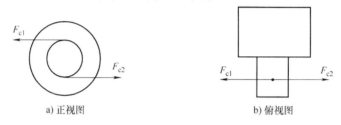

a) 正视图　　　　　　　　　　b) 俯视图

图 3-2　电机轴承承受的力偶矩示意图

如果电机轴端承受周向负荷，并不构成力偶矩，这个周向负荷从俯视角度就成
为电机轴系的径向负荷，应该纳入考虑范围。

电机有立式、卧式、倾斜安装等不同的安装方式。不同的电机安装方式会导致
电机内部轴承承载情况的不同，下面以内转式（即内转子式）电机为例分别介绍。

（一）卧式安装电机

一般电机的轴系是两支撑结构，对于卧式安装电机，不论凸缘端盖安装还是底
脚安装，其轴承负荷情况大致如图 3-3 所示。图 3-3 中，粗实线表示电机转子（或
轴。后同）；G 代表转子重量；F_r 代表径向负荷；F_a 代表轴向负荷。

电机作为机械系统的一部分，承受外界的（主要是加在轴伸端）轴向负荷和
径向负荷，同时承受周向转矩负荷。

电机内部的轴承作为轴系的支撑点，承受由外界传递进来的轴向负荷和径向负
荷，并将这些负荷从转轴通过轴承、电机端盖传递到机座上。这些负荷包括外界联
轴器的重量（对于利用联轴器直连的系统）、带轮的重量和带轮的带张力（对于利
用带联结传动的系统）等负荷。

图 3-3　卧式安装电机两支撑结构轴系负荷状态示意图

同时，电机作为转矩输出（对于电动机是输出，对于发电机是输入）装置，

其内部电磁转矩将用于输出到外部,通过轴伸端和外部转矩相平衡。因此,轴承不承担转矩部分带来的负荷。在电机轴承端直接连接齿轮的工况下,如果齿轮单侧啮合,则此负荷应该计入,因有时此负荷会用传出转矩的方式给出(为避免混淆,此处加以说明)。这就是前面说到的电机轴端周向负荷的计入方式。

另外,作为轴系的支撑,整个转子的重量 G 也会作为轴承的径向负荷由轴承承担。

对于较细长的电机,如果轴的挠度使得电机内部产生相应的单边磁拉力,那么,这个单边磁拉力也会由轴承承担。

综上所述,电机(卧式安装电机)轴承承受的负荷主要包括电机转子的重量、单边磁拉力、电机外界的径向负荷(联轴器重量和带轮重量加带张力等)、电机外界的轴向力(风叶推力及其他轴向推力)。

某些读者可能会有一个误解,认为电机的转矩负荷应该计入轴承的径向负荷。前已述及,转矩不被计入。轴承在转矩负荷中充当阻转矩仅仅是作为损耗存在。

电机轴承结构配置设计中,大致了解负荷的状态并且对负荷情况有一个定性的理解就可以继续进行。但是,要对轴承规格的大小进行选择,就需要对轴承负荷的大小进行定量的计算,从而用轴承的寿命计算来进行相应的校核。轴承负荷大小的选择,在第五章滚动轴承寿命计算相关内容中有详细的讨论,此处不重复。

(二)立式安装电机

对于立式安装电机,不论凸缘端盖安装还是底脚安装,其负荷情况大致如图 3-4 所示。

在这种情况下,电机机座和外界相连,电机转子的重量就成为了电机轴承的轴向负荷。外界如果连接带轮,那么带轮的重量也成为电机的轴向负荷,带张力将成为电机的径向负荷。如果电机是联轴器连接,联轴器重量则成为电机轴承轴向负荷。

同卧式安装电机不同,立式安装电机(排除加工误差影响)不会产生由于转轴挠度引起的定转子中心线不重合,因此不会出现由于转轴挠度产生的单边磁拉力。所以此工况下单边磁拉力不予考虑。

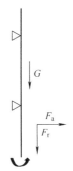

图 3-4　立式安装电机轴系
负荷状态示意图

和卧式安装电机相同的是,立式安装电机的转矩负荷通常依然不计入轴承负荷,道理和前面讲述的相同(同样轴端直接连接齿轮且齿轮单边啮合的情况单独考虑)。

对比卧式安装电机和立式安装电机的负荷情况,不难发现,立式安装在电机内部轴承承受的负荷发生了很大的变化——所有的重力都变成了轴向负荷,而不是径向负荷。此时对于轴承类型选择的影响,后面会详细阐述。

（三）倾斜安装的电机

倾斜安装的电机内部轴承负载情况，不论凸缘端盖安装还是底脚安装，其承载情况如图3-5所示。

此时，电机转子重力和外界（联轴器或者带轮重力）载荷都既有轴向分量也有径向分量。因此需要根据电机安装的倾斜角度进行分解。

电机倾斜安装，转子重量的径向分量会使电机轴发生径向挠曲，因此有可能会产生单边磁拉力，此时单边磁拉力应该纳入考虑范围。

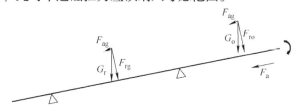

图3-5　倾斜安装电机轴系负荷示意图

三、电机轴承结构配置的基本形式

（一）轴系轴向定位的三种方式

电机通过底脚和基础进行连接，同时通过轴伸端和外界负载进行连接。通常的电机轴伸端都有轴向最大窜动量的要求，也就是说不希望电机轴可以沿着轴向无限制地移动。因此，在轴承布置上就需要对电机轴进行轴向定位。电机轴的轴向定位多数是依靠轴承完成的，所以要在轴承室的设计上考虑对电机轴的轴向定位问题。而图3-6所示的轴承无定位方式，通常不采纳。

图3-6　无定位轴承的轴系示意图

电机轴一般是一个双支撑点轴系，那么就有两种可能性进行轴向定位，一种是双支点轴向定位结构（见图3-7）；另一种是单支点轴向定位结构（见图3-8）。到底选用哪种呢？首先，我们知道电机在工作时定子和转子都会发热，这样机座和轴都会随之升温直至工作温度稳定为止。以普通内转子式电机为例，电机定子绕组发热会传导到定子铁心，再由定子铁心传导到定子机座。定子机座通常布置有散热筋（片）等结构，很多电机还会通过风扇进行冷却；另一方面，电机的转子绕组发热会传导到转子铁心，再传导到轴上。转子的散热只有通过气隙以及电机内部的其他空间进行。因此，相比之下，电机转子的散热相对于定子而言明显要差很多。通常而言，电机的转子温度会高于定子。因此电机轴的热膨胀比例会比机座端盖大。这种膨胀包括轴向尺寸的膨胀和径向尺寸的膨胀。这两种尺寸的膨胀都会对电机轴承的运行产生影响。在电机轴承结构配置中，主要的影响因素是轴向膨胀。

假如对电机两端的轴承都进行轴向定位，如图3-7所示。那么，当电机运行于工作温度时，电机转子轴向长度的膨胀将会比机座轴向长度的膨胀大，这样就会对两个轴向固定的轴承产生随温度而变的轴向附加负荷。这个负荷不仅仅随温度而变化，同时还会受到电机形状、定转子热容量等的影响。因此，在进行轴承校核计算时，无法准确计算。这样的轴向附加负荷会对两套轴承的寿命产生影响，从而出现轴承的提前失效。所以通常不推荐两端轴承全部进行轴向固定的配制方法（小型电机交叉定位是一个特例，后续将要详述）。

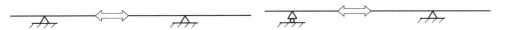

图3-7　双支点轴向定位轴系示意图　　　　图3-8　单支点轴向定位轴系示意图

既不能将两端轴承全部轴向放开，也不能将两端轴承全部轴向固定，那就只能使用一端轴承轴向固定，一端轴承轴向放开的轴承配置方法，如图3-8所示。在这个配置里，首先电机轴的轴向定位靠右边轴承完成。而当热膨胀发生时，左边轴承可以沿着轴向进行移动，从而消除了由于热膨胀带来的轴向附加负荷。

（二）定位端和浮动端轴承

前已述及，将电机的轴系通过一套轴承进行轴向固定；另一套轴承的轴向放开进行热膨胀轴向位移的调整。这样，把对轴系进行轴向固定的轴承叫作定位端轴承，而相应的可进行轴向位移的轴承叫作浮动端轴承。

1. 定位端、浮动端轴承的轴承室固定

定位端轴承要对轴系进行轴向固定，因此就必须在轴承室设计时将轴承的轴向进行锁定。通常的布置如图3-9所示。

浮动端轴承要能够实现轴承的轴向位移。通常内转式卧式电机轴承内圈和轴之间配合相对比较紧，因此在热膨胀时轴带着轴承沿轴向位移，因此轴承外圈应该留出足够的偏移空间。通常的布置如图3-10所示。

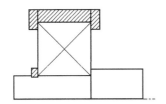 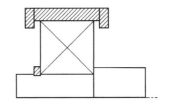

图3-9　轴承的轴向固定示意图　　　　图3-10　轴承的轴向浮动示意图

2. 定位端、浮动端轴承类型的选择

（1）定位端　定位端的轴承需要对轴系进行轴向定位，这套轴承就不可在轴承内部出现轴向移动。换言之，定位端轴承必须是可以承受轴向负荷的轴承。在前面的轴承介绍中已说明，深沟球轴承、角接触球轴承、调心滚子轴承等可以承受轴向负荷，因此这些轴承都可作为定位轴承。需要说明的是，单列角接触球轴承通常只能承受单向轴向负荷，因此它只可以对轴系进行单向定位。要注意的是，在承受反向轴向负荷时，单列角接触球轴承会脱开然后出现发热卡死等情况。所以，如果使用角接触球轴承作为定位轴承，要么配对使用，要么使用双列面对面或者背对背的角接触球轴承，要么加预负荷避免脱开。

电机设计人员经常会问：面对面配置的角接触球轴承和背对背配置的角接触球轴承在电机使用上有什么不同？首先说明一点，两个角接触球轴承配置在轴的两个支撑点上，这样的结构不属于定位端加浮动端结构。因此，轴的膨胀会影响到轴承内部游隙（预负荷）。这方面需要进行相关计算，以确定合适的推荐值。这种应用对圆锥滚子轴承同理，在齿轮箱中经常使用。对于电机生产厂而言有些吃力。但是将两个角接触球轴承配对放于定位端的应用是可以被采纳的定位端加浮动端结构。下面通过图 3-11，以分开布置的角接触球轴承为例进行简单的说明。

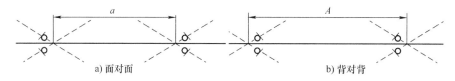

a) 面对面   b) 背对背

图 3-11   角接触球轴承系布置示意图

图 3-11a 是面对面配置的角接触球轴承结构。从图中的负荷线（虚线）可以看出，两端轴承负荷线与轴中心线交点的距离为 a。图 3-11b 是背对背配置的角接触球轴承结构，两轴承负荷线与轴中心点之间的距离为 A。可以看到，背对背和面对面的一个区别是负荷线与轴心线交点之间的距离，背对背的大于面对面的，也就是说，背对背结构里支撑受力点间距大，轴系在垂直平面抗倾覆转矩的能力大。换言之，就是轴系刚性更好。当然，轴系刚性要根据需求取舍，有的轴系需要降低一些刚性，所以就需要选择面对面的配置。

以上说明对于配对角接触球轴承和圆锥滚子轴承在轴系的配置里同样有效。

（2）浮动端   浮动端轴承要求可以在轴升温尺寸变化时，轴承可以在轴承室内进行轴向的移动。因此通常让轴承与轴承室的配合适度放松就可以达成。深沟球轴承、圆柱滚子轴承、球面滚子轴承都可以作为浮动端轴承使用。其中，圆柱滚子轴承（NU 和 N 系列），由于滚动体可以在滚道内部有润滑的情况下实现轴向移动，因此是非常良好的浮动端轴承。另外，由于圆柱滚子轴承内部结构可以实现在轴承内部的轴向移动，因此轴承内外圈的结构设计和定位端一致即可。大致如图 3-12 所示。

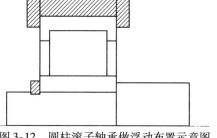

图 3-12   圆柱滚子轴承做浮动布置示意图

对于浮动端轴承而言，角接触球轴承、圆锥滚子轴承均是不适合被选用的。因为这两类轴承不可以在有剩余游隙的工况下运行。一旦出现反向受力，轴承内部会脱开，从而出现滚动体打滑和轴承发热烧毁的风险。

3. 轴伸端和非轴伸端轴承

电机通常有轴伸端（或称为主轴伸端）和非轴伸端（或称为辅轴伸端）。轴伸端是负责将电机转矩输出（对电动机为输出，对发电机为输入）的部分。非轴伸端通常会连接冷却风扇、制动器和编码器（转子位置传感器，如旋转变压器）等。而电机轴承的定位端和浮动端是根据对电机轴的轴向定位需求而确定的。那么电机的定位端、浮动端和电机的轴伸端、非轴伸端的关系怎样确定呢？

（1）从温度变化带来的轴向窜动角度来看　首先我们来看把电机的定位端轴承放在电机的轴伸端的情况，如图 3-13 所示。

在图 3-13 中所示的结构中，定位端轴承位于轴伸端一侧。当电机由冷态工作到稳定温度时，电机轴的轴向膨胀会在定位端轴承两侧延展。在这个结构里，也就是在轴伸端轴承两侧轴向膨胀。对于轴伸端一侧的轴端而言，这里的轴向伸长量是基于轴伸端轴承（在这里是定位端）到轴端的距离 L_1。

（2）再看把定位端轴承置于非轴伸端的情况　把定位端轴承置于非轴伸端的情况如图 3-14 所示。在图 3-14 的结构中，定位端轴承位于非轴伸端一侧。当电机由冷态工作到稳定温度时，电机轴的轴向膨胀同样在定位端轴承两侧延展。在这里，就是从非轴伸端轴承向轴伸端轴端的膨胀。对于轴伸端一侧的轴端而言，此时的轴向伸长是基于非轴伸端轴承（依然是定位端轴承）到轴端的距离 L_2。

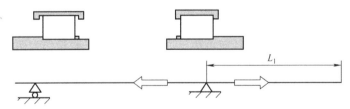

图 3-13　定位端轴承置于轴伸端的布置示意图

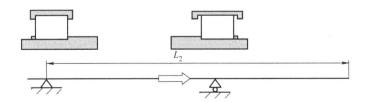

图 3-14　定位端轴承置于非轴伸端的布置示意图

从上面的分析不难得出结论，如果是同一台电机，上述两种情况下 $L_2 > L_1$，因此由温度带来的热膨胀量 ΔL_2 将大于 ΔL_1。也就是将定位端轴承置于轴伸端时，电机由于工作温度变化带来的轴伸端伸长量（也就是温度引起的轴向窜动量）小于将定位端轴承置于非轴伸端时的情况。对于电机轴向窜动要求严格的场合，将轴承的定位端置于电机轴伸端将有利于控制电机轴向窜动（尤其对一些轴向长度较大的电机而言，这个影响更加明显）。

（3）从电机轴承布置的协调性角度看 在前面电机轴承承载的分析中可以知道，电机轴承（以卧式安装电机为例）承担着电机转子重量和电机轴伸端的轴向及径向负荷。如图 3-15 所示。

图 3-15 卧式电机轴系受力情况示意图

从轴承的受力简图，不需要计算也可以大致知道 b_2 处轴承的径向负荷会小于 b_1 处轴承的径向负荷。也就是轴伸端轴承的径向负荷会大于等于非轴伸端轴承的径向负荷。当然我们可以定性地估计，承受大负荷的轴承可能会大。

相应地，如果把轴伸端定义成定位端，那么，这个轴承除了承受比非轴伸端轴承更大的径向负荷之外，还需要承受轴向负荷。这样一来，轴伸端轴承的选择可能要比非轴伸端轴承大很多。

在这种情况下，我们宁可让负荷不大的非轴伸端轴承作为定位端来承受轴向负荷，以使得电机轴承总体设计得更协调。这种协调的总体设计会避免轴伸端轴承选择过大而带来的成本增加，同时也避免了非轴伸端轴承可能出现的最小负荷不足的问题。

当然，如果电机没有外界径向负荷，那么仅仅当转子重量作为两套轴承的径向负荷时，两端轴承的承载相似，这样，用哪一端作为定位端轴承带来的轴承结构配置协调性问题就不突出了。此时，轴向窜动的因素将会变成主流因素来考虑。

（三）不同安装方式定位端与浮动端轴承的受力

1. 卧式安装电机内部轴承的承载

对于卧式安装电机，其转子重量、联轴器重量、带轮重量、单边磁拉力等所有的径向负荷都由电机两端轴承共同承担；外界轴向负荷由定位端轴承承担，浮动端轴承不承担此负荷。

2. 立式安装电机内部轴承的承载

对于立式安装电机，其转子重量、联轴器重量、带轮重量等负荷全部是轴向负荷，这些负荷全部由电机定位端轴承承担；外界带轮张力等径向负荷由两套轴承共同承担。

通常，电机选用的轴承中径向轴承居多（深沟球轴承、圆柱滚子轴承和球面滚子轴承都属于径向轴承），因此，这类结构中通常是在定位端使用径向轴承的轴向承载能力。对立式安装电机中的浮动端轴承而言，若外界没有径向负荷的话，此处轴承几乎不需要承载，所以经常出现由于最小负荷不足的情况从而产生明显的轴承噪声、发热甚至烧毁的情况。一般情况下，建议此类电机浮动端所用的轴承选择相对适应轻载的轴承系列，同时降低润滑脂的稠度，在可能的情况下，添加预负荷，以避免轴承受负荷达不到滚动所需的最小负荷值。

从上面的分析可以看出，很多用户简单地把卧式安装电机进行立式安装的做法是十分有害的。对于小型电机，由于轴承内部承载的富余量较大，有时不一定出现故障，但实际上电机内部轴承承载已经完全不同。这点需要电机使用者和电机设计人员一起注意。

第二节　电机轴承的典型配置方式及分析

前面就电机轴承结构配置的基本原则进行了一些阐述，本节将根据电机轴承结构的一些典型配置及其特点、应用范围以及常见问题进行分析，同时提出一些设计中需要注意的细节问题。需要强调的是，通常的轴承结构布置为很多电机设计人员所熟知，但是其原因以及其中的细节事项，还是很多人最大的困扰。注意这些细节，就会避免后续很多的电机轴承问题。

一、卧式安装电机基本轴承结构布置

卧式安装是电机中最常用的一种安装方式。前面已讲述过卧式安装电机内部轴承承载状况的不同，由此也带来轴承结构布置的不同。

（一）双深沟球轴承结构（DGBB + DGBB）

对于普通中小型电机，当电机外部不连接轴向和径向负荷时，经常使用两个深沟球轴承的结构布置。最常见的工况是中小型电机轴伸端通过联轴器连接外部转矩负荷；也有时是连接外部不太重的径向负荷，诸如小带轮等情况。

1. 普通双深沟球轴承结构

（1）双深沟球轴承结构布置形式　电机中最常用的轴承结构配置是双深沟球轴承结构。顾名思义，此结构中电机定位端与浮动端轴承全部使用深沟球轴承。其基本布置情况如图3-16所示。

从图3-16中可见，右侧轴承作为定位端，左侧轴承作为浮动端。两套轴承共同承担电机的径向负荷，同时右侧轴承作为定位端轴承承

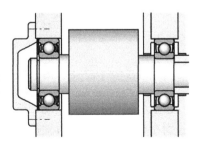

图 3-16　双深沟球轴承结构布置

担电机的轴向负荷。为减小电机噪声（见第七章电机运行中的轴承噪声及振动分析相关部分），在这种布置中对非定位端轴承（左侧）添加了一个弹簧垫圈（一般

为波形弹簧)。

(2) 双深沟球轴承结构承载特点及注意事项　这类结构中使用的两端轴承都是深沟球轴承,而深沟球轴承具有转速能力卓越但承载能力不高的特点。当电机转子重量不大、外界负载不大时,这类结构经常被使用。通常很多中小型电机都符合这个特点,因此这类结构在中小型电机中经常使用。

事实上,一些相对较大的电机,如果没有外界额外的大负荷,则选用相对较大的深沟球轴承也可以满足应用的要求。前面曾说过深沟球轴承承载能力不高,是相较于圆柱滚子轴承而言。通常通过寿命计算校核之后,很多场合深沟球轴承是可以胜任的。

一个典型的案例是风力发电机轴承配置。在早期风力发电机结构设计中存在一些争议,国内有不同的几种主张,其中,有用两柱一球轴承结构的(后续详述);有用两个深沟球轴承的。在风力发电机的工况中,发电机两端轴承仅仅承受电机转子重量和外界联轴器重量。安装时允许最大 5°的倾斜。其轴向、径向负荷均不算很大,经过计算,深沟球就可以满足。用圆柱滚子轴承,从轴承寿命计算的角度看,富余量很大,感觉安全系数更高。但是这样的情况下,圆柱滚子轴承会面临最小负荷不足的风险。实践证明,很多电机生产厂两柱一球轴承结构的风力发电机确实出现了由于最小负荷不足而带来的电机轴承噪声问题。到目前为止,当年曾倍受争议的功率为 1~2.5MW 的风力发电机(双馈型)普遍使用双深沟球轴承的结构。

2. 交叉定位结构

(1) 交叉定位结构布置形式　作为在小型电机中普遍使用的一种结构形式,如图 3-17 所示。

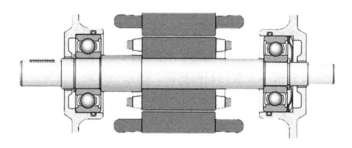

图 3-17　电机轴承交叉定位结构布置

在这个结构中我们发现,既没有明确的定位端,也没有明确的浮动端。两套轴承分别在某一个方向上对轴进行轴向定位。我们通常称之为交叉定位。在交叉定位系统中,当电机转子在工作温度运行产生轴向膨胀时,这个轴向的膨胀力如果很大,就会对轴承产生危害;但如果这个轴向膨胀力很小时,这个轴向力就变成了电机两端轴承的一个轴向预负荷,不仅不会影响寿命,反而会在噪声控制上产生良性的影响。由此可见,这种结构应用在小型电机中是非常适合的,因为小型电机轴的长度短、温升相对差别不大，因此由膨胀带来的轴向附加负荷并不会很大。

（2）交叉定位结构承载特点 交叉定位系统经常被使用于小型电机当中。其承载特点与普通两轴承结构类似，承载能力不高，外界无额外的大的轴向和径向负荷，同时电机转速相对较高。

3. 双深沟球轴承结构的预负荷问题

关于电机轴承的预负荷问题，长期困扰着一些电机设计人员，这其中包括预负荷的选取和如何实现此项预负荷。作者在很多电机现场见到预负荷虽然经过计算，但是实际电机安装时，预负荷施加无效。有的将弹簧彻底压扁，有的弹簧根本没有接触受力面。下面就此问题给出一个清楚的解答。

首先，不论在双深沟球轴承的结构中还是在交叉定位的结构中，为了减小电机轴承噪声（其原因在第七章电机运行中的轴承噪声及振动分析相关部分进行深入讨论），推荐对整个轴承系统施加一个轴向的预负荷。通常采用弹簧预负荷的方式施加，这个预负荷的大小可以按照下式计算：

$$F = kd$$

式中　F——预负荷值（N）；

　　　k——系数；

　　　d——轴承内径（mm）。

当为了减小轴承噪声，式中的系数 k 可以选取 $5 \sim 10$。

通常，问题到这里还不能结束，因为电机设计人员需要解决如何实现这么大的预负荷。如果用弹簧对轴承系统施加预负荷，那么根据弹簧弹性形变可知

$$F = K\Delta L$$

$$\Delta L = \frac{kd}{K}$$

$$\Delta L = L - L_1$$

$$L_1 = L - \frac{kd}{K}$$

式中　F——预负荷值（N）；

　　　K——弹簧弹性系数；

　　ΔL——弹簧变形量（mm）；

　　　L——弹簧的初始长度（mm）；

　　L_1——弹簧承受预紧力压缩变形后的长度（mm），如图 3-18 所示；

　　　k——系数；

　　　d——轴承内径（mm）。

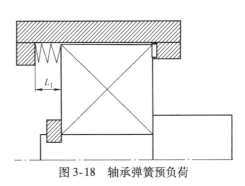

图 3-18　轴承弹簧预负荷

通过这些计算，在绘制电机图样时

已经完成了为电机轴承施加预负荷的工作。电机设计人员在设计电机总装配图时，预留的这个 L_1 要根据电机轴承的预负荷并通过计算得出，而非随机给出（这一点，很多电机设计人员都曾经犯过错误，所以在此特意强调）。

当然，这个尺寸会受到很大的轴向累积公差的影响。正是考虑到这一点，我们在算预负荷时，给出的系数范围是 5～10，此范围足够电机尺寸链累积公差的补偿。

另外，弹簧变形后长度 L_1 为弹簧初始长度 L 的 0.5～0.75 倍时，弹簧的弹力最佳。所以上述计算之后的 L_1 需要落入此区间，否则需要调整相应系数，以确保可靠。

4. O 形圈问题

铝壳电机在小型电机中十分普遍。然而铝壳电机轴承座材质是铝，而轴承的材质是轴承钢，两种材质的热膨胀系数不同。铝的热膨胀系数几乎是钢的 2 倍。这样，如果在冷态选择合适的轴承室配合，那么在工作温度的稳态时，此处配合就会偏松。所以就会出现轴承外圈跑圈的问题。

面对这个问题，很多电机生产厂采取了各种各样的应对措施。比如有的厂家使用加紧轴承室配合的方法。这样一方面增加了安装难度；另一方面，铝材质相对于钢而言比较软，当轴承装入轴承室后，轴承室本身就会发生变形。当温度升高时，依然会出现配合变松而跑圈的问题。

也有的电机生产厂使用胶水将轴承外圈和轴承座粘连在一起。这种方法显然对后期维护时的拆卸带来了不小的难度。并且，胶干后会变硬，从而影响了轴承外圈和轴承室的接触，此时的轴承室恐怕很难谈及圆度的问题。由第七章电机运行中的轴承噪声及振动分析中相关部分不难得出结论：在这样的情况下，很容易出现噪声。

一个比较可靠的方法是在电机轴承室内加入一个 O 形圈。通常 O 形圈材质为橡胶。安装 O 形圈需要在电机轴承室内部开一个槽，以放置 O 形圈。推荐尺寸如图 3-19 所示。

如果 b 值过大，则 O 形圈不能发挥弹性作用阻止外圈跑圈；若 b 值过小，在安装轴承时十分容易将 O 形圈切开。

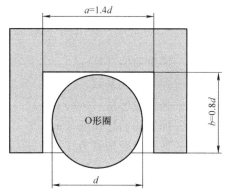

图 3-19　轴承室内开槽放置 O 形圈的尺寸

如果 a 值过大，会影响外圈和轴承室内部的接触，并影响对 O 形圈的支撑；若 a 值过小，则不能容纳橡胶圈的变形。

同时还需要考虑轴承倒角尺寸不至于切伤 O 形圈。

（二）一柱一球轴承结构（CRB + DGBB）

当因电机连接的外部径向负荷比较重，深沟球轴承的径向负荷能力不足以承担时（通过寿命校核，如果选用轴承的寿命过短，就说明承载能力不能符合要求），通常考虑引入圆柱滚子轴承。在中小型电机中，若外部连接带轮负荷，而带轮的张力较大时，通常会使用圆柱滚子轴承加深沟球轴承的轴承结构布置，即一柱一球轴承结构布置。

1. 一柱一球轴承结构布置形式及选型建议

此类电机的轴承结构布置如图 3-20 所示。电机常用的圆柱滚子轴承多为 NU 系列和 N 系列。图 3-20 所示的例子中使用的是 NU 系列的圆柱滚子轴承。前已述及，NU 系列圆柱滚子轴承不具备轴向承载能力，因此不可以作为定位端轴承。因此这个系统中用深沟球轴承作为定位端轴承对轴系进行轴向定位。

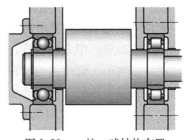

图 3-20　一柱一球结构布置

另外，由于外界承载较重的径向负荷，因此把圆柱滚子轴承布置在轴伸端以承受这个较重的径向负荷。

2. 一柱一球轴承结构承载特点及注意事项

一柱一球轴承结构受力大致情况如图 3-21 所示。可以很容易地计算出圆柱滚子轴承和深沟球轴承的径向负荷如下：

对于圆柱滚子轴承

$$F_{r1} = \frac{F_r c + F_{rg} a}{b}$$

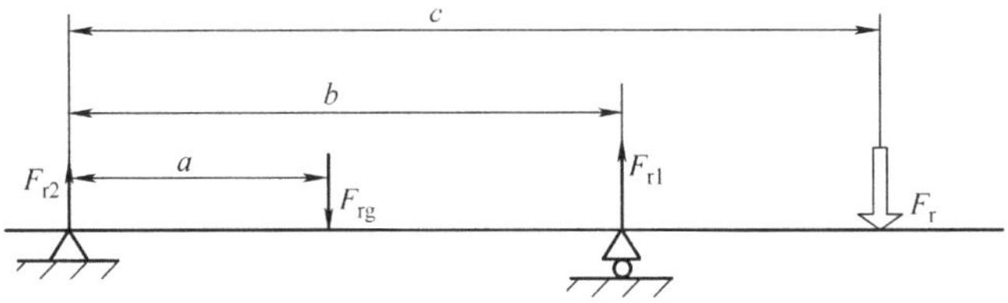

图 3-21　一柱一球轴承结构受力示意图

对于深沟球轴承

$$F_{r2} = \frac{F_{rg}(b - a) - F_r(c - b)}{b}$$

显然，$F_{r1} > F_{r2}$。尤其当 F_r 很大时，圆柱滚子轴承的径向负荷将远大于深沟球轴承的径向负荷，甚至在一定情况下会出现 F_{r2} 为负值的情况。

因此，一柱一球轴承结构适用于径向负荷很大的电机中。同时需要引起注意的是非轴伸端深沟球轴承的负荷情况。当电机轴伸端的径向负荷足够大时，有可能出现非轴伸端的深沟球轴承最小负荷不足的问题，从而产生噪声和发热等情况。

另外一种经常出现的问题是，将这种电机轴承结构配置用于轴伸端径向负荷不大的场合。如果轴伸端负荷不大（或者为零），则电机轴伸端轴承和非轴伸端轴承所承受的负荷相差不大，而轴伸端使用了负荷能力很大的圆柱滚子轴承，这就很有可能出现圆柱滚子轴承最小负荷不足的情况，从而引发噪声等故障（在第七章电机运行中的轴承噪声及振动分析相关内容中所讲到的某钢厂的案例就是这种情况）。

（三）两柱一球轴承结构（2CRB + DGBB）

两柱一球轴承结构是电机设计中经常使用的经典轴承结构布置方式，经常在中大型电机中出现。中大型电机自重很大，电机轴承即便仅仅支撑转子重量，其负荷也已经十分大了。选用深沟球轴承作为轴伸端轴承使用，当进行负荷校核时，如果寿命校核计算不达标，应该选用两柱一球轴承结构。

1. **两柱一球轴承结构布置形式及注意事项**

两柱一球轴承结构布置形式通常如图 3-22 所示。从图 3-22 中可见，两柱一球轴承结构的两个支撑端，一端使用一套圆柱滚子轴承，另一端使用一套圆柱滚子轴承加一套深沟球轴承的结构，如图 3-22 右侧和图 3-23 所示。由于圆柱滚子轴承（NU 或 N 系列）不能承受轴向负荷，所以不能作为定位端轴承使用，因此在需要定位的一端和一套深沟球轴承配合使用，起到定位端的作用。

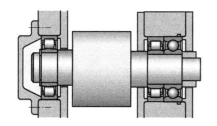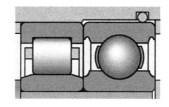

图 3-22　两柱一球轴承结构布置示意图　　　图 3-23　两柱一球轴承结构中的定位端

深沟球轴承和圆柱滚子轴承在定位端配合，起到定位端轴承承受轴向负荷和径向负荷的作用，其中圆柱滚子轴承负责承担径向负荷，深沟球轴承负责对轴系进行轴向定位。因此在这个部位的轴承室加工时需要注意两个细节（参见图 3-23）：①圆柱滚子轴承和深沟球轴承的轴承室尺寸应该不同。由于我们希望径向负荷由圆柱滚子轴承承担，因此深沟球轴承就需要在径向上放开，避免承担径向负荷。试想，如果两套轴承的轴承室支撑做成一样，那么就无法得知哪套轴承承担了多少径向负荷，有可能深沟球轴承承担了非预期的径向负荷，造成轴承失效。②由于深沟球轴承径向上被放开，就存在轴承外圈跑圈的可能性。因此需要对深沟球轴承的外部安装 O 形圈，以防止其跑圈。现实中，有些电机生产厂用轴向夹紧的方式来避免深沟球轴承跑圈，这种方法不如用 O 形圈可靠。

另一方面，两柱一球轴承结构两端都是圆柱滚子轴承，这个结构对电机的不对中（两端轴承室的轴线同轴度较差）十分敏感，因此需要在此方面多加注意。

在润滑角度，由于定位端圆柱滚子轴承和深沟球轴承安装在一起，因此确保两套轴承的润滑也十分重要。其再润滑时间间隔以最短的一套轴承再润滑时间间隔为准，并且保证油路通过两套轴承（后续油路部分详述）。

2. 两柱一球轴承结构布置的承载特点及选型建议

两柱一球轴承结构适合于中大型电机，两端轴承承受一个比较重的径向负荷。在轴承的定位端使用深沟球轴承进行轴向定位。

通常在卧式安装的中大型电机中作为定位端使用的深沟球轴承所承受的轴向力并不大，因此在选择轴承时应选择轻系列的深沟球轴承，例如，如果能选用62系列，则尽量不选63系列。

另外，在这种两柱一球轴承结构布置中，由于圆柱滚子轴承的转速能力低于球轴承，因此往往在高转速的情况下，圆柱滚子轴承的转速会成为一个阻碍。许多电机生产厂在设计高速电机时会遇到这个问题。通常可行的做法有以下几种：

1）在满足负荷的情况下，尽量选择轻系列的圆柱滚子轴承。如10系列、2系列等。因为负荷越轻的系列轴承，其转速能力越高。

2）在轴径允许的情况下，尽量缩小轴承尺寸。因为轴承的转速能力通常用 ndm 值（轴承内径与外径算术平均值乘以转速）来衡量，能够减小轴承直径尺寸，可以在很大程度上提高其转速能力。

3）如果以上方法都无法满足转速要求时，建议校核重系列深沟球轴承是否能满足其负荷要求和转速要求。这是因为：首先，深沟球轴承转速能力比圆柱滚子轴承高；其次，随着现今轴承生产加工工艺和材质的改善，深沟球轴承的负荷能力已经较过去有很大提高，因此存在深沟球轴承替代圆柱滚子轴承的可能性（如果一旦替代，就会改成双球轴承结构）。

4）如果以上的方法均不能满足要求，则需要使用滑动轴承。

作者曾遇到一个案例，某电机厂总工程师邀请作者帮助进行电机成本优化。作者尝试用深沟球轴承对圆柱滚子轴承进行替代，在一些机型里确实得到了一定的预想结果。但是这种方式的可行性是有限的，并不是所有的圆柱滚子轴承都可以进行这样的替代。并且有些大型深沟球轴承的成本未必比相应尺寸的圆柱滚子轴承低；另一方面，受深沟球轴承的负载能力所限，技术上也难以做到。

在上述案例中，这位总工程师向作者提出：现在越来越多的客户为了取消齿轮箱，一味地提高对电机转速的要求。当然，在电机的电磁理论上很多情况都是可以做到的，但是在机械上，尤其是轴承上就出现了无法跨越的鸿沟。有时不得已而使用了滑动轴承。这样一来，省去了齿轮箱，貌似减少了成本、简化了结构，但是其实这些省出来的成本和结构又加到滑动轴承上。总体上未见得更有效。

百年前，在轴承的转速能力范围远大于电机调速范围时，控制调速等技术面临挑战，而机械方面留有较大的富余量。随着永磁电机、变频调速电机等技术的发展。调速技术开始对轴承转速范围提出了新的挑战。两者的挑战是良性的，但是，在电气上的简化，势必在机械上带来难度。就目前的技术发展而言，在很多情况下，单纯地依靠变频调速就提倡完全去掉齿轮箱，在很多场合下会遇到机械难度的阻碍。要解决这个问题，我们只能期待更新技术的发展，而不能过分地激进。

（四）双调心滚子轴承结构（SRB + SRB）

双调心滚子轴承结构布置在一些电机生产厂也有应用。调心滚子轴承有两列可调心的滚子，因此其径向负荷承载能力比圆柱滚子轴承还好，所以在重负荷的场合是一个可选择的轴承类型。

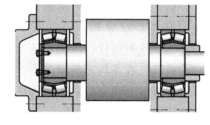

在双调心滚子轴承结构中，由于调心滚子轴承既具备轴向承载能力，也具备径向承载能力，因此它既可作为定位端轴承使用，也可以作为浮动端轴承使用，其布置方式和深沟球轴承类似。图 3-24 所示为非轴伸端作为浮动端，轴伸端作为定位端的双调心滚子轴承布置。

图 3-24　双调心滚子轴承结构布置示意图

需要注意的是，双调心滚子轴承的结构不需要和双深沟球轴承结构一样施加预负荷。相应地，如果径向负荷不足时，一定的预负荷会造成调心滚子轴承非承载列负荷过轻的问题。

双调心滚子轴承结构的承载和双深沟球轴承的承载相似，只是载荷大小上远比深沟球轴承大。通常这种布置是在转速不高而承载能力超过了圆柱滚子轴承承载能力时采纳的一种解决方案。

双调心滚子轴承结构的转速能力不如前面几种轴承结构，在高速领域应给予谨慎使用。

（五）深沟球轴承加配对（面对面或者背对背）**角接触球轴承结构**［DGBB + ACBB（DB/DF）］

卧式安装电机在承受不是很大的轴向负荷时，可以使用深沟球轴承来承担。但如果轴向负荷较大，超过了深沟球轴承的承受能力，就需要采用深沟球轴承加配对角接触球轴承的轴承结构布置方式。

1. 深沟球轴承加配对角接触球轴承的结构布置

深沟球轴承加配对角接触球轴承的结构布置如图 3-25 所示。

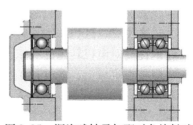

轴伸端使用两套面对面配置的角接触球轴承作为定位端；非轴伸端使用一套深沟球轴承作为浮动端，并且用弹簧施加预

图 3-25　深沟球轴承加配对角接触球轴承的结构布置

负荷以减少深沟球轴承噪声。

需要注意的是，作为定位端配对的角接触球轴承需要选用配对的角接触球轴承。并非任意两套角接触球轴承就可以配对，这需要对轴承圈断面进行特殊加工方可得到。有的品牌提供通用配对的角接触球轴承，但是多数厂家提供的单个角接触球轴承都不能任意配对，需要和厂家说明需要配对轴承。

判断角接触球轴承面对面或者背对背的方法是：两套角接触球轴承，外圈薄的一面相对是面对面配置；外圈厚的一面相对是背对背配置；一厚一薄的端面相对是串联安装配置。

2. 面对面配置或者背对背配置对角接触球轴承配对后的预游隙和预负荷问题

通常，配对的角接触球轴承会被设置或内外圈压紧之后轴承内部剩余游隙或者预紧。这是通过调整轴承配对端面尺寸得到的。

如图 3-26a 所示，如果背对背安装的轴承外圈端面紧贴之后内圈端面仍有距离，那么压紧内圈之后轴承内部就会产生预紧；相反，如果内圈压紧、外圈之间有距离，则两套轴承圈压紧之后，轴承内部就会有剩余游隙。对于面对面安装的轴承如图 3-26b 所示，电机设计人员可以自己推断理解，此处不赘述。

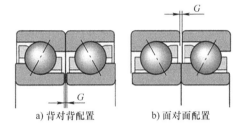

a) 背对背配置　　　　b) 面对面配置

图 3-26　配对角接触球轴承的预负荷

需要指出的是，以上阐述的预游隙和预负荷都是指轴承处于未安装状态时的。当轴承安装到轴上之后，由于轴和轴承内圈的配合较紧，轴承内部的预游隙会被减少至预负荷状态。这正符合角接触球轴承的运行需求。除了安装配合，还要考虑温升变化的状态。因此，对于电机用户，不建议选择未安装情况下过大预负荷的配对角接触球轴承。

3. 深沟球轴承加配对角接触球轴承结构的承载特性及注意事项

双列配对角接触球轴承可以承受较大的双向轴向负荷。因此，采用这种配置轴承结构的电机可以承受较大的双向或者单向轴向负荷。这些负荷由定位端配对角接触球轴承来承担。作为浮动端的深沟球轴承不承受外界的轴向负荷，但是和定位端轴承一起承担径向负荷。

由于配对的缘故，配对之后的角接触球轴承的转速能力为原来单个轴承的80% 左右，因此电机设计人员在使用这个配置时需要注意转速限制。

如果电机承受单向的轴向负荷，有的电机生产厂会选用深沟球轴承加单个角接触球轴承的配置方式。如果单从受载角度看，貌似合理，但是，单个角接触球轴承只能承受单向轴向负荷，在不受载或反向受载时会出现轴承脱开、发热烧毁的现象。后面会提到，对于立式安装电机，短暂卧式安置可以通过施加预负荷的方式避免出问题；但对于一直处于卧式安装的电机，这个轴向预负荷需要一直施加，并且需要一些计算。另外，在安装时也需要十分小心。这些因素为电机的可靠性带来了很大的风险。基于以上考虑，建议电机设计人员，即便在电机只承受单向轴向负荷的工况下，还是可以使用配对角接触球轴承而不是单个轴承的结构布置方式。

（六）圆柱滚子轴承加配对（面对面或者背对背）**角接触球轴承的结构** [CRB + ACBB（DB/DF）]

卧式安装电机如果需要承受较大的轴向负荷和较大的径向负荷时，通常采用圆柱滚子轴承加配对角接触球轴承的结构布置方式。

1. 圆柱滚子轴承加配对角接触球轴承的结构布置

圆柱滚子轴承加配对角接触球轴承的结构有两种方式，一种是非轴伸端采用面对面配置的角接触球轴承作为定位端，轴伸端使用圆柱滚子轴承作为浮动端，如图3-27a所示；另一种是轴伸端采用面对面配置的角接触球轴承作为定位端，非轴伸端使用圆柱滚子轴承作为浮动端，如图3-27b所示。

和前面的情况一样，配对角接触球轴承不能使用任意两套轴承放在一起使用，需要选用配对轴承。

圆柱滚子轴承作为浮动端轴承的用法中，由于圆柱滚子轴承本身不能承受轴向负荷，而是良好的浮动端轴承，因此只需将圆柱滚子轴承两端全部固定，轴承会在内部实现轴向浮动。

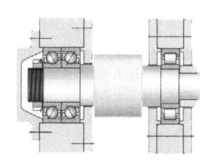 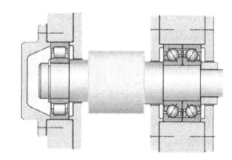

a) 圆柱滚子轴承置于轴伸端　　　　　　　　　b) 圆柱滚子轴承置于非轴伸端

图3-27　圆柱滚子轴承加配对角接触球轴承的结构布置

2. 圆柱滚子轴承加配对（面对面或者背对背）角接触球轴承结构的承载特性及注意事项

在圆柱滚子轴承加配对角接触球轴承的结构布置中，全部轴向负荷由配对的角接触球轴承承担，同时圆柱滚子轴承和角接触球轴承一起承担径向负荷。

配对的角接触球轴承比单列轴承的径向负荷承载能力大，同时圆柱滚子轴承也有很大的径向负荷承载能力。因此这个配置不仅可以承受较大的轴向负荷，也可以承受较大的径向负荷。

在图 3-27a 中，把圆柱滚子轴承放置于轴伸端，这样，外界较大的径向负荷就主要由圆柱滚子轴承承担（在前面曾经分析过轴伸端与非轴伸端径向承载的差别）；同时，双向的轴向负荷由非轴伸端的配对角接触球轴承承担。由于定位端在非轴伸端，因此整个轴承系统的刚性弱于定位端在轴伸端的配置。

如果轴承系统承受的径向负荷主要来自内部而非外界，那么不妨考虑图 3-27b 给出的轴承结构配合方式。在这个轴承结构配置中，将图 3-27a 给出的定位端和浮动端轴承进行互换，即将定位端的配对角接触球轴承放置在轴伸端，将浮动端的圆柱滚子轴承放置在非轴伸端。这样一来，轴伸端为定位端，整个轴系的刚性又有所提高，而外界并没有很大的径向负荷，因此圆柱滚子轴承和配对角接触球轴承共同承担较大的电机内部的径向负荷（通常就是转子重量）。由此可以推断，使用这种配置的电机通常是中大型电机。

二、立式安装电机基本轴承结构布置

立式安装电机和卧式安装电机内部轴承承载的方向有很大不同，因此立式安装电机也具有不同的轴承类型选择及其结构布置，本部分内容根据立式安装电机的大小（其实也就是轴向转子自重负荷的大小）来介绍一些典型的立式安装电机轴承结构布置，这其中一些布置也可以适用于轴向负荷很大的卧式安装电机。

（一）双深沟球轴承结构（DGBB + DGBB）

1. 双深沟球轴承基本结构布置

对于小型立式安装电机，两个深沟球轴承的结构经常被使用，其布置如图 3-28 所示。和卧式安装电机一样，这种轴承布置也设置了定位端和浮动端。图 3-28 中轴伸端为定位端，非轴伸端为浮动端。同时，浮动端的轴承使用波形弹簧施加预负荷进行预紧。

2. 双深沟球立式安装电机轴承承载及注意事项

前已述及，立式安装电机全部转子重量都变成轴承的轴向负荷，在双深沟球结构的立式安装电机中，所有的轴向负荷都施加在定位端深沟球轴承之上。由于深沟球轴承主要用于承载径向负荷，所以其轴向承载能力相比径向要弱。这个结构布置不可用于大轴向负荷的情

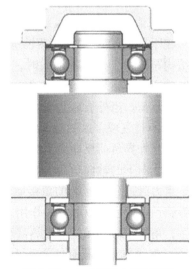

图 3-28　立式安装电机双深沟球轴承的结构布置

况。因此，双深沟球轴承结构多用于小型立式安装电机中。同样的这类轴承结构布置的电机，应该可以承受一定的径向负荷，比如一定张力的带轮负载。

双深沟球结构立式安装电机，当外界没有径向负荷时，其浮动端轴承处于非常

小的负荷或者无负荷状态，因此需要使用弹簧垫圈来施加一定的预负荷。这个预负荷的作用不仅仅在于减小噪声，更在于使浮动端深沟球轴承能承受一定的负荷，不至于小于最小负荷从而产生滑动摩擦而发热。

（二）深沟球轴承加角接触球轴承的结构（DGBB + ACBB）

对于中型立式安装电机，或者外界轴向负荷较大的电机，通常需要使用深沟球轴承加角接触球轴承的结构布置方式。

1. 深沟球轴承加角接触球轴承的基本结构布置

深沟球轴承加角接触球轴承的基本结构布置如图 3-29 所示。在这个结构中，轴伸端使用深沟球轴承，非轴伸端使用角接触球轴承。由于角接触球轴承具有单向轴向承载能力，所以在相反方向上是不可以承载、不可以作为双向定位的。在这个结构中对轴伸端的深沟球轴承外圈安装弹簧，施加了一个向下的轴向力。这样一来，在两套轴承之间产生了对外圈的轴向力。在不承受外界负荷时，这个力刚好使角接触球轴承顶紧，同时又为深沟球轴承提供了预负荷。此时两套轴承的布置类似于交叉定位系统。

2. 深沟球轴承加角接触球轴承结构的承载

在图 3-29 所示的深沟球轴承加角接触球轴承结构布置中，外界不承载时，以转子重力为

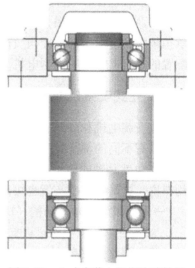

图 3-29　立式安装电机深沟球轴承加角接触球轴承的结构布置

主的轴向负荷施加在非轴伸端的角接触球轴承上；轴伸端的深沟球轴承承受弹簧施加的预负荷。当外界施加轴向负荷时，依然是非轴伸端角接触球轴承承受。从图 3-29 中不难发现，这种轴承结构布置的电机是用来承受和转子重力同向的轴向负荷的。当外界负荷反向向上时，如果这个负荷小于转子重力，那么轴系依然总体上承受一个向下的轴向负荷。此时两端轴承受力方向状态不变。但是当外界负荷大于转子重力时，非轴伸端的角接触球轴承就有反向脱开的风险（若略大于重力，此时弹簧预负荷还可以起一些作用。此处不详述，读者可自行分析）。一旦这种情况发生，角接触球轴承就会发热甚至烧毁。

3. 深沟球加角接触球轴承结构的注意事项及常见问题

深沟球轴承加角接触球轴承的结构十分常用，但由于选型及使用不当而经常出现问题。因此在设计、试验和使用中需要注意以下问题：

（1）轴承受力方向　角接触球轴承承受单向轴向负荷，切不可反向使用，否则轴承在运行过程中会直接脱开，造成发热、保持架断裂，然后烧毁。一个简单判断角接触球轴承受力方向的方法是看轴承圈，通常表观上可以看到角接触球轴承在

某一侧总是一个圈厚、一个圈薄，正确的推力施加方向应该在厚的一侧。

（2）此结构中深沟球轴承的预负荷　在深沟球轴承加角接触球轴承的结构中，要在深沟球轴承侧施加一个预负荷。此负荷会给角接触球轴承和深沟球轴承一个正确受力方向的预负荷，使两者都不致脱开。但是要判断好预负荷方向。以图3-29为例，如果此时将弹簧垫圈放置在深沟球轴承靠近轴伸端的一侧，而不是靠近转子铁心的一侧，则这个预负荷方向恰恰是使角接触球轴承脱开的方向，势必造成问题。

这些注意事项往往被一些电机生产厂忽视，因此会经常出现以下问题：

1）电机安装完毕，进行通电运转测试时，电机为卧式放置状态，发生了角接触球轴承烧毁的事故。从前面的分析可知，这类电机主要是承受轴向负荷，当电机处于立式放置时，即便没有外界负荷，轴承系统也会承受一定的轴向负荷，不至于使角接触球轴承脱开而出现发热烧毁的现象。但如果采取卧式放置状态下进行运转测试，则所有的轴向力都变成了径向力，此时角接触球轴承很容易烧毁。要解决这个问题，要么在测试时将电机处于立式放置状态，要么在电机内部深沟球轴处施加足够的预负荷。事实上，因为一直保持电机立式状态并不利于后续储运，所以后者是更可靠的方法。

2）电机在立式放置状态下进行运转试验，在外界直接连接轴向风叶负荷时，突然角接触球轴承发热烧毁。我们经常会遇到电机轴承直接连接轴流式风叶的情况，很多电机生产厂将电机送到客户处进行实地测试时，会遇到起动瞬间角接触球轴承发热甚至烧毁的情况。从流体动力学我们知道，轴流式风扇在起动时会有一个比较大的反向作用力。正是这个反向作用力，在电机起动时将使电机轴系承受一个比较大的反向轴向力（与设计时考虑的方向相反）。当然，不难得出结论，其中的角接触球轴承在这样的状态之下就会出现脱开烧毁的问题。其具体的解决方法还是在轴承系统内施加足够的弹簧预负荷，使整个转子在起动时不至于被反向拉动。轴向力的计算可以从风机生产厂家那里获得。轴向力的方向可以参考前面介绍的方法来确定。

3）电机在立式放置状态下进行运转试验，在外界未加负荷时，出现间歇性噪声、角接触球轴承发热甚至烧毁现象。作者曾经遇到的一个具体案例是：电机起动运行时，角接触球轴承发热，经检查发现是轴承表面疲劳、滚动不良所致。可是电机此时立式测试，外界并没有连接负荷。后经过仔细检查发现，电机内部定、转子轴向未对齐，当电机起动时，由于磁场的耦合，转子受电磁力的作用被向上拉，从而出现轴向位移。当时测试时转子重约1t，运行起来上浮了2mm。由此找到了轴承烧毁的原因。作者在卧式安装的电机中也曾遇到类似问题：电机出现周期性噪声，检查轴承无问题，后来更换转子，噪声消失。拆开检查转子，发现转子铁心压入尺寸超差（即定、转子轴向偏移量较大）。

（三） 深沟球轴承加串联角接触球轴承结构 ［DGBB + ACBB（DT）］

立式安装电机如果轴向负荷很大，单个角接触球轴承无法承担时，可以采用串联角接触球轴承加深沟球轴承的结构布置方式。此布置方式与单个角接触球轴承加深沟球轴承的结构布置方式相似，但是增加了串联角接触球轴承，大大提升了轴向承载能力。

深沟球轴承加串联角接触球轴承的结构布置方式如图 3-30 所示。

在这种轴承结构布置中，两套串联的角接触球轴承承担大轴向负荷，轴伸端深沟球轴承被施加弹簧预负荷，同角接触球轴承构成交叉定位系统。这点和深沟球轴承加单个角接触球轴承类似，所不同的是，此时弹簧预负荷需要为两套串联的角接触球轴承在卧式而非受载情况下提供预负荷，因此需要的预负荷值比单套的要大。

和前面提及的配对角接触球轴承一样，串联布置的角接触球轴承也需要选择配对轴承，并非任意安装。同时，由于配对原因，配对角接触球轴承的最高转速相当于单套角接触球轴承的 80% 左右。

其余关于测试、安装和使用时的问题，类似于单个角接触球轴承与深沟球轴承的配置，请电机设计人员自行参考，此处不再重复。

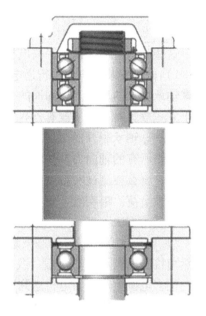

图 3-30　立式安装电机深沟球轴承加串联角接触球轴承的结构布置

（四） 面对面或者背对背配对角接触球轴承加深沟球轴承的结构 ［ACBB（DB/DF + DGBB）］

立式安装电机如果需要承受较大的双向轴向负荷，而深沟球轴承经过校核无法满足需求时，通常选用面对面或背对背配对的角接触球轴承加深沟球轴承的结构配置方式。

面对面或者背对背配对角接触球轴承加深沟球轴承的结构配置方式如图 3-31 所示。从图 3-31 中可见，两个角接触球轴承面对面安装配对布置在非轴伸端作为定位轴承，单个深沟球轴承被布置在轴伸端作为浮动端轴承，同时在深沟球轴承上用弹簧施加预负荷。

采用这种轴承配置方式的立式电机能够承受双向的轴向负荷。

在这种电机的轴承结构中应该选择配对角接触球轴承，而不是任意两套轴承的搭配，同时需要选用合适的配对轴承以及预负荷（预游隙）组。和其他配对的角接触球轴承一样，配对轴承的转速能力是单个轴承的 80% 左右。

由于这种结构的立式电机定位端是一个刚性的能承受轴向和径向负荷的轴承组，这很像一个单独的深沟球轴承作为定位端的结构（当然刚性比单个深沟球轴承高）。因此，这类电机在安装测试时，如果采取卧式放置，不一定会造成什么伤害。

（五）圆柱滚子轴承加球面滚子推力轴承结构

在一些大型立式安装电机（诸如水轮发电机等）中，其转子自重作为很大的轴向负荷出现，在这种情况下，会使用一种圆柱滚子轴承加球面滚子推力轴承的比较特殊的结构布置方式，如图3-32所示。其中球面滚子推力轴承具有很大的轴向承载能力，同时具备一定的适应偏心的能力。因此整个电机立式安装的这一端就一直作为定位端。在另一端，使用圆柱滚子轴承作为浮动端轴承。

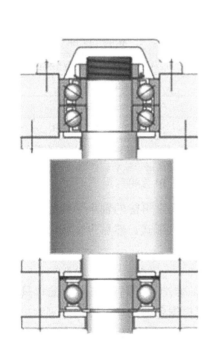

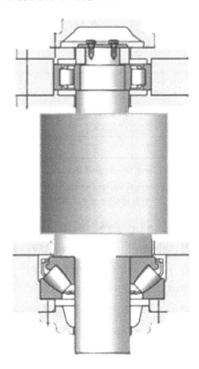

图 3-31　立式安装电机深沟球轴承加面　　图 3-32　立式安装电机圆柱滚子轴承
　　　　对面角接触球轴承的结构布置　　　　　　加球面滚子推力轴承的结构布置

通常，球面滚子推力轴承的尺寸都较大，而其额定转速也不高，适应了这种电机的工况要求。

这种轴承结构，除了考虑轴承选型，还要考虑球面滚子轴承支撑部分在受载时的应变情况。这需要专门的有限元计算，以确保运行时支撑的可靠。本书对此不详细展开介绍，读者可自行参考相关资料。

三、电机轴承配置快速查询

前面就电机轴承结构配置进行了详细的讲述，这些轴承结构配置的介绍都是根据轴承自身特点和电机外界负荷特点进行展开的。为便于读者根据电机本身情况以及外界负荷情况进行快速查询，给出了一个总结查询表，见表3-1。

表3-1 电机轴承布置速查

电机规格	安装方式		负荷类型		轴承配置方式
	立式	卧式	外界轴向负荷	外界径向负荷	
小型电机	否	是	轻	轻	DGBB + DGBB
	否	是	轻	重	CRB + DGBB
	否	是	重	轻	2ACBB（DB/DF）+ DGBB
	是	否	轻	轻	DGBB + DGBB
	是	否	重	轻	ACBB + DGBB
大中型电机	否	是	轻	轻	2CRB + DGBB 或 SRB + SRB
	否	是	重	轻	CRB + 2ACBB
	是	否	轻	轻	ACBB + DGBB
	是	否	重	轻	ACBB（DT）+ DGBB

注：DGBB（Deep Groove Ball Bearing）为深沟球轴承；CRB（Cylindrical Roller Bearing）为圆柱滚子轴承；SRB（Spherical Roller Bearing）为调心滚子轴承，又叫球面滚子轴承；ACBB（Angular Contact Ball Bearing）为角接触球轴承；DB为背对背；DF为面对面；DT为串联。

表3-1仅列出了根据电机负荷大小、方向等因素可能的轴承结构配置形式，读者可根据这个表进行查询得到相应的轴承结构布置形式，然后再在相应的章节里找到具体展开的介绍，以指导实际设计工作。

本表中还有如下限制条件：

① 表中并未列出轴承处于轴伸端或者非轴伸端，同时表格中的推荐只是定性描述下的推荐，仅作参考。在实际工况中，要根据负荷大小及方向等因素，结合实际情况做相应的调整，切不可教条。

② 表中对负荷的轻重等描述为定性描述。负荷的轻重根据轴径所要求的轴承承载能力来决定。其中轴径的最小值应该是可以传递扭矩所要求的最小直径，在这个直径基础上的轴承将按照 C/P 的值进行划分，得出轻、中、重负荷。或者，电机设计人员可以根据寿命计算来判断负荷对所选轴承来说是否过大或者过小。

③ 一个表不可能覆盖所有电机负荷类型的轴承结构布置选择。特种电机或特殊工况的电机的轴承结构布置要根据实际工况灵活选择。

四、一个四轴承结构的磨头电机配置轴承的选型特殊案例

某电机生产厂生产的磨头电机，其结构为四轴承结构（见图3-33），为其选择

轴承配置。

该电机将双列面对面的两套角接触球轴承放置在非轴伸端；另外两套深沟球轴承放置在轴伸端（由于外界尺寸要求，前端不得不伸长，从而需要两套轴承进行支撑）。要求电机在承载轴向负荷时，电机轴的轴向窜动不超过 0.02mm。

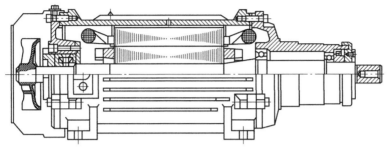

图 3-33　磨头电机结构

从图 3-33 中可以看到，角接触球轴承到轴伸端面的距离较长，在轴向负荷承载的情况下要求轴向窜动不超过 0.02mm 十分困难，即使不考虑轴的挠曲，细长轴的伸缩量也大大影响了这个尺寸精度要求。

当时作者发现，此电机生产厂选择面对面角接触球轴承中等预游隙配置。轴承安装后，刚性不足。后建议将面对面改为背对背，同时加紧轴和轴承室的配合，以提高刚性。问题得以解决。

但这并不是一个完美的解决方案，作者建议厂家后续可以考虑将角接触球轴承前置，这样磨头部分的刚性更好，更有利于保证轴向不超过 0.02mm 的窜动。

在这个结构中，轴承配置不属于我们前面介绍的电机轴承结构配置典型范畴。但这个配置充分利用了面对面配置角接触球轴承加深沟球轴承的结构，同时在调整配合、刚度等方面有一些独到之处，可以给读者一些启发。

第三节　电机轴承配置中的公差配合选择

前面的内容讨论了将电机轴承布置在轴上的各种方式，工程实际中电机设计人员还要根据轴承的实际情况对轴承与轴、轴承与轴承室之间的公差配合进行选择。轴承配置中的公差配合包括两部分内容，一个是尺寸公差，另一个是形状位置公差。

一、电机轴承及相关部件公差配合（尺寸公差）选择的原理和原则

用普通卧式安装内转子式电机为例，说明轴承和轴及轴承和轴承室之间的公差配合选择原则。其他情况可以以此类推。

当电机工作时，转子在电磁转矩的作用下旋转，转子轴通过配合拉动轴承内圈旋转，轴承内圈捻动滚动体在轴承外圈上滚动。安置在轴承室内的轴承外圈承受滚动体的滚动摩擦，但和轴承室之间不发生相对移动（宏观而言）。

(一) 轴承内圈配合选择分析

对于轴承内圈而言，在运转过程中相对轴来说是被动旋转，同时轴承内圈还需要捻动滚动体滚动随之受到滚动体的阻转矩。轴的主动"拉动"是通过轴与轴承内圈之间的摩擦力实现的。这个摩擦力受到摩擦系数与正压力的影响。摩擦系数已定，那么正压力就是由轴承内圈与轴之间的配合以及轴承承受的径向负荷带来的。正是因为轴需要主动拉动轴承内圈，所以此处的配合多数选用紧配合（过盈配合）。如果轴与轴承内圈之间的摩擦力突破最大静摩擦力范围，则轴承内圈和轴之间就会发生相对滑动，这就是电机工程实际中遇到的轴承内圈跑圈现象。所以选择轴承内圈配合时，至少要使轴承内圈与轴的配合摩擦阻力足够大，大到不至于使轴承内圈跑圈的程度。

考虑到轴承所承受的负荷状态，在轴承的径向负荷方向，轴承内圈和轴的配合力以及径向负荷一同构成了轴与轴承内圈之间的正压力，此处静摩擦力很大；相反，在径向负荷反向，此时轴承内圈和轴之间的配合力与径向负荷方向相反，此处正压力变小，最大静摩擦力最小。为避免轴承内圈跑圈，必须增加配合带来的正压力（加紧配合），使之不产生相对滑动。这种情况，越大的径向负荷就会越明显。因此在推荐轴与轴承内圈配合时，负荷越大，推荐的配合就会越紧（可参照表3-2）。

更深入地，如果考虑径向负荷同向与反向的正压力差异，也就会了解轴的正压力在径向负荷同向和反向两个方向上存在差值，此差值会引起静摩擦力的不同。试想，如果轴承内圈径向负荷反向的正压力无法产生阻止轴承内圈跑圈的最大静摩擦力，那么此时这部分轴承内圈就会产生沿运动方向的滑动。如果此时正压力同向并未发生轴承内圈跑圈（正压力足以产生阻碍相对运动的摩擦力），那么，作为一个整体的轴承内圈，则会产生内部的推拉张力，此张力的累积，就会使轴承内圈在轴上发生蠕动。以此类推，读者可以深入思考轴承内圈在轴上蠕动时的工作状态。此部分内容较深入，此处提及仅作参考，并不展开。有兴趣的读者可以参阅相关轴承分析资料。

再考虑电机的运行工况：当电机运行处于变速状态（起动、停机、改变转动方向），轴与轴承内圈之间的摩擦力拖动轴承内圈与轴同步旋转、变速，因此需要更大的正压力以实现更大的静摩擦力，这需要更紧的配合，以保证轴承内圈和轴之间不出现相对滑动（跑圈）。另外，对于振动较大的场合，轴承内圈与轴之间的径向负荷处于不稳定状态，同样需要更紧的配合，以避免轴承内圈跑圈。

(二) 轴承外圈配合选择分析

对于轴承外圈而言，滚动体在滚道上的滚动使轴承外圈受到一个沿着转动方向的滚动摩擦力；同时轴承外圈和轴承室之间的摩擦力提供阻力，使轴承外圈静止在轴承室内不旋转。由于滚动摩擦力很小，因此轴承外圈和轴承室之间所需要的保持不相对滑动的最大静摩擦力与轴承内圈和轴之间相对静止所需要的静摩擦力相比较小。所以，通常而言，轴承外圈和轴承室的配合选择较轴承内圈与轴配合松一些的配合。

轴承承载时，轴承滚动体仅在负荷区的轴承外圈上滚动。负荷区轴承外圈与轴承室之间的正压力来源于径向负荷以及与其配合所产生的径向力。轴承外圈外表面的滑动摩擦抵抗轴承外圈滚道上的滚动摩擦所需要的正压力不会很大，一般而言，径向负荷的正压力已经足以提供这个静摩擦力；另一方面，非负荷区轴承滚动体和轴承滚道之间并不会产生负荷，也不会产生沿滚动方向的滚动摩擦力，所以轴承外圈也不需要与轴承室发生静摩擦（配合）阻碍轴承外圈跑圈。而在这种情况下，负荷越大，负荷区就越大，负荷区正压力也越大，负荷区轴承外圈提供的静摩擦力也越大。这样，径向负荷本身就自动地调节了防止轴承外圈跑圈的阻力。因此不需要考虑调整轴承外圈和轴承室之间的配合来保证轴承外圈不跑圈。换言之，对于外圈静止负荷的情形，负荷的大小不应该成为影响轴承外圈配合选择的最主要的因素。

可以更深入地考虑，在轴承外圈和轴承室之间的摩擦力足以阻碍轴承外圈跑圈时，如果加入对轴承刚性的思考，情况会有微妙的变化。在轴承滚动体和轴承滚道接触的地方，轴承滚道受到的向前的滚动摩擦力大，在不接触的地方没有力。微观地看轴承外圈，其受到了局部的向前推动的滚动摩擦力。而组成外圈本身在这些力的影响下发生微观的压缩和伸张。在这些力的影响下，轴承外圈和轴承室之间会出现微观的蠕动（像蠕虫一样伸张、收缩着前行）。这也是我们见到运行良好的轴承有时其外圈依然有颜色变深和小幅度蠕动腐蚀趋势的原因。关于这部分内容的深入分析，此处仅做提示，不展开。请有兴趣的读者参考相关的轴承分析资料。

1. 对于振动冲击负荷

这种工况下，轴承外圈和轴承室的接触本身就不是一个恒定的接触，其接触力也不是一个相对接触表面稳定的正压力。因此不能依赖径向负荷本身为轴承外圈提供足够正压力来产生防止轴承外圈跑圈所需的最大静摩擦力。在这种情况下，就需要加紧配合，从而通过配合的正压力防止轴承外圈跑圈。所以在选择轴承外圈配合时，如果负荷振动，那么所需要的配合就会越紧。

2. 考虑不同轴承类型

对于球轴承而言，使轴承外圈产生滚动方向运动趋势的滚动摩擦是由点接触滚动实现的；对于圆柱滚子轴承而言，滚动摩擦是线接触实现的。显然，圆柱滚子轴承比球轴承的滚动摩擦力更大，同时使轴承外圈产生滑动的力也更大。因此，对于电机而言，通常圆柱滚子轴承的外圈配合比球轴承紧。圆柱滚子轴承通常使用在中型电机中，因此在一些推荐表格里直接备注了中型电机、小型电机等。

3. 对于小型铝壳电机

一般的小型铝壳电机，其转子自重很小，通常使用的是深沟球轴承。当电机运行于稳定温度时，铝壳电机轴承室内径的热膨胀比轴承外圈直径的热膨胀大一倍。此时防止轴承外圈跑圈的静摩擦力多半都由径向负荷带来的正压力产生。往往这种电机的径向负荷又很小，因此经常会出现轴承外圈跑圈现象。电机生产厂家有时会选紧一级的配合，但是，这样又给安装带来了不便。因此，这里建议使用 O 型圈（见本章第二节相关内容）。

4. 对于立式电机

前已述及，电机轴承外圈和轴承室之间的摩擦是阻碍轴承外圈跑圈的重要因素。但是对于立式电机而言，如果没有外界的径向负荷，轴承外圈和轴承室之间就不会有足够的正压力以形成摩擦力阻止外圈跑圈。因此在立式电机中通常建议轴承外圈与轴承室选择相对于卧式电机紧一个级别。有时候还需要使用 O 形圈等防止外圈跑圈的额外措施。

5. 对于外转式电机

对于外转式电机，轴承内圈外圈受力状况与内转式相反，因此选择原则也需要做相对调整。

通常情况下，旋转的轴承圈是紧配合；非旋转的轴承圈是过渡配合（内转子式电机的轴承内圈和外转子式电机轴承外圈是旋转圈，因此是紧配合；其相对应的另一个轴承圈为过渡配合）。

（三）电机轴承公差配合的选择建议

一般而言，轴承是标准件，因此要实现上述的配合就需要对轴以及轴承室的公差进行选择。具体的选择建议可以参见表 3-2 和表 3-3（表中，P 为当量负荷，单位为 N；C 为额定动负荷，单位为 N）。

表 3-2 实心轴径向轴承配合

条件[1]	轴径/mm			公差
	球轴承[1]	圆柱滚子轴承	调心滚子轴承	
轻载、变化负荷 （$P \leqslant 0.05C$）	≤17	—	—	js5
	>17 ~100	≤25	—	j6
	>100 ~140	>25 ~60	—	k6
	—	>60 ~140	—	m6
中等负荷、重载 （$P > 0.05C$）	≤10	—	—	js5
	>10 ~17	—	—	j5
	>17 ~100	—	<25	k5
	—	≤30	—	k6
	>100 ~140	>30 ~50	>25 ~40	m5
	>140 ~200	—	—	m6
	—	>50 ~65	>40 ~60	n5[2]
	>200 ~500	>65 ~100	>60 ~100	n6[2]
	—	>100 ~200	>100 ~200	p6[3]
	>500	—	—	p7[2]
	—	>280 ~500	>200 ~500	r6[2]
	—	>500	>500	r7[2]

（续）

条件[1]	轴径/mm			公差
	球轴承[1]	圆柱滚子轴承	调心滚子轴承	
极重负荷、工作条件非常恶劣的冲击负荷（$P > 0.1C$）	—	>50 ~65	>50 ~70	n5[2]
	—	>65 ~85	—	n6[2]
	—	>85 ~140	>70 ~140	p6[4]
	—	>140 ~300	>140 ~280	r6[5]
	—	>300 ~500	>280 ~400	s6min ± IT6/2[4]
	—	>500	>400	s7min ± IT7/2[4]

① 对于深沟球轴承，一般情况下，表中轴公差应大于普通游隙的径向游隙。有时工作条件需要加紧配合，以防止轴承内圈跑圈。如果游隙合适，大多数情况下可以使用大于普通游隙的游隙（C3），以下公差可以使用：轴径 10 ~17mm：k4；轴径 >17 ~25mm：k5；轴径 >25 ~140mm：m5；轴径 >140 ~300mm：n6；轴径 >300 ~500mm：p6。

② 轴承内部径向游隙可能会大于普通游隙。

③ 轴承内部径向游隙可能会大于普通游隙（C3），并推荐用于内径 <150mm 的情况下。对于内径 >150mm 的轴承，内部径向游隙大于普通游隙可能是必需的。

④ 推荐轴承内部游隙大于普通游隙。

⑤ 内部径向游隙大于普通游隙可能是必需的。圆柱滚子轴承推荐内部游隙大于普通游隙。

表 3-3　铁或钢质轴承座的径向轴承配合——非分离式轴承座

条件		示例	公差	外圈位移
负荷相对外圈方向固定	各种负荷类型	标准电机	H6（H7）[1]	可有位移
	通过轴的热传导，有效的定子冷却	装有调心滚子轴承的大型电机，异步电机	G6（G7）[2]	可有位移
	精确且静音运行	小型电机	J6[3]	通常可有位移
负荷相对外圈方向不固定	轻载或普通负荷（$P \leqslant 0.1C$）可有外圈轴向位移	中型电机	J7[4]	通常可有位移
	普通负荷（$P > 0.05C$）可无外圈轴向位移	中型或大型电机，装有圆柱滚子轴承	K7	不能位移
	重冲击负荷	重型牵引电机	M7	不能位移

① 对于大型电机（D >250mm）且轴承外圈和轴承座温差大于10℃时，应该使用配合 G7。

② 对于大型电机（D >250mm）且轴承外圈和轴承座温差大于10℃时，应该使用配合 F7。

③ 如果要求轴承圈容易位移，应使用 H6。

④ 如果要求轴承圈容易位移，应使用 H7。

二、电机轴及轴承室的形状位置公差

电机轴及轴承室的形状位置公差（简称形位公差），对电机轴承的最终影响十分大。形位公差不良会引起各种电机轴承的问题。

电机轴承部位的形位公差不良带来的最大影响就是电机的噪声问题（在第七章电机运行中的轴承噪声与振动分析相关内容有详细阐述，该部分同时也给出了电机噪声的测量方法和相关标准）。

另外，有些电机轴承跑圈现象出现之后，通过直接测量相关部件尺寸公差未发现超差时，就应该对形位公差进行测量和判断。

关于电机轴承部位形位公差的选择可以参考表3-4（其中“特殊需求”指相对于运行精度或者均衡支撑而言。参见图3-34）。

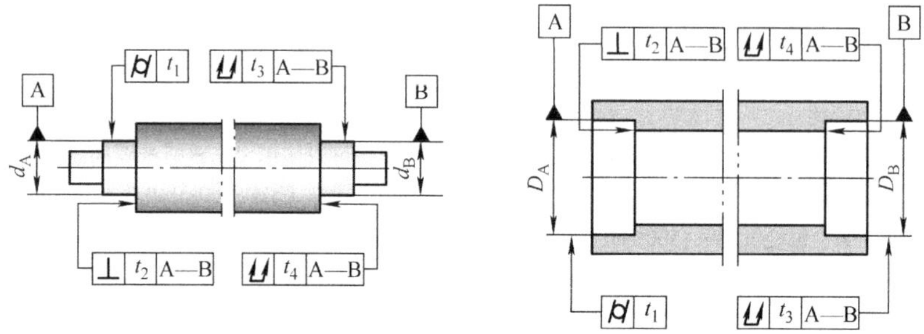

图3-34　电机轴承部位形位公差标注图样

表3-4　电机轴承部位形位公差推荐表

表面特性	特性符号	公差	容差①					
			普通		P6		P5	
			普通需求	特殊需求	普通需求	特殊需求	普通需求	特殊需求
圆柱度	⌭	t_1	IT5/2	IT4/2	IT4/2	IT3/2	IT3/2	IT2/2
总径向跳动	⌰	t_3	IT5/2	IT4/2	IT4/2	IT3/2	IT3/2	IT2/2
台肩垂直度	⊥	t_2	IT5	IT4	IT4	IT3	IT3	IT2
总轴向跳动	⌰	t_4	IT5	IT4	IT4	IT3	IT3	IT2

① 对于较高精度等级的轴承（精度等级P4等），请参考高精度等级轴承的相关标准。

第四节　电机轴承基本尺寸的选择（轴承承载能力校核）

在完成轴承类型选择之后就需要根据承载情况选择大小合适的轴承。在工程实际中，轴承选择过大或者过小都会带来相应的问题。事实上，选择轴承尺寸实际上是选择轴承承载能力，或者说是选择合适承载能力的轴承。轴承尺寸小就意味着承载能力不足；反之，轴承尺寸大就意味着轴承承载能力有余。为了直观，本章直接称之为轴承尺寸选择。

电机设计人员在进行轴承大小的选择时，首先是要在一个可能的边界条件之下进行的。这个边界条件就是轴承尺寸选择的限制。轴承的选择不能突破这个限制。这个边界条件，就决定了轴承尺寸的选择。

　　轴承尺寸选择除了考虑必须处在其边界条件以内之外，为了提高设计的有效性（提高功率密度、减小体积、降低成本），在电机轴承选型过程中，电机设计人员会在轴承选择上尽量优化。这个优化包括选择成本更低的轴承、减小所选轴承的体积、简化轴承后期维护，同时满足承载、旋转的要求。

一、轴承尺寸的选择

（一）概述

　　基于不同类型轴承的特性，在根据应用工况对轴承的类型和结构布置进行初步设计的同时还需要对轴承的具体选型进行计算校核。本章所说的选型计算校核指的是，按照轴承结构布置选择轴承的类型，根据外界负荷状态，校核所选轴承的大小。也就是通过轴承基本尺寸的选择校核，以确定轴承基本代号。

　　除了对轴承基本尺寸的选型校核外，电机设计人员还要根据实际工况对轴承不同的细节设计进行选择，也就是选择轴承后缀的部分。

　　所以电机轴承的总体选型工作的过程如下：通过轴承尺寸选型校核确定一台电机内部所需轴承具体型号的尺寸、类型代号部分；根据轴承工作的实际工况，对保持架、游隙、热处理、润滑等进行考量，决定所选择轴承后缀。当所有这些工作完成时，电机设计人员的轴承选型工作才能宣告完成。

　　轴承后缀相关的选择准则可以在第一章中得到解答，而轴承类型选择部分在第二章中做了介绍，本章不再重复。因此本章重点阐述轴承基本代号选择（轴承尺寸选择校核部分）。

　　在完成轴承类型选择之后，就需要根据承载情况选择合适大小的轴承。在工程实际中，选择过大或者过小的轴承都会影响设备最终的运行。轴承选择得过小，外界负荷超过轴承的承载能力，轴承寿命无法达到设备预期；轴承选择得过大，一方面造成轴承负荷能力的浪费，从而引起成本的浪费，另一方面还可能是轴承无法承受其实现正常运转的最小负荷，一旦这种情况发生，轴承反而会因为不能有效地形成滚动，从而出现发热，甚至烧毁等问题。

　　下面先介绍电机轴承选型的边界条件，同时对其校核计算进行介绍，进而讨论一些可能的优化原则。

（二）电机轴承尺寸选择的上限和下限

1. 电机轴承尺寸选择的下限（轴承承载能力下限）

　　电机轴承尺寸选择的下限主要包括两个方面：①轴承的承载能力；②最小轴径。

　　通常，我们当然希望轴承占用的空间越小越好，但是小的轴承的承载能力相对也较弱，所以轴承的承载能力是轴承选择的下限因素之一。一般用轴承疲劳寿命计算的方法校核轴承的承载能力，以确保所选轴承可以承受此负荷，并达到预期运行状态。

　　另一个轴承大小选择的下限是外界的机械结构（轴径）。轴承的寿命理论是20世纪40年代提出的，通过几十年轴承生产制造技术的发展，使现今的轴承普遍在寿命理论所标识的轴承承载能力的基础上有很大的提升。这也给了我们很多机会，可以将轴承尺寸选择得更小（有利于提高转速性能和降低成本）。但是，有些工况下轴承尺寸可以缩小，但电机轴径需要满足转矩传输，不可以减小，此时电机的最小轴径就成为了制约轴承选小的另一个下限因素。关于轴承尺寸下限计算请参考电机轴承疲劳寿命计算相关内容。

　　2. 电机轴承尺寸选择的上限（轴承承载能力上限）

　　电机轴承尺寸选择的上限也受到两个方面因素的制约：①可允许的轴承室空间；②轴承最小负荷。

　　电机设计人员总是试图提高整个电机的功率密度，因此总会试图将电机设计得尽量高效、紧凑，因此，电机的整个体积留给轴承室的空间是轴承尺寸选择的上限之一。

　　同时，即便没有尺寸上限的要求，轴承本身相对于外界负荷的运转也有其自身限制。这就是轴承的最小负荷。大马拉小车的情况对于轴承而言会带来滚动不良（具体讨论将在轴承最小负荷部分展开）。可以想象，大马拉小车的情况下，车（负荷）已定，那么就要调整马，需要更小的马，或者说不需要比可以拉得动车的马更大的马。也就是说，此时选择的负荷能力是所需负荷能力的上限。对于轴承而言，越大的轴承其负荷能力也就越大，因此轴承的最小负荷成为电机轴承尺寸上限，是轴承负荷能力上限的另一个因素。关于轴承最小负荷计算在本节第（四）部分《电机轴承最小负荷——电机轴承尺寸上限校核》部分进行详细介绍。

　　当完成了对电机轴承尺寸的选择时，就选出了具备合适承载能力的轴承。此时仅完成了轴承选型的基本工作。换言之，就是完成了轴承基本代号的选择，或者完成了对轴承滚动体和轴承圈的选择。

　　前已述及，轴承的寿命是涵盖轴承滚动体、滚道、润滑、密封、保持架等诸多因素的概念。因此轴承的选型也需要针对各个部分进行选择。这些轴承零部件中滚动体和轴承圈多数被反映在轴承主代码上，而润滑、密封、保持架等因素通常会在轴承后缀中表现出来。所在完成轴承主代号选择之后，就要进行轴承后缀的选择。和轴承尺寸选择一样，要为轴承选择合适的零部件（密封、保持架、润滑），一方面需要了解外界工况；另一方面是要对轴承各个零部件的性能有一定的了解。

　　首先，轴承外界的工况主要包含负荷、温度、转速、污染、振动、起停频次等实际运行条件。

　　其次，需要了解轴承各个零部件针对上述各种工况的适用性。在第一章和第二章中，分别介绍了轴承各个零部件的特性，本章不重复这些内容。

（三）电机轴承疲劳寿命计算——电机轴承尺寸选择的下限校核

　　1. 电机轴承疲劳寿命与轴承寿命的关系

　　轴承由轴承圈、滚动体、保持架、密封等轴承基本零部件组成。在轴承运行的时候，不论是什么原因导致轴承中的某些零部件的失效，即宣告该轴承寿命终止。也就是说，轴承的寿命是由轴承所有零部件中最小寿命来决定的。

而轴承疲劳寿命特指轴承本体部件（滚动体和滚道）在承载运转情况下由于表面下的疲劳而失效的情况。

由此可知，轴承的疲劳寿命仅仅是轴承寿命中涉及某一方面的因素，并非全部。

2. 电机轴承疲劳寿命的工程实际意义——为轴承疲劳寿命正名

电机轴承的疲劳寿命计算是很多电机设计人员常用的轴承校核计算方法。通常一些工程师会望文生义，认为轴承疲劳寿命计算是预知轴承寿命的计算方法。因此就会遇到一个问题，往往经过疲劳寿命计算的轴承实际寿命并非计算结果。当然排除计算错误的因素，比较流行的解释是：疲劳寿命是一个概率值，因此有可能出现实际值和计算值之间的偏差。这个解释虽然从轴承疲劳寿命计算的角度给出了一些阐述，但是实际上曲解了寿命计算在工程实际中的真正作用。

当然不可否认，轴承疲劳寿命计算得到的是一个概率结果。可是，即便考虑这个因素，那么现实工况和轴承疲劳试验所对应的实验工况也千差万别。换言之，实际的工程应用情况几乎无法复制轴承疲劳寿命计算的实验工况。既然如此，那么这个寿命计算如果用来预知寿命，就是没有意义的。

那么是不是可以认为轴承疲劳寿命计算真是无意义的呢？既然如此，为什么在工程设计中所有的工程师都会使用这个校核计算呢？显然答案是否定的，轴承疲劳寿命校核计算是非常具有工程实际意义的校核方法。只不过轴承疲劳寿命校核计算的目标不是绝对的轴承的寿命值，而是通过轴承疲劳寿命的相对值校核轴承选型的大小。我们都知道轴承疲劳寿命校核计算的结果是一个轴承工作的寿命值，单独看此值意义并不大，但是如果成千上万的机械设备，其轴承疲劳寿命都不低于某标准，那么一台新的设备轴承疲劳寿命如果也达到这个标准，就说明这个轴承大小的选择（承载）是合理的。比如，对于中小型电机，我们要求轴承寿命达到25000～30000h，那么相类似的中小型电机的轴承选型如果也达到这个值的范围，就意味着轴承大小选择和承载是恰当的。如果小于这个值，就说明所选轴承承载能力不能达到要求，从而需要选择更大承载能力的轴承（简言之就是更大的轴承）；如果新设计的轴承疲劳寿命大于这个值，就说明所选择的轴承承载能力有余量。从提高设计有效性的角度，就说明还有缩小轴承的可能性。

综上所述，电机轴承疲劳寿命校核计算是一个校核轴承选型大小是否合适的校核工具，绝非决定电机轴承选型的绝对方法。

具体轴承寿命校核计算及其算例将在第五章详细阐述。

（四）电机轴承的最小负荷——电机轴承尺寸选择上限校核

通常而言，进行轴承疲劳寿命校核计算的时候，如果计算结果超出正常要求的情况也需要引起电机设计工程师的注意。首先如果计算结果超过的不多，那么就有可能需要尝试减小轴承，以尝试是否可以从此降低轴承成本；另一方面如果超出的幅度比较大，通常会有一个轴承所承担的负荷无法达到最小负荷的情况。

物体之间滚动形成的因素包括一定的正压力以及一定的摩擦系数。对于轴承而言，滚动体和滚道之间的正压力就是由轴承所承受的负荷带来的。这个能够让轴承所有滚动体形成有序正常滚动的最小负荷就是我们说的轴承最小负荷。

不难看出，某一工况所能提供的负荷作为轴承最小负荷的时候，其实这个负荷标志着这个轴承负荷能力上限。如果此时选择比这个负荷要求能力更大的轴承，往往会造成最小负荷不足。

前面所说，如果轴承疲劳寿命计算超过需求值过大的时候，就有可能发生最小负荷不足的情况。此时需要进行校核计算，以确保轴承选型正确。

在后面计算中可以看出，对于深沟球轴承，其所需要的最小负荷非常小。此时有可能深沟球轴承计算疲劳寿命值十分大，同时也满足最小轴承负荷的要求。在这种情况下，如果允许轴径缩小，电机设计人员有可能选择小一号的轴承。如果轴径无法进一步缩小，就只能维持当前选择。这种情况在分马力电机，家电用小电机的设计中经常遇到。特此说明。

不同轴承所需要的最小负荷不同，相同轴承的不同设计也会使轴承所需最小轴承不同。因此各个轴承厂家对轴承最小负荷的计算也有自己的推荐。本书仅就FAG 和 SKF 轴承的最小负荷计算进行介绍。其他的轴承计算可以询问轴承厂家的应用工程，以获得帮助。轴承最小负荷的计算示例如下：

FAG 轴承的最小负荷计算方法：FAG 轴承针对不同轴承类型给出了轴承最小负荷推荐值（其中，当量负荷用符号 P 表示，其计算方法见第五章滚动轴承寿命计算相关内容；轴承额定动负荷用 C 表示）。

对于球轴承：$P = 0.01C$。

对于滚子轴承：$P = 0.02C$。

对于满滚子轴承：$P = 0.04C$。

C 为轴承额定动负荷。

SKF 轴承最小负荷的计算方法

对于深沟球轴承：

$$F_m = k_r \left(\frac{vn}{1000} \right)^{\frac{2}{3}} \left(\frac{d_m}{100} \right)^2$$

式中　F_m——轴承的最小负荷（kN）；

　　k_r——最小负荷系数（SKF 轴承型录可查）；

　　v——润滑在工作温度下的黏度（mm^2/s）；

　　n——转速（r/min）；

　　d_m——轴承平均直径（mm），$d_m = 0.5(d + D)$。

对于圆柱滚子轴承：

$$F_m = k_r \left(6 + \frac{4n}{n_r} \right) \left(\frac{d_m}{100} \right)^2$$

式中　F_m——轴承的最小负荷（kN）；

　　　k_r——最小负荷系数（SKF 轴承型录可查）；

　　　n——转速（r/min）；

　　　n_r——参考转速（r/min，SKF 轴承型录可查）；

　　　d_m——轴承平均直径（mm），$d_m = 0.5(d + D)$。

通常，轴承体积越大，需要的最小负荷越大，轴承所选用的润滑黏度越高，所需要的最小负荷越大；轴承转速越高，需要的最小负荷也越大。反之亦然。

之所以把轴承最小负荷计算作为校核轴承尺寸选择上限的原因是：如果所选轴承承受的负荷已经达到其最小负荷，那么轴承就不能再继续选择更大的尺寸，否则，轴承所需最小负荷将大于轴承实际负荷。这样的结果就是轴承内部滚动体无法形成有效滚动，从而导致设计失败。

二、轴承尺寸选择校核小结

本部分所讲的轴承尺寸选择是界定了轴承尺寸选择的上限和下限，在这个范围内选择的轴承，从尺寸大小上和承载能力上满足了设计目标的要求。总结轴承尺寸选择的边界条件见表 3-5。

表 3-5　轴承尺寸选择的边界条件

轴承尺寸选择	上下限	校核方法
上限（负荷能力上限）	外界尺寸要求	允许最大轴径、轴承室尺寸
	轴承承载能力上限	轴承最小负荷校核
下限（负荷能力下限）	最小轴径	轴扭矩校核
	轴承承载能力下限	轴承疲劳寿命计算

三、电机轴承选型小结

电机轴承选型部分的工作确定了一台电机所需要的轴承型号。在轴承选型之初，需要考虑轴承结构布置因素；待选型完毕后，才正式进入电机轴承系统结构设计部分，也就是将选择好的轴承布置在电机的图样上。所以，电机轴承选型是轴承在电机应用中的第一步，同时也是十分重要的一步。工程实际中，经常遇到电机轴承使用的问题，其中有不少的问题追根溯源是轴承选型不当所致。而一旦是这样的问题，往往在后续的生产、检验和使用中，工作人员是很难有好的方法和手段进行处理和解决的。所以，电机轴承的选型不仅仅是电机轴承使用的第一步，也是后续无法更改的一步，希望能够予以足够的重视。

第四章　电机轴承润滑选择和应用

第一节　电机轴承润滑脂知识简介

一、电机轴承润滑设计概述

对于机械结构而言，控制系统是大脑，传感器是神经，机械装置是骨骼肌肉，轴承是心脏，而润滑是血液。执行机构执行各种动作，轴承从物理角度减少摩擦，那么润滑剂就是从化学角度减少摩擦。

（一）电机润滑设计的基本步骤

电机会经历设计、生产制造、运输、储存、使用维护、维修等阶段，这些阶段构成了电机产品的生命周期。电机中的润滑在电机的生命周期主要包含两大阶段，共 6 个步骤。

1）电机生产设计制造阶段：电机设计人员需要根据电机工况选择合适的润滑，同时还需要对电机轴承润滑的寿命进行计算；电机设计人员需要计算初次润滑的注入量，电机生产人员需要按照规定的量采用正确的方法将油脂注入轴承。

2）电机的使用维护阶段：电机使用和维护人员需要正确地选择补充油脂，他们需要了解补充润滑应该需要的剂量，同时还需要采用正确的方法将润滑剂补充到轴承内部。

总结起来，两个阶段的润滑工作都会面临"用什么？""怎么用？""用多少？"等几个问题，如图 4-1 所示。

图 4-1　润滑设计的基本问题

在讨论这几个具体步骤之前，先简单地介绍一些润滑的基本知识，包括：①润滑剂及润滑基本原理；②润滑剂（润滑脂、润滑油）的性能指标。

电机中通常使用的润滑介质主要是润滑油和润滑脂。当然，个别领域也有使用固体润滑的，由于实际使用不多，本书不予介绍。

（二）润滑油和润滑脂简介

润滑油是复杂碳氢化合物的混合物，通常的润滑油由基础油和添加剂两个部分组成。其中起润滑作用的主要是基础油。

润滑脂（也被称作油脂）是半固体状润滑介质，通常由基础油、增稠剂和添加剂组成。基础油主要承担润滑作用，增稠剂除了保持基础油以外也起到一定的润滑作用。

润滑油和润滑脂中的添加剂（抗氧化润滑剂和极压添加剂等）会使两种润滑介质具有更好的性能。

关于润滑脂和润滑油的特性的对比如下：

1）润滑脂：具有良好的附着性能、油路设计简单、便于安装维护；附着在轴承上，防止轴承受到污染；立式安装电机使用方便；由于黏度原因有一定的发热，因此在某些高速领域无法胜任。

2）润滑油：具有很好的流动性，需要专门的油路设计，以及相应的附属设备；由于黏度较低，在高速场合可以适用；可以适用于油气润滑，以达到超高转速的润滑；使用循环润滑可以起到冷却作用；发热少。

一般电机中最经常使用的是润滑脂。润滑油只有在中大型电机的一些场合下才会使用。如果使用润滑油，那么相应的润滑油路、密封、过滤、油站等设计就不可或缺。

本章内容着重介绍润滑脂的润滑。

二、润滑脂的主要性能指标和检测方法

（一）主要性能指标

了解润滑脂的一些主要性能指标及其含义，有助于后续对润滑脂的选择。

润滑脂的性能指标包含色别（外观）、黏度（或称为稠度、用锥入度计量，锥入度曾用名为"针入度"）、耐热性能（滴点、蒸发量、高温锥入度、钢网分油、漏失量）、耐水性能、机械安定性、耐压性能、氧化安定性、机械杂质、防蚀防锈性、分油、寿命、硬化、水分等多项，其中主要质量指标有滴点、锥入度、机械杂质、机械安定性、氧化安定性、防蚀防锈性等。下面着重介绍其中的黏度和滴点。

1. 黏度

黏度是一种测量流体不同层之间摩擦力大小的度量。

润滑脂中所含有的基础油的黏度就是指基础油不同层之间的摩擦力大小。这是一个润滑选择重要的指标。通常用厘泊（cSt）表示，单位为 m^2/s。基础油的黏度是一个随温度变化而变化的值。一般地，随着温度的升高，基础油的黏度将变小。在计量时，一般都用 40℃ 作为一个温度基准。因此一般润滑油和润滑脂都会提供

40℃时的基础油黏度值。

2. 黏度指数

润滑剂的黏度随着温度变化而变化的快慢程度，用黏度指数表示。有的润滑剂厂商给出黏度指数的指标，有的则给出两个温度值（40℃和100℃）时的基础油黏度，用以标识基础油黏度随温度的变化。

3. 锥入度

对于润滑脂而言，其黏度通常用锥入度试验进行计量。润滑脂的黏度在很大程度上取决于使用增稠剂的种类和浓度。锥入度的单位是mm/10。

4. NLGI黏度代码

根据润滑脂不同的锥入度，将润滑脂的黏度进行编码，称为NLGI黏度代码，具体内容如表4-1所示。

表4-1　润滑脂的NLGI黏度代码

NLGI黏度代码	锥入度/（mm/10）	外观
000	445～475	流动性极强
00	400～430	流体
0	355～385	半流体
1	310～340	极软
2	265～295	软
3	220～250	中等硬度
4	175～205	硬
5	130～160	很硬
6	85～115	极硬

我们经常提及的电机中最常用的2号脂和3号脂，指的就是所用润滑脂的NLGI黏度代码为2或3。从表格4-1中可以看到，2号脂的锥入度大于3号脂，也就是说2号脂润滑比3号润滑脂"软"，或者叫"稀"。

5. 滴点

滴点是在规定条件下达到一定流动性的最低温度，通常用摄氏度（℃）表示。对润滑脂而言，就是对润滑脂进行加热，润滑脂将随着温度上升而变得越来越软，待润滑脂在容器中滴第一滴或者柱状触及试管底部时的温度，就是润滑脂由半固态变为液态的温度称为该润滑脂的滴点。它标志着润滑脂保持半固态的能力。滴点温度并不是润滑脂可以工作的最高温度。润滑脂工作的最高温度最终还要看基础油黏度等其他指标。把滴点作为润滑脂最高温度的衡量方法实不可取。

也有经验之谈，认为润滑脂滴点温度降低30～50℃即可认为是润滑脂的最高工作温度。这个经验之谈的结论有一定依据，但是依然要校核此温度下的基础油黏度方可定论。

（二）润滑脂的滴点、锥入度和机械杂质含量简单定义和检测方法

1. 简单定义、说明和正规的检测方法

润滑脂的滴点、锥入度、机械杂质含量 3 个主要指标的简单定义、说明和正规的检测方法见表 4-2。

表 4-2　润滑脂主要质量指标滴点、锥入度、机械杂质含量

指标名称	定　义	说　明	检测方法
滴点	润滑脂从不流动向流动转变时的温度值	本指标是衡量润滑脂耐温程度的参考指标。一般润滑脂的最高使用温度应比其滴点低 30℃ 左右，以保证其不流失	将润滑脂放入滴点仪中，在规定的条件下加热，润滑脂滴下第一点时的温度即为滴点温度
锥入度	表明润滑脂稀稠程度的鉴定指标	锥入度小时，润滑脂的塑性大，滚动性差；锥入度大时结果相反。此外，润滑脂经剪切后稠度会改变，测定润滑脂经剪切前后的锥入度值，可知其机械稳定性	用重 150g 的标准锥形针放入 25℃ 的润滑脂试样中，测量 5s 后进入的深度。按 1/10mm 计算其数值
机械杂质含量	润滑脂中不溶于乙醇 - 苯混合液及热蒸馏水中物质的含量	润滑脂中混有机械杂质会使滚动体及沟道产生不正常的磨损，产生噪声，使轴承过早的损坏	可用酸分解法进行试验。将试样用酸分解后过滤，计算剩余物质的重量。现场可使用简易的方法

2. 简易鉴别方法

（1）皂基的鉴别　把润滑脂涂抹在铜片上，然后放入热水中，如果润滑脂和水不发生反应，水不变色，说明是钙基脂、锂基脂或钡基脂；若润滑脂很快溶于水，变成牛奶状半透明的乳白色溶液，则是钠基脂；润滑脂虽然能溶于水，但溶解速度很缓慢，说明是钙钠基脂。

（2）纤维网络结构破坏性的鉴别　把涂有润滑脂的铜片放入装有水的试管中并不断转动，若没有油质分离出来，表明润滑脂的组织结构正常，如果有油珠浮上水面，说明该润滑脂的纤维网络结构已破坏，失去了附着性，不能继续使用。究其原因主要是保管不善、经受振动、存放过久等。

（3）机械杂质的检查　用手指取少量润滑脂进行捻压，通过感觉判断有无杂质，或者把润滑脂涂在透明的玻璃板上，涂层厚度约为 0.5mm，在光亮处观察有无机械杂质。

三、润滑的基本原理

（一）润滑的基本状态与油膜的形成机理

轴承的润滑剂分布在滚动体和滚道之间，将两者分隔开来，避免金属之间的直接接触，同时减少摩擦。通常而言，润滑大致有边界润滑、混合边界油膜润滑和流

体动力润滑 3 种基本状态，如图 4-2 所示。

1）在边界润滑状态，油膜厚度约为分子级大小，因此，此时的润滑几乎是金属之间的直接接触。

2）在混合油膜润滑状态，运动表面分离，油膜达到厚膜状态，但存在部分金属直接接触。

3）在流体动力润滑状态，较厚的油膜受载呈现弹性流体特性，金属被油膜分隔。

使用润滑剂的目的就是避免金属和金属之间的直接接触而减小摩擦，因此在实际润滑过程中是期望达到不出现边界润滑的状态。

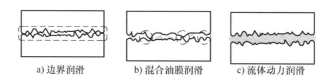

a) 边界润滑   b) 混合油膜润滑   c) 流体动力润滑

图 4-2　润滑基本状态

1902 年，德国人斯特里贝克（Stribeck）通过研究，揭示了润滑剂黏度、速度、负荷与摩擦系数之间的关系，这些内容成为了奠定润滑研究的最重要的理论。这就是如图 4-3 所示的著名的斯特里贝克曲线（Stribeck Curve）。

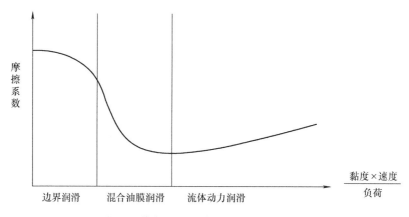

图 4-3　斯特里贝克曲线（Stribeck Curve）

这个曲线清楚地揭示了黏度、速度、负荷和摩擦系数的关系。这里所说的摩擦副（面）是指广泛意义的摩擦表面，关于具体理论分析可以参阅相关资料，在此不做过多介绍。

对于轴承这种特殊的摩擦副，我们不妨用一个很简单的例子来说明其润滑的基本原理以及相关因素（普通摩擦副中润滑剂的挤压性极其重要，而轴承中除了这个因素以外，楔形空间的存在也十分关键。仅作为后续理解的参考）。

图4-4展示的是滑水运动的场景，在这个场景中，我们对滑水运动员的运动状态进行分析（滑水运动员的受力状态参见图4-5）。

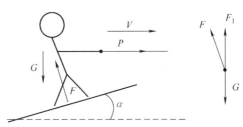

图4-4 滑水运动　　　　　　　　图4-5 滑水运动员受力状态

滑水运动员受到重力 G、绳子拉力 P 和浮力 F，同时滑水板和水平面有夹角 α。

其中水平面对滑板浮力向上的分量为 $F_1 = F\cos\alpha$。

当 $F_1 = G$ 时，人就可以在水面上浮起来。从式 $F_1 = F\cos\alpha$ 可以看出，要使浮力向上的分量达到人体重力时，必须要有倾斜角 α 以及足够大的浮力 F。

这个例子可以直接类比为润滑状态。人浮在水面上，可以类比成轴承滚动体浮在油膜上。因此，要形成润滑就必须有一个仰角 α。这就是通常所说的润滑形成的一个必要条件——就是要有一个楔形空间。

对于一套轴承，给定了滚动体和滚道的形状，当滚动体和滚道接触时，其接触面楔形空间的楔形角就已经固定。

当轴承在某给定工况运行时，其负载已定，也就相当于滑水运动员的重力已确定。

由此可见，确定"浮力"的三个因素：重力（轴承的负荷）、楔形角（滚道和滚动体尺寸）和浮力，其中前两个因素已经确定。因此，我们想"浮起"滚动体，只能在"浮力"上想办法。

下面，让我们来看看影响"浮力"的几个因素。

（二）温度、黏度和油膜形成的关系

试想两个场景：①人在水面上被相同速度的快艇拉着滑行；②人在一池蜂蜜上被相同速度的快艇拉着滑行。显然处在蜂蜜上的人，更容易浮出水面。但是相应的，拉着在蜂蜜上滑行的人要比拉着在水面上滑行的人需要花更大的力气。两个场景最大的区别就在于蜂蜜和水的黏度不同。

相同的类比到轴承润滑场景。形成油膜相当于把滚动体浮起来，黏度越大的润滑剂，就越容易实现这个目标。而相应的，在相同的速度下，黏度越大的润滑剂形成润滑所产生的阻力就越大。这些阻力在润滑里以发热的方式表现出来。

我们都知道，润滑剂的基础油黏度随着温度上升而降低。因此温度越高，基础油黏度就越低，反之亦然。

由此可以得到结论：温度越高，越不容易形成油膜。因此，在温度高的情况下必须选择基础油黏度大的润滑剂，以保证在较高温度时有足够的黏度。

相应的，温度越低，越容易形成油膜，同时也引起较多的发热。因此，温度越低时必须选择基础油黏度较小的润滑剂，以避免过多的发热。

（三）转速和油膜形成的关系

小孩子经常会好奇，为什么滑水的人可以站在水面上，而我们平时无法站在水面上。如果仔细观察滑水运动员也会发现，在最开始时，运动员并不是站在水面上的，随着快艇速度的提高，运动员开始浮出水面。也就是说，即便滑水板的楔形空间已定，若需要产生浮力，还是需要一定的相对速度。只有当速度足够高，人才能浮出水面，速度越快，滑水板受到向上的浮力就越大。当速度达到一定值时，滑水运动员甚至可以飞离水面直至减速后落回水平。

类比到轴承润滑，在相同黏度、相同负荷时，转速高的容易形成油膜，反之亦然。

另一方面，转速越高，润滑发热就越多。因此在高转速的情况下，会选择基础油黏度低的润滑，以减少发热。

对于低转速的工况，形成油膜的因素不利，因此选择基础油黏度高的油脂进行补偿，以形成油膜。

对于极低转速，即使使用很高基础油黏度的油脂，依然不能形成油膜，因此需要考虑在油脂内部添加极压添加剂的方式来达成润滑效果。

二硫化钼是电机生产厂经常使用的一种极压添加剂，在极低转速时，二硫化钼通过分子间的特殊结构为滚动体和滚道之间形成一道润滑屏障。但是二硫化钼也有其应用限制。首先在温度高于80℃的场合，不适用二硫化钼添加剂；其次，在转速比较高的场合下，二硫化钼不仅无法发挥作用，反倒充当了磨料的作用，对滚动体和滚道造成表面损伤（表面疲劳）。

由上述论述可知，如果电机转速因素或者油脂的基础油黏度因素足够形成油膜，那么使用极压添加剂不但不会发挥其应有的作用，还会造成材料的浪费，并有可能造成类似于二硫化钼磨损轴承的损害。

（四）负荷和油膜形成的关系

还是用滑水运动员的例子来看，假设水池不变、快艇速度不变、滑水板倾角一样。一个体重大的人和一个体重小的人在滑行，很显然，体重小的更容易浮出水面。

类比于轴承润滑，在给定轴承转速和所用基础油黏度时，负荷轻的情况相较于负荷重的情况更容易形成油膜。

由此可知，在重载的情况下，需要提高油脂的基础油黏度，以补偿重载不利于形成油膜的因素来建立油膜。

在轻载的情况下，可以采用基础油黏度低的油脂，这样既可以保证油膜的形成，也可避免由于基础油黏度过高而产生的发热问题。

四、电机轴承润滑与温度、转速、负荷的关系

前面我们提及的轴承温度、转速、负荷的高中低的定义如下。

（一）温度

对于轴承温度高低的定义见表4-3。

表4-3　轴承温度高低的划分

分档名称	低温	中温	高温	极高温
温度值/℃	<50	50~100	101~150	>150

（二）转速

通常考量轴承转速用的指标是 ndm 值，即轴承内外直径的平均值 $[(d+D)/2]$ 与轴承运行转速 n 的乘积，即

$$ndm = n\left(\frac{d+D}{2}\right) \tag{4-1}$$

式中　　n——轴承转速（r/min）；

　　　　d——轴承内径（mm）；

　　　　D——轴承外径（mm）。

对轴承转速高低的定义见表4-4。

表4-4　轴承应用的转速高低的划分

分档名称	速度范围（ndm 值）		
	球轴承	调心滚子轴承	圆柱滚子轴承
超低速	—	<30000	<30000
低速	<100000	<75000	<75000
中速	<300000	<210000	<270000
高速	<500000	≥210000	≥270000
超高速	<700000	—	—
极高速	≥700000	—	—

（三）负荷

衡量负荷轻重通常用负荷比 C/P 值（其中，C 代表额定动负荷，单位用 KN；P 代表当量负荷，单位用 kN）来区分。轻重的划分规定见表4-5。

表4-5　轴承负荷轻重的划分

分档名称	轻负荷	中负荷	重负荷	极重负荷
负荷比（C/P 值）	>15	8~15	2~4	<2

用上面的划分可以对工程实际中的工况做大致分类。在前面的分析中可以看出，温度、转速、负荷是轴承润滑建立的最关键因素。对于电机而言，轴承、负荷、转速、温度等诸多因素都是已经给定的，因此电机设计人员只能在选择油脂基础油黏度上动脑筋，以平衡各方面关系，在达成良好润滑的同时不至于过热。

综合诸多因素，我们可以归纳电机轴承润滑选择的基本原则见表4-6。

表4-6 基础油黏度选择的参考因素

选择参考因素	温度		转速		负荷	
	高	低	高	低	高	低
对基础油黏度的要求	高	低	低	高	高	低

在这个基础原则之上，我们需要平衡温度、转速、负荷三者之间的关系。所有的润滑选择都是一个平衡，甚至有时需要一些妥协。

这种妥协在齿轮箱行业尤为突出，设计工程师既要照顾高速轴的高速轻载，又需要估计低速轴的低速重载。两者之间本身就是相互矛盾的，而在齿轮箱中又都是使用同一个齿轮油进行润滑。这就要考验设计人员的平衡能力。

五、不同成分润滑脂的兼容性

原则上讲，不同成分的润滑脂是不能混用的。这一点在对轴承第一次注脂时是很容易做到的。但在机械运行过程中，补充或更换油脂时，则往往会因为一时找不到原用品种或其他客观和主观原因而使用另一品种的润滑脂，造成不同成分混用的结果。

不同成分混用后，有时没有出现异常，有时则会出现油脂稀释或板结、变色等现象，造成润滑作用降低，最终损坏轴承的严重后果。之所以出现上述不同的结果，涉及不同成分的润滑脂之间的兼容性问题。混用后作用正常的，说明两者是兼容的，否则是不兼容的。

表4-7和表4-8分别给出了常用润滑脂基础油和增稠剂是否兼容的情况，供使用时参考。表中："＋"为兼容；"×"为不兼容；"?"为需要测试后根据反映情况决定。对表中所列不兼容的品种应格外加以注意。

表4-7 常用润滑脂基础油兼容情况

基础油	矿物油/PAO	酯	聚乙二醇	聚硅酮甲烷基	聚硅酮苯基	聚苯醚	PFPE
矿物油/PAO	+	+	×	×	+	?	×
酯	+	+	+	×	+	?	×
聚乙二醇	×	+	+	×	×	×	×

（续）

基础油	矿物油/PAO	酯	聚乙二醇	聚硅酮甲烷基	聚硅酮苯基	聚苯醚	PFPE
聚硅酮（甲烷基）	×	×	×	+	+	×	×
聚硅酮（苯基）	+	+	×	+	+	+	×
聚苯醚	?	?	×	×	+	+	×
PFPE	×	×	×	×	×	×	+

表4-8　常用润滑脂增稠剂兼容情况

增稠剂	锂基	钙基	钠基	锂复合基	钙复合基	钠复合基	钡复合基	铝复合基	粘土基	聚脲基	磺酸钙复合基
锂基	+	?	×	+	×	?	?	×	?	?	+
钙基	?	+	?	?	?	?	?	×	?	?	+
钠基	×	?	+	?	?	+	+	×	?	?	×
锂复合基	+	+	?	+	?	?	?	+	×	×	+
钙复合基	×	?	?	?	+	+	?	×	?	+	+
钠复合基	?	?	+	?	?	+	+	×	×	?	?
钡复合基	?	?	+	?	×	+	+	?	?	?	?
铝复合基	×	×	×	+	?	?	+	?	?	?	×
粘土基	?	?	?	×	?	×	?	×	+	?	?
聚脲基	?	?	?	×	+	?	?	?	?	+	+
磺酸钙复合基	+	+	×	+	?	?	?	×	?	+	+

第二节　电机滚动轴承润滑脂的选择和应用

一、电机轴承润滑脂的选择

电机完成结构初步设计之后，要进行润滑选择。我们把润滑选择使用维护方案的制定叫作润滑设计。电机轴承润滑设计的第一步骤是为设计的电机选择油脂。

在实际工作中，油脂供应商通常会提供油脂牌号及应用温度范围等数据。很多时候，电机设计人员会根据这些数据，即油脂的适用温度范围、电机的预计工作温度以及一些经验进行油脂的选择。本章第一节所述的油脂相关知识可以给大家在这种定性选择时提供一定的参考依据。请注意，前面讲述的油脂相关内容（含涉及选择油脂的部分）绝不是经验结论，而是基于一定的理论、实践以及计算得出的。

经验法则经常遇到一些难以解决的问题，诸如：

① 少许超过油脂工作温度范围时，是否还可以选用？

② 相同温度范围的油脂其他指标不同，该如何选择？

③ 同是 3 号脂，有什么区别？

④ 是不是所有相同机座号的电机都可以使用同一种油脂？

⑤ 同一种电机给不同工况的客户，油脂选择是不是可以相同？

经验的选择方法在多数场合下是适用的，但是如果能够了解油脂选择原则背后的定量方法，会让选用者具备更大的灵活性和准确性。面对上述问题，也会有非常清晰的答案。本节就此进行深入讲解。

另举一例说明经验法则的失效。通常，钢厂高速线材导位轴承，工作于 100 ~ 200℃甚至更高的温度中，同时承受非常大的加速度。按照温度原则，应该选择高温轴承油脂，但实践证明，选择高温油脂其效果非常差，而真正正确的方法反倒是选择低温油脂作为初次润滑，以及稀油的油气润滑进行连续润滑。

二、基础油黏度选择

前已述及，电机轴承润滑选择的关键是油脂基础油黏度的选择。通过油脂基础油黏度的选择而使轴承在运行状态下避免工作于边界润滑状态（见本章第一节中的"润滑的基本状态与油膜的形成机理"）。通常，电机在确定温度、转速、负荷下运行达成润滑状态有一个所需要的最小基础油黏度 ν_1；同时我们选择的油脂基础油在这个温度、转速、负荷下有一个实际黏度 ν。则定义黏度比为

$$k = \frac{\nu}{\nu_1} \tag{4-2}$$

其中，给定工况下的实际基础油黏度可以从表 5-5 和表 5-6 中根据温度、所选油脂基础油黏度（通常供应商提供基于 40℃的油脂基础油黏度）查出 ν。

给定工况下，所需的最小基础油黏度可以根据以上 ndm 值、转速在图表中查出 ν_1：

由实际黏度和所需最小基础油黏度之比得到黏度比 k。

黏度比 k 与润滑状态的关系如图 4-6 所示。下面对图 4-6 中给出的各阶段进行分析。

1. 边界润滑阶段

当 $k < 1$ 时，轴承滚动体和滚道之间无法有效分隔，不能形成良好的油膜。滚动体和滚道之间的负荷主要靠金属之间的直接接触来承担。此时需要使用极压添加剂以避免轴承润滑不良。同时，当 $k < 0.1$ 时，在计算轴承寿命时该考虑额定静载荷（在第五章滚动轴承寿命计算相关内容中会具体讨论）。

2. 混合油膜润滑阶段

当 $k \geq 1$ 时，轴承滚动体和滚道之间形成油膜，此时处于混合油膜润滑状态。滚动体和滚道被分隔，但是偶尔会出现金属之间的接触。

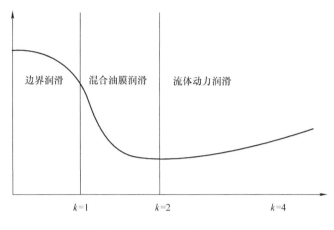

图 4-6 k 与润滑状态的关系

3. 流体动力润滑阶段

当 $k \geqslant 2$ 时,轴承滚动体和滚道之间形成良好的油膜,此时处于流体动力润滑状态,滚动体和滚道完全分隔。

当 $k \geqslant 4$ 时,轴承滚动体和滚道之间形成流体动力油膜,滚动体和滚道被完全分开,轴承承载主要由油膜承担。但是过大的基础油黏度会造成轴承温度过高。尤其当转速较高时更为明显。

在斯特里贝克曲线里,我们如果固定转速和负荷,那么黏度就变成影响润滑的变量。因此上述状况可以用曲线描述。

三、极压添加剂的使用

电机设计人员在进行电机润滑设计时经常会使用极压添加剂,或者抗磨损添加剂。但是也存在极压添加剂滥用的情况,由此也带来了不少电机轴承问题。

电机轴承润滑极压添加剂通常在如下情况下使用:

润滑油膜难以形成的情况:此时 $k < 1$。这种情况下滚动体和滚道之间处于边界润滑状态,有很多的金属直接接触,需要添加挤压添加剂以避免金属之间的磨损(表面疲劳)。

极低转速的情况:如果轴承的 $ndm < 10000$,那么此时轴承处于低速运行。如果需要形成油膜就需要很高的基础油黏度。此时推荐使用极压添加剂以辅助润滑。

极高转速的情况:轴承极高转速是指:①对于中径 $dm \leqslant 200mm$ 的轴承,当 $ndm > 5 \times 10^5 mm$ 时;②对于中径 $dm > 200mm$ 的轴承,当 $ndm > 4 \times 10^5 mm$ 时。在轴承处于这个转速下的时候,形成油膜所需的润滑剂基础油黏度很低,在电机起动的时候,轴承转速不高,而此时较低的基础油黏度使润滑膜很难形成。因此在达到高转速时 k 值合理,但是启动的时候就会润滑困难。此时建议使用极压添加剂避免转速未达到极高的时候出现干摩擦。

极压添加剂的使用也有需要注意的地方，在温度低于80℃时，当$k<1$时，使用极压添加剂可以延长轴承寿命；但当温度高于80℃，有些极压添加剂可能会降低轴承寿命。比较常见的二硫化钼极压添加剂在温度高于80℃时就会出现影响轴承寿命的效果。

综上所述，建议在选用极压添加剂时，要根据实际工况的需求进行选用，不可滥用，更要注意极压添加剂的使用限制。

电机设计人员根据以上计算方法校核基础油黏度选择的基本步骤如图4-7所示。

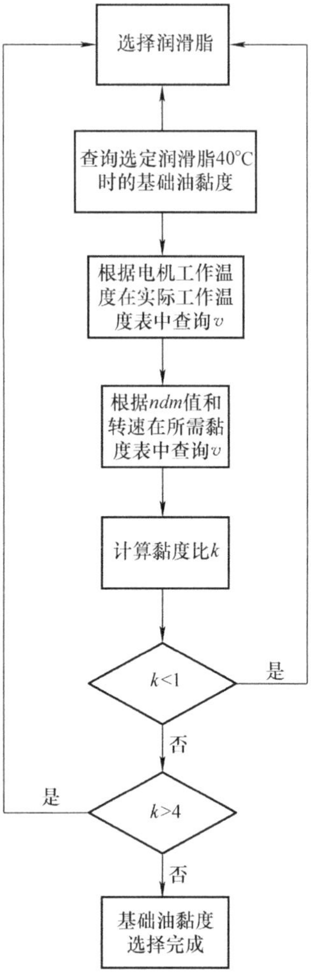

四、油脂黏度的选择

前已述及，油脂黏度用锥入度表征的NLGI值来表示。油脂的黏度其实是增稠剂保持基础油能力的一个指标。油脂的基础油黏度为轴承润滑提供了保障，那么，油脂黏度为油脂在轴承上的附着提供基础。通常油脂黏度的选择没有过多定量计算。总体的原则是：温度高、负荷重、转速低的工况选择黏度高的油脂，电机中常用3号脂；相应的温度低、负荷轻、转速高的工况选择黏度低的油脂。电机中常用2号脂。

五、其他一些工况

对于立式电机，电机轴处于竖直位置，油脂受到重力影响会向下垂落，为了避免油脂过多的流失，这种工况下应该选择3号油脂。

电机处于振动工况，由于频繁振动，会使油脂乳化，皂基纤维更早的剪断。因此除了减少再润滑的时间间隔以外，还需要选择3号油脂。

图4-7　基础油黏度选择流程

第三节　电机轴承油路及润滑设计

一、油路设计

电机轴承的油路设计可以算作电机轴承结构布置的一部分，也可以算作润滑设计的一部分。电机轴承油路设计是指电机内部为轴承添加润滑以及补充润滑的通路。

对于中小型电机，有时候采用封闭轴承（带密封件或者防尘盖的轴承），通常这种封闭轴承都是终身润滑轴承，也就是说油脂的寿命应该比轴承寿命长，也就是说在轴承生命周期中不需要进行补充润滑。所以对于这样的轴承，不需要安排特定的润滑油路。

对于开式轴承（目前只有中小型深沟球轴承和部分调心滚子轴承有封闭式结构），轴承安装完毕就需要施加润滑。并且在轴承运行一段时间之后需要根据油脂的再润滑时间间隔进行补充润滑。所以对这类轴承的结构布置就需要设计润滑油路。

一般的油路设计包含进油、油路通道、排油三个环节。下面用一个例子来说明：

图4-8是一个典型的双深沟球轴承结构示意图，定位端置于主轴伸端，浮动端置于非主轴伸端。在主轴伸端外侧有一个迷宫密封，内侧是橡胶密封。浮动端双侧使用橡胶密封。

对于定位端轴承，从图4-8中可见，进油孔安排在轴承室的上端，对于轴承是从右侧进油，排油孔布置在轴承室的下端，从轴承左侧出油。

对于浮动端，进油孔布置在轴承室的上端，从轴承左侧进油；排油孔安排在轴承室的下端，从轴承右侧排油。

从上面的布置可以看到，电机轴承油路设计有两个非常重要的原则：

第一，进油孔和出油孔必须位于轴承两侧。

第二，进油孔最好在轴承上端，排油孔最好在轴承下端。

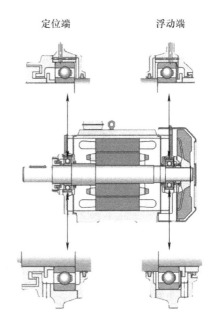

图4-8 双深沟球轴承结构示意图

确定这两个原则的理由不难理解，就是要求补充润滑时，①补充进去的油脂必须能够流入轴承；②油脂从加入到排出必须流经轴承。

这两个原则不仅仅适用于两个深沟球轴承结构，同时也可以适用于所有的电机中轴承结构布置。

在一些高速电机的应用中，由于轴承转速很高，因此轴承内部所需的油脂量较小，因而需要频繁地补充润滑。这样一来，就不能依赖轴承自然排油来实现这种条件。通常，电机生产厂使用"甩油盘"来进行排油。具体结构如图4-9所示。

当电机运行时，速度越高，附着在甩油盘上的油脂就会越多地被甩出来，从而减少轴承腔内的油脂，以避免过多的油脂搅拌发热；同时，在补充润滑时，多余的油脂也会在运转时被甩油盘甩出。由于甩油盘甩油的量和电机转速正相关，所以就形成了一个动态的排油系统，从而保证了轴承内部的油脂量平衡。

甩油盘的结构层尺寸推荐值见表4-9（参见图4-10）。

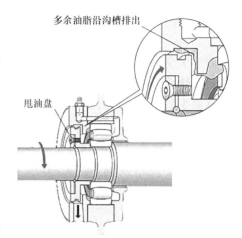

多余油脂沿沟槽排出

甩油盘

图 4-9　甩油盘结构

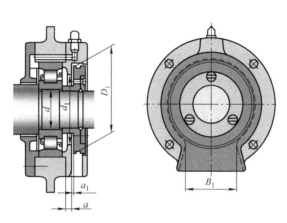

图 4-10　甩油盘结构尺寸

表 4-9　甩油盘的结构尺寸推荐值

孔径 d		尺寸				
2 系列	3 系列	d_1	D_1	B_1（min）	a	a_1
30	25	46	58	30	6 ~ 12	1.5
35	30	53	65	34		
40	35	60	75	38		
45	40	65	80	40		
50	45	72	88	45	8 ~ 15	2
55	50	80	98	50		
60	55	87	105	55		
65	60	95	115	60		

（续）

孔径 d		尺寸				
2 系列	3 系列	d_1	D_1	B_1（min）	a	a_1
70	—	98	120	60	10 ~ 20	2
75	65	103	125	65		
80	70	110	135	70		
85	75	120	145	75		
90	80	125	150	75		
95	85	135	165	85		
100	90	140	170	85	12 ~ 25	2.5
105	95	150	180	90		
110	100	155	190	95		
120	105	165	200	100		
—	110	175	210	105		
130	—	180	220	110	15 ~ 30	2.5
140	120	195	240	120		
150	130	210	260	130		
160	140	225	270	135		
170	150	240	290	145		
180	160	250	300	150	20 ~ 35	3
190	170	265	320	160		
200	180	280	340	170		
—	190	295	360	180	20 ~ 40	3
220	200	310	380	190		
240	220	340	410	205		
260	240	370	450	225	25 ~ 50	3
280	260	395	480	240		
300	280	425	510	255		

二、轴承的初次润滑

（一）电机轴承初次润滑分析

电机油脂选择完成之后，就要考虑轴承以及轴承室内部油脂的添加量。轴承室内部添加的油脂过多或者过少都会对轴承运行产生不利影响，而轴承润滑问题带来的电机轴承失效表征通常以温度的形式表现出来。

图 4-11 展示的是某台电机油脂添加过多、过少和适量 3 种情况下轴承温度和

运行时间的记录曲线。

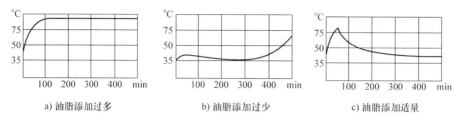

a) 油脂添加过多　　　　　b) 油脂添加过少　　　　　c) 油脂添加适量

图 4-11　油脂添加量不同情况下轴承温度与运行时间的关系曲线

油脂添加过多时，轴承搅拌过多的油脂发热，电机持续出现轴承温度过高。

油脂添加过少时，初始电机轴承温度较低，但是油脂不足导致润滑不良，后续电机轴承将出现因润滑不良而引起的急剧温升，甚至轴承烧毁。

油脂添加适量时，起初电机内温度较低，油脂黏度相对较大，油脂在轴承内进行"匀脂"的过程中将产生较多的热量，使轴承温度很快升高。但当匀脂过程结束后，电机温度达到稳定温度时，油脂黏度也将降低到正常值，电机轴承温度将会回落到正常的稳定值。这个时间的长短与电机的结构、运行转速、轴承结构和所用油脂的类型等有关，一般需要几个小时。

电机设计人员可以根据图 4-11 中电机轴承温度的趋势对油脂填充量进行大致判断。

（二）初始注脂量的经验值

初始注入轴承内（含轴承室内）的油脂量多少的原则是：在能保证轴承充分润滑的前提下越少越好。

通过实践经验总结，下述原则是比较合适的。

对开式轴承，比较合适的油脂注入量应视轴承室空腔容积（将两个轴承盖与轴承安装完毕后，其所包容的内部空间中空气占有的部分，见图 4-12 中除轴承滚珠以外的空白部分）大小和所用轴承转速（对于交流电动机，也可用极数代替转速）来粗略地计算注脂量，见表 4-10。

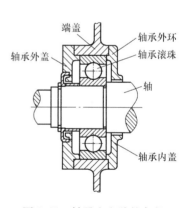

图 4-12　轴承室空腔的定义

表 4-10　根据机械的工作转速确定轴承润滑脂注入量

转速/(r/min)	<1500	1500~3000	>3000
润滑脂注入量（与轴承室空腔比例）	2/3	1/2	1/3

对于具有如图 4-10 所示的甩油盘（又称为挡油盘）轴承室结构的，应适当增加第一次的注脂量，并且在轴承外盖空腔内不要注油脂（这里是接受被甩出"废

油脂"的"垃圾箱"，其中的油脂不会进入轴承中用于润滑，所以新注入的油脂将被浪费）。此种结构，因轴承室中的油脂将会越甩越少，如不按要求定期加注油脂，则将会因油脂过少而降低润滑效果，最终油脂因过热干涸，使整个轴承损坏。

（三）初始注脂量的计算方法

图 4-13 给出的是各类、各系列轴承润滑脂填充量与轴承内径的关系，曲线的编号代表轴承系列，例如 6 为深沟球轴承，可参考使用。

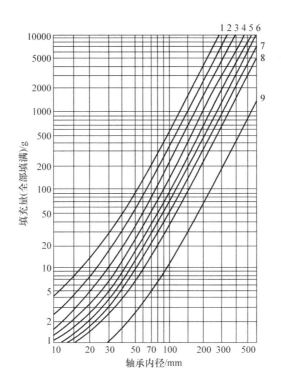

图 4-13　各类、各系列轴承润滑脂填充量与轴承内径的关系图

轴承内部空间全部填满油脂，对于操作人员来说有时候很难把握。经常出现的情况是轴承涂满油脂，但实际上轴承内部还有气泡或者剩余空间。因此操作人员需要一个对具体的量的指导。

电机设计人员可以假设轴承是一个实心铁环，由此可以计算出铁环重量。另一方面，轴承本身的重量可以在轴承生产厂家提供的型录里查得。这两个重量的差值除以铁的密度，即可得到轴承内部空间体积。此数值再乘以油脂密度，即可得到需要在轴承内部添加油脂的重量。

$$G_{轴承内} = \frac{W_{铁环} - W_{轴承}}{\rho_{铁}} \rho_{油脂} \tag{4-3}$$

电机轴承室剩余空间油脂填充量为

$$G_{轴承室内} = \left(\frac{1}{3} \sim \frac{1}{2}\right)(V_{轴承室} - V_{轴承}) \tag{4-4}$$

由此，一套轴承初次添置油脂重量为

$$G_{初} = G_{轴承内} + G_{轴承室内} \tag{4-5}$$

有了油脂的重量，操作人员就有一个比较好的度量来确保轴承室内的油脂填充量。

生产线中，为确保工人可以保证电机轴承初次润滑添脂量，可以采用以下方法：①使用带有油脂计量装置的润滑脂填装设备。比如油脂计量泵等；②可以使用固定量器工装。对不同电机不同轴承按照事先计算好的油脂填充量制作定量容器，生产线上工人只需要根据工装量器的容量，将容器内的润滑脂填入轴承即可。

（四）初次润滑方法：

滚动轴承的注油工具有手动注脂和压力注脂两种形式，俗称为油枪，较大的生产、使用和修理单位则可能使用带有计量装置的专用注脂机（罐或桶），如图4-14所示。应禁止使用带棱角的钢制工具，以及易掉屑的工具或手套。

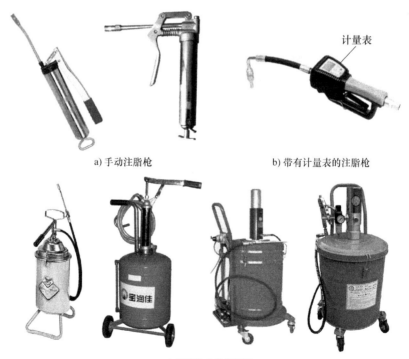

计量表

a) 手动注脂枪   b) 带有计量表的注脂枪

c) 手动和电动注脂机

图 4-14　滚动轴承注脂工具

注润滑脂时，场地要干净清洁，所用工具应用汽油清洗干净。油脂注完后，应尽快装配好其他部件，要防止进入轴承中的油脂夹带灰尘杂物，特别是砂粒和铁屑等。

利用注脂工具，通过注油装置给轴承加注润滑脂的操作如图4-15a所示。对没有注脂装置的电机，则应拆开轴承盖直接往轴承室中注油，如图4-15b所示。应注意使用与原用油脂相同牌号的油脂，以避免不同组分的润滑脂发生有害反应而减小甚至失去润滑作用，造成轴承过热损坏。

若原有润滑脂已变质，则应将其用汽油等溶剂彻底清除，然后重新加注新油脂。

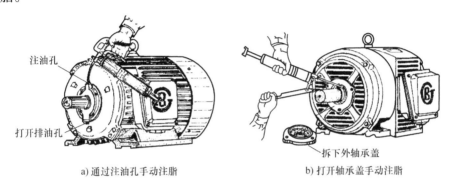

注油孔

打开排油孔

a) 通过注油孔手动注脂

拆下外轴承盖

b) 打开轴承盖手动注脂

图 4-15　滚动轴承的注脂

三、轴承的运行中补充润滑的时间间隔

电机运行一段时间后，轴承中初次添加的油脂会随着运行时间的延长而逐渐减弱其润滑作用，并且其量也会减少。此时需要添加润滑脂（对有注油装置的电机）或更换新的润滑脂（对没有注油装置的电机），这项工作称为轴承的补充润滑，或称为再润滑。

（一）油脂寿命的基本概念

油脂本身也有寿命期限。通常，油脂的寿命会受到外界氧化等化学影响，因此即使是储存而并未使用的油脂也有一定的寿命。不同油脂的储存寿命需要咨询油脂生产厂家或查阅相关资料。

当油脂在轴承内运行时会承受负荷。增稠剂（皂基）的纤维会在负荷下不停地被剪切。当纤维长度被剪切到一定程度时，基础油在增稠剂里的析出和回析就会出现问题。宏观表现就是油脂的黏度降低。此时，油脂的润滑性能就不能满足工况需求。在润滑领域通常通过油脂剪切实验来测量油脂的稳定性。

由上面描述可知，油脂在运行一段时间之后其物理和化学性能都可能发生改变，而无法满足润滑要求，此时油脂就达到了它的寿命。

对于电机而言，维护保养人员会在油脂达到寿命之前进行再润滑。所以，我们会选择油脂的再润滑时间间隔。而油脂的再润滑时间间隔是 L_{01} 寿命，也就是可靠性为99%油脂寿命。可靠性99%的意思是，在这个时间内至多允许1%的失效。而轴承疲劳寿命通常为 L_{10} 寿命，也就是可靠性为90%的轴承疲劳寿命。两者之间是2.7倍的关系。显然，再润滑时间间隔从寿命角度留下了十分大的可靠性空间。这也是每次再润滑不需要将老油脂全部更换的原因（油脂替换情况除外）。

（二）补充润滑时间间隔的计算

润滑脂的预计寿命是受多种因素影响的。例如润滑脂的种类、轴承的转速和温度、工作环境中粉尘和腐蚀性气体的多少、密封装置的设计和实际作用发挥的情况等。

对于密封式或较小的轴承，轴承本身和其中的润滑脂两者之一都决定了一套轴承的寿命。无须也不可能在中途添加或更换润滑脂。

开式轴承再润滑的时间间隔计算有如下两种方法，可参考采用。

1. 方法1

根据经验，温度对补充油脂时间间隔的影响是：当温度（在轴承外环测得的温度）达到70℃以上时，每增加15℃，补充油脂时间间隔将缩短一半。

对于开式轴承，补充润滑脂的时间间隔可参考图4-16。

图4-16给出的是以含氧化剂的锂基脂为准，普通工作条件下的固定机械中水平轴的轴承内，润滑脂的补充时间间隔（其中纵坐标轴为补充时间间隔 t_{f}，单位为h；横坐标轴为运行转速 n，单位为r/min；d 为轴承内径，单位为mm）。其中a坐标为径向轴承；b坐标为圆柱滚子和滚针轴承；c坐标为球面滚子、圆锥滚子和止推滚珠轴承。若为满滚子圆柱滚子轴承，则间隔为b坐标对应值的1/5；若为圆柱滚子止推轴承、滚针止推轴承、球面滚子止推轴承，则间隔为c坐标对应值的1/2。

现举例如下：

某深沟球轴承，其内径 $d = 100\mathrm{mm}$、运行转速 $n = 1000\mathrm{r/min}$、工作温度范围为60～70℃。请确定补充润滑脂的时间间隔为多长。

在图4-16的横轴上，在 $n = 1000\mathrm{r/min}$ 处做一条平行于纵轴的直线，与内径 $d = 100\mathrm{mm}$ 的曲线的交点所对应的纵轴a坐标（适用于径向轴承——深沟球轴承）的数值约为 1.2×10^4。则本例补充润滑脂的时间间隔为12000h。

2. 方法2

图4-17是确定轴承运行温度为70℃时补充润滑的时间间隔与轴承转速因数 A 和轴承系数 b_{f} 的乘积的关系图。

图中横坐标是轴承转速因数 A（即 ndm 值）与轴承系数 b_{f} 的乘积。b_{f} 的数值与轴承的类型有关，可从表4-11中查取。

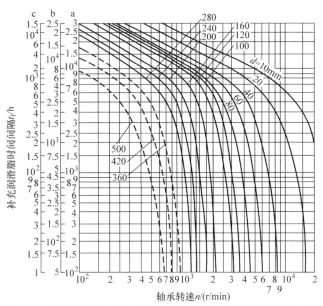

图 4-16　补充润滑脂时间间隔与轴承内径、运行转速的关系图

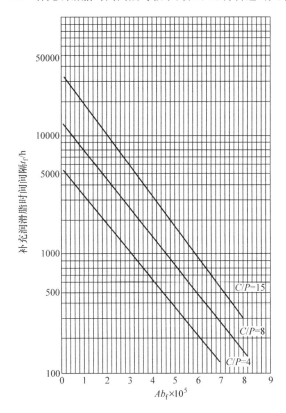

图 4-17　补充润滑时间间隔与轴承系数 b_f 和转速因数 A 的乘积的关系图（70℃）

表 4-11　轴承系数 b_f 和转速系数 A 的推荐值

轴承类型	相关条件		轴承系数 b_f
深沟球轴承			1
角接触球轴承			1
圆柱滚子轴承	非定位端		1.5
	定位端，无外部轴向负荷或轻轴向变化负荷		2
	定位端，有恒定的轴向负荷		4
	无保持架，满滚子轴承		4
自调心球轴承	$F_a/F_r<e$ 且 $dm\leqslant800\mathrm{mm}$ 时	213，222，238，239 系列	2
		223，230，231，240，248，249 系列	2
		241 系列	2
	$F_a/F_r<e$ 且 $dm>800\mathrm{mm}$ 时	238，239 系列	2
		230，231，232，240，249 系列	2
		241 系列	2
	$F_a/F_r>e$ 时	所有系列	6

注：F_a 为轴向负荷；F_r 为径向负荷；dm 为轴承平均直径；e 为轴承负荷系数。

查询方法：首先计算 A（ndm）值，在表 4-11 中查到轴承系数 b_f，两者相乘找到图 4-17 中的横坐标点，然后计算轴承的 C/P 值，在图线参考的 3 条线之间取出计算的 C/P 值，然后查纵坐标得到再润滑时间间隔小时数。

（三）再润滑时间间隔计算注意事项

上述再润滑时间间隔计算有一定的限制，在这些限制之内，还要根据实际工况进行调整，方可得到正确的计算结果。

补充润滑时间是一个估算值，上述计算方法是基于优质锂基增稠剂、矿物油的情况进行的。再润滑时间间隔还会随着油脂的不同有所调整。

上述计算方法（见图 4-17）是基于 70℃ 下油脂的情况进行估算的。在实际工况中每升高 15℃，油脂的再润滑时间间隔减半；实际工况温度每降低 15℃，再润滑时间间隔加倍。

再润滑时间间隔是在油脂可工作范围内有效，若超出油脂工作温度范围，不可以用这个方法进行估算。

对于立式电机和在振动较大的工况中使用的电机，用图 4-17 查询的再润滑时间间隔应该减半。

对于外圈旋转的轴承，用图 4-17 查询的再润滑时间间隔减半（另一个方法是计算 ndm 时用轴承外径 D 代替轴承中径 dm）。

对于污染严重的场合，应该根据实际情况缩短再润滑时间间隔。

对于圆柱滚子轴承，图 4-17 给出的值只适用于滚动体引导的尼龙保持架或者黄铜保持架的产品。对于滚动体引导的钢保持架（后缀为 J）以及内圈或者外圈引导的铜保持架圆柱滚子轴承，再润滑时间间隔减半。

上述再润滑时间间隔计算是针对需要进行再润滑的开式轴承而言。对于封闭轴承（带密封盖或者防尘盖的轴承）而言，如果需要了解润滑寿命的话，只需要根据图 4-17 中的方法查询再润滑时间间隔，乘以 2.7 即可。这是因为，再润滑时间间隔是 L_{01} 的寿命，如果折算成和轴承寿命相同的可靠性，就应该转换成 L_{10}。这是一个概率换算的过程：$L_{10} = 2.7L_{01}$。

四、再润滑时油脂的添加量以及添加方法

（一）再润滑基本原则

对于再润滑时间间隔超过 6 个月的轴承，一般建议在维护时依照前面述及的方法进行油脂的全部更换。

对于再润滑时间间隔不足 6 个月的轴承，一般建议根据再润滑时间间隔定期对轴承进行补充润滑。

有些系统中（诸如高污染等需要频繁补充润滑的场合），一般会设计自动注脂器，这样就由自动注脂器进行连续补充润滑。

（二）再润滑油脂添加量

进行再润滑时需要控制油脂的添加量。油脂添加过少，无法起到补充润滑的作用；油脂补充过多，会导致轴承室内油脂过量从而带来轴承发热等问题。对于普通不具有注油孔的轴承，正确的润滑量可以由下式计算：

$$G_p = 0.005DB \qquad (4-6)$$

式中　G_p——再润滑填脂量（g）；

　　　D——轴承外径（mm）；

　　　B——轴承厚度（mm）。

有些调心滚子轴承在两列滚子之间有补充润滑孔的设计，这一类轴承的再润滑填脂量为

$$G_p = 0.002DB \qquad (4-7)$$

（三）再润滑注脂的基本方法

进行润滑油路设计时，对于使用开式轴承的电机（特别是功率较大的电机），电机设计人员都会设计注油孔和注油装置（俗称注油嘴）。因此在做再润滑时，通常使用注油枪等工具通过注油装置进行补充油脂。

平时应尽量保持注油嘴清洁。在进行再注油之前，需要对注油嘴进行清洁。

在补充润滑时，要打开排油孔。观察排油情况，待排油停止，关闭排油孔。排油孔在不用时也要注意保持清洁。

（四）再润滑填脂注意事项

1. 使新添加油脂和旧油脂温度接近

通常情况下，进行补充润滑的设备都是处于运行状态，电机处于工作温度。而再润滑时，新的油脂处于非工作状态，也就是冷态温度。此时，虽然新旧油脂牌号相同，但由于温度不同，油脂黏度和基础油黏度都是不同的。这样的新脂注入，会对轴承润滑不利。在我国南方地区，这种情况还不突出；在北方地区，如果在冬天

进行再润滑工作，从仓库里提出的油脂温度很低，这时将其加入到热态的旧油脂中，两者黏度相差很大，如果冷态油脂在变热之前搅入滚动接触面，将对轴承不利。其解决方法就是，在补充润滑之前，新脂温度尽量接近运行中的旧脂温度。

2. 注意填脂时机

如果可以的话，最好的补充润滑时机是在设备低速运行时进行。在这种状态下，新填入的油脂和旧脂一起，相对而言，会经历一个很好的匀脂过程，对轴承润滑是最有利的时机。

还有一种状态就是停机维护，此时电机停转，加入适量油脂，待加脂完毕，设备维护完成电机起动时，多余油脂会从排油孔排出。这种时机虽然不如低速运行好，但是比常速运行填脂的情况要理想很多。

五、用经验曲线获得更换油脂的时间间隔

对没有轴承注油装置的电机，应视其运行状态、使用环境条件等因素，决定是否全部更换轴承中原有的润滑脂。

图 4-18 为电机轴承更换油脂周期的经验曲线，可供使用时参考。图 4-18 中的 K_f 为轴承结构类型系数，见表 4-12；n 为轴承转速，单位为 r/s；D_m 为轴承平均直径，单位为 mm；t_f 为补充润滑脂时间间隔，单位为 h。

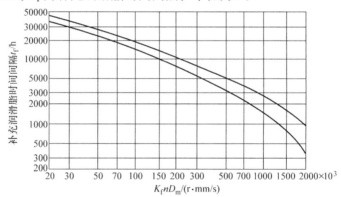

图 4-18　轴承换油脂周期的经验曲线

表 4-12　轴承结构类型系数 K_f

轴承类型	类型系数 K_f	轴承类型	类型系数 K_f
单列深沟球轴承	0.9 ~ 1.1	推力短圆柱滚子轴承	90
双列深沟球轴承	1.5	推力球轴承	5 ~ 6
单列角接触球轴承	1.6	双列推力角接触球轴承	1.4
双列角接触球轴承	2.0	滚针轴承	3.5
四点接触向心推力球轴承	1.6	圆锥滚子轴承	4.0
单列短圆柱滚子轴承	1.8 ~ 2.3	单列调心滚子轴承	10
双列短圆柱滚子轴承	2.0	调心球轴承	1.3 ~ 1.6
无保持架的满滚子轴承	25	有中挡边调心滚子轴承	9 ~ 12

第五章　滚动轴承寿命计算

第一节　概　　述

一、轴承寿命的定义和相关理论

在机械设计过程中，工程技术人员对滚动轴承的寿命十分关注。事实上，人们所说的轴承寿命在工程技术领域中通常指的是轴承疲劳寿命。

轴承带负荷运行时，负荷从一套轴承圈通过滚动体传到另一套轴承圈。在金属材料内部会出现相应的应力分布，大致的示意图如图5-1所示。从图5-1中可以看到，在滚动体与滚道接触表面金属材料之下的某一个深度出现最大的剪切应力。每次滚动体滚过滚道，这个剪切应力就会反复出现。当出现次数达到一定数量时，金属便会出现疲劳，由此开始失效。不论材质如何，这种剪切应力的往复总会出现，只不过出现的时间与滚动体滚过的次数以及与正压力成正比的关系（后面在寿命计算公式中反映了这个关系）。当初始疲劳点出现之后，疲劳会沿着一定的方向向金属表面蔓延，最终出现轴承的金属表面剥落。这就是轴承失效模式中非常典型的一种模式——表面疲劳剥落。上述轴承失效过程的描述就是轴承的疲劳失效。而在给定的工况下，轴承疲劳失效的时间（转动圈数），就是我们所说的疲劳寿命。

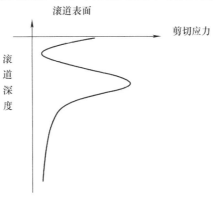

图 5-1　轴承滚道内部剪切应力随深度变化的示意图

事实上，每个轴承都有其疲劳极限。但即便在相同的工况下，由于轴承内部金属材料的均匀性等原因，对于一大批轴承也不可能有完全一样的疲劳寿命。因此我们引入可靠性系数的概念。

二、L_{10}寿命的概念

滚动轴承的疲劳失效服从一定的离散分布。而在这样的离散中可以拟合出一定的规律，这就是经常说到的韦氏分布。通常，由于轴承的寿命存在离散性，因此人们从概率曲线上选取一个或两个点来描述轴承的耐性，这两点就是：

① L_{10}寿命，即一批轴承中，90%可达到的疲劳寿命。

② L_{50}平均寿命，即一批轴承中，50%可达到的疲劳寿命。

在一般的机械行业中，通常使用L_{10}寿命作为一个衡量的标准。它的可靠性是90%。也就是在这个数值达到时，有90%的轴承没有出现疲劳失效。这是一个概率结果，因此和具体单个轴承的实际运行寿命不一定完全吻合。

国际标准 ISO 281—2010《滚动轴承　额定动载荷和额定寿命》（ISO 281—2007）中的L_{10}寿命是在规定的润滑等环境下进行的试验及计算。由于现代轴承的质量提高，在某些应用中，轴承的实际工作寿命可能远远高于其基本的额定寿命。同时，在轴承的具体运行中受到润滑、污染程度、偏心负荷、安装不当等因素的影响。为此，ISO 281—2010 中加入了一些寿命修正公式以补充基本额定寿命的不足。

三、滚动轴承疲劳寿命应用的限制及原则

（一）滚动轴承疲劳寿命应用的限制

如前所述，滚动轴承的疲劳寿命（不考虑修正时），仅仅对轴承材质本身在一定负荷情况下的疲劳失效进行了估算。这种估算和实际轴承的应用工况有很大的差别。下面列举几个难于计入计算的方面：

1. 负荷波动

轴承疲劳试验是在一些给定的负荷状态下，由试验台进行的。因此，实验结果和计算结果有非常好的一致性。但是实际应用中，机械设备的实际负荷随工况而变，同时这种变化在计算中根本不可能做到百分之百的模拟。这样，即使计入了工作制的影响，依然只能概略的近似，而无法像试验台一样做到计算和实际一致。

2. 润滑的情况和温度的波动

在L_{10}寿命中没有考虑润滑的影响，但是实际的工作状况不可能不添加润滑。这样容易使计算值趋于保守。即使计入了润滑的修正系数，也只能将有限种润滑的特性（在不同温度下）计入考虑。而实际上机械设备的运行温度的波动对润滑影响很大，因此也没有办法来模拟实际状况下温度、润滑的变化对寿命的影响。

3. 操作不当

在安装和拆卸轴承的过程中，如果稍有不当，对轴承会造成损伤，那么损伤点

就会成为轴承失效的源头，这一点也无法计入考虑。

4. 公差配合的影响

实际上公差配合对轴承的运行寿命有很大的影响，而在 L_{10} 寿命计算中，仅估计公差配合恰当时候的轴承寿命情况。

以上仅仅列举了几个方面，并不能涵盖所有的影响轴承寿命的因素（比如，还有轴的挠性、不对中、倾覆力矩、污染等）。因此，我们建议在使用轴承时，一方面要使用轴承的疲劳寿命作为考核轴承寿命的辅助工具；另一方面也要知道其限制范围。这样才能正确理解书面计算和实际运行情况之间的差距。

（二）滚动轴承疲劳寿命计算的应用原则

如前所述，滚动轴承的疲劳寿命计算仅可作为参考性的估算。也就是说，不要把疲劳寿命计算当作准确的计算。寿命计算的校核作用在某种程度上要强于它的估计作用。

通常，在选用轴承时，首先受到限制的就是轴径，轴径影响到扭矩的传送，因此轴径的最小值是确定的。而最小的轴径也就是最小的轴承内径。这个时候，可以根据轴承的负荷方式选择适当的类型。而轴承的寿命计算就是在轴承类型、大小已经大约选定之后进行校核。在寿命计算中，如果计算的疲劳寿命过长，说明轴承的选择有可能过大；相反，如果计算的轴承疲劳寿命过短，有可能是轴承选择过小。换言之，就是通过疲劳寿命计算来校核轴承选型的准确性。

对于不同设备，轴承疲劳寿命的推荐值见表 5-1。

表 5-1　常用设备轴承疲劳寿命推荐值（不同类型机械的约定寿命参考值）

机　械　类　型	约定寿命/万 h
家用机械、农用机械、仪器、医疗设备	0.03 ~ 0.3
短时或间歇使用的机械：电动工具、车间起重设备、建筑设备和机械	0.3 ~ 0.8
短时或间歇使用的机械，但要求较高的运行可靠性：升降机（电梯）、用于已包装货物的起重机、吊索鼓轮等	0.8 ~ 1.2
每天工作 8h，但并非全部时间运行的机械：一般的齿轮传动机构、工业用电机、转式粉碎机等	1 ~ 2.5
每天工作 8h，且全部时间运行的机械：机床、木工机械、连续生产机器、重型起重机、通风设备、运输带、印刷设备、分离机、离心机等	2 ~ 3
24h 运行的机械：轧钢厂用齿轮箱、中型电动机、压缩机、采矿用起重机、泵、纺织机械等	4 ~ 5
风电机械的设备，包括：主轴、摆动机构、齿轮箱、发电机轴承等	3 ~ 10
自来水厂用的机械、转炉、电缆绞股机、远洋轮的推进机械	6 ~ 10
大型电动机、发电厂设备、矿井水泵、矿场用通风设备、远洋轮的主轴轴承	>10

这里值得强调的是，很多人把轴承疲劳寿命计算当作准确的计算，而质疑实际寿命和计算寿命的差异，这种忽略了寿命计算的校核作用的想法缺乏客观性。

第二节　轴承寿命的计算方法

一、滚动轴承寿命计算基本方法

工程上有很多方法用来计算滚动轴承的寿命，例如：最基本的疲劳寿命计算，考虑各种修正系数的修正寿命计算；考虑系统刚度的更加微观的有限元分析计算等。

本文中主要介绍基本的轴承疲劳寿命计算（以下简称轴承寿命计算）。各个轴承厂家采用的基本轴承疲劳寿命的计算方法多数依照 ISO 281—2010 中的轴承疲劳寿命计算规定。但是在关于调整系数方面各自有些差别。本文采用《SKF 综合型录》中的计算参数和表格作为后续内容的参照，以说明计算过程。

（一）轴承寿命计算的基本流程

轴承寿命计算定额基本过程包括：轴承型号的基本初定；轴承负荷的计算；轴承当量动负荷的计算；轴承基本额定动负荷的查取；L_{10} 寿命的计算；修正系数的选取；修正寿命的计算。其基本流程如图 5-2 所示。

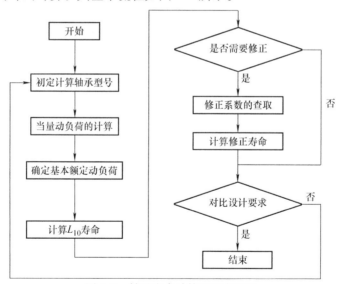

图 5-2　轴承寿命计算的基本流程

（二）轴承寿命计算的基本方法

1. 初定轴承

计算轴承寿命的第一步是初定轴承的型号。这是一个初步选定过程，需要反复校核计算才能做最后确定。型号的初定主要依赖于轴承的负荷方式、最小轴径以及负荷大小。

首先，由于轴是用于传递扭矩的，设备的扭矩确定之后就相当于轴的最小直径被确定了。其次，根据轴上面的负荷方式、大小，可以粗略地确定轴承的类型。这样便可初步确定出轴承的型号，以便后续计算。

2. 当量动负荷的计算以及基本额定动负荷的计算

若轴上的负荷已知，作用在轴承上的负荷可根据机械学的原理计算得到。而做单个轴承的负荷分力时，为了简化计算，轴被看作是由无倾覆力矩作用支点支撑的刚性梁。轴承、轴承座或者机械结构的弹性形变，以及轴的挠曲给轴承带来的力矩将被忽略。这也是轴承寿命计算的一个基本假设。

所谓当量动负荷，是指一个假设的负荷，其大小和方向固定，且径向作用于径向轴承之上；或者轴向作用于推力轴承之上，而这个负荷与轴承所承受的实际负荷对轴承寿命的影响等效。

为了简化计算，我们在计算 L_{10} 寿命之前，要把轴承所承受的实际负荷折算成当量动负荷 P。通常，当量动负荷 P 可以由下面的通用公式计算。

$$P = XF_r + YF_a \qquad (5\text{-}1)$$

式中　P——当量动负荷（kN）；

　　　F_r——径向负荷（kN）；

　　　F_a——轴向负荷（kN）；

　　　X——径向负荷系数；

　　　Y——轴向负荷系数。

确定了轴承的当量动负荷之后，可以在轴承型录或者手册中查取轴承的额定动负荷 C。

3. 计算 L_{10} 寿命

依据 ISO 281—2010 规定，轴承的基本额定寿命 L_{10r}（单位为百万转）为

$$L_{10r} = \left(\frac{C}{P}\right)^p \qquad (5\text{-}2)$$

式中　C——额定动负荷（kN）；

　　　P——当量动负荷（kN）；

　　　p——寿命计算指数，对于球轴承取 3，对于滚子轴承取 10/3。

如果要折算成工作小时数，L_{10h} 可以用以下公式计算得来：

$$L_{10h} = \frac{10^6}{60n}L_{10r} \qquad (5\text{-}3)$$

式中　n——转速（r/min）。

4. 查取修正系数

如果需要考虑润滑、污染等因素，而对轴承基本额定寿命进行修正，就需要添加修正寿命系数。

以 SKF 型录为例，在 SKF 综合型录中，额定寿命公式负荷在 ISO281—2010 中规定：

$$L_{mn} = a_1 a_{SKF} L_{10} \tag{5-4}$$

式中 L_{mn}——SKF 轴承额定寿命（百万转）；

a_1——可靠性系数，由表 5-2 查取；

a_{SKF}——SKF 寿命修正系数，对于径向球轴承和径向滚子轴承，分别由图5-3
和图5-4 查取，图中：①当 $k > 4$ 时，使用 $k = 4$ 的曲线；②当 η_c
(P_u/P) 值趋于 0 时，对于所有的 k 值的 a_{SKF} 系数都趋于 0.1；③虚
线标注的位置是相当于以前的调整系数 a_{23}（k）的标度，在这个位
置上，$a_{SKF} = a_{23}$。

表 5-2   可靠性系数 a_1

可靠性（%）	失效几率（%）	额定寿命 L_{mn}	系数 a_1
90	10	L_{10m}	1
95	5	L_{5m}	0.62
96	4	L_{4m}	0.53
97	3	L_{3m}	0.44
98	2	L_{2m}	0.33
99	1	L_1	0.21

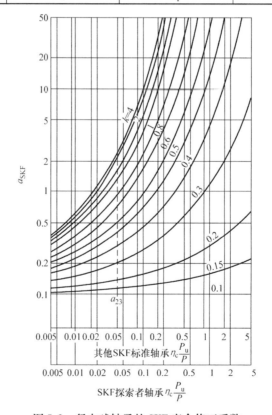

图 5-3   径向球轴承的 SKF 寿命修正系数

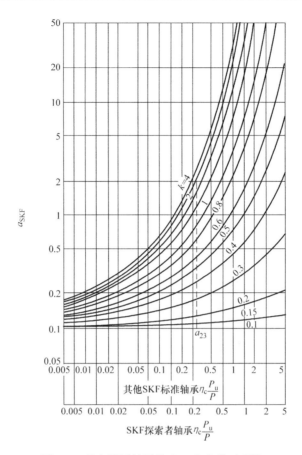

图 5-4 径向滚子轴承的 SKF 寿命修正系数

为了查找上述图表，需要确定 k 值和 η_c 值。

k 值是黏度比，也叫卡帕系数。它代表着轴承运行实际施加润滑剂的黏度与在这种工况下形成润滑所需要最小黏度的比值。如下式：

$$k = \frac{v}{v_1} \tag{5-5}$$

式中　k——黏度比（卡帕系数）；

　　　v——润滑剂实际工作黏度（mm^2/s），由图 5-5 查取；

　　　v_1——形成润滑所需要的最小黏度（mm^2/s），由图 5-6 查取［其中横坐标 $d_m = 0.5(d + D)$，d 和 D 分别为轴承的内圈孔径和外圈的外径］。

η_c 称为油脂润滑污染系数，可从表 5-3 中查出（本表仅适用于一般固体污染物，水和其他对轴承寿命有损害的流体所造成的污染未包括在内。在极严重的污染情况下，轴承失效可能是由于磨损导致，轴承寿命可能比额定寿命要短很多）。

在工作下的黏度

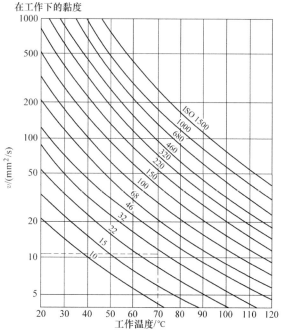

图 5-5 润滑脂实际工作黏度 v

工作温度下的所需黏度

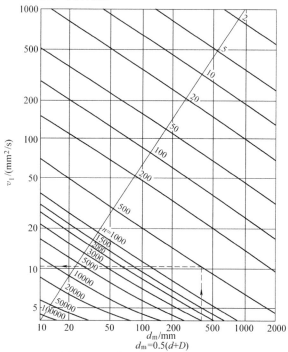

图 5-6 工作温度下所需运动黏度
（形成润滑所需要的最小黏度）v_1

表5-3　不同污染程度时油脂润滑污染系数 η_c 参考值

不同污染程度说明		不同轴承孔径的 油脂润滑污染系数 η_c	
污染程度	说明	$d_m < 100\text{mm}$	$d_m \geqslant 100\text{mm}$
极度清洁	颗粒尺寸和油膜厚度相当。实验室中的条件	1	1
非常清洁	带密封圈轴承的一般情况（终身润滑）	0.8 ~ 0.6	0.9 ~ 0.8
一般清洁	带防尘罩轴承的一般情况（终身润滑）	0.6 ~ 0.5	0.8 ~ 0.6
轻度污染	微量污染物在润滑剂中	0.5 ~ 0.3	0.6 ~ 0.4
常见污染	不带任何密封件的轴承的一般情况	0.3 ~ 0.1	0.4 ~ 0.2
严重污染	轴承环境高度污染，轴承密封配置不良	0.1 ~ 0	0.2 ~ 0
极度污染	污染系数可能超出计算范围，轴承寿命将远远低于计算值	0	0

至此，轴承寿命计算的全部参数都已经查询和计算完毕，可以得到轴承的修正寿命结果。得到结果后，通过和设计要求对比，来判断校核初定轴承是否恰当，直至达到要求为止。

二、滚动轴承寿命计算实例

例：根据应用工况初选轴承6309，纯径向负荷为 $F_r = 5\text{kN}$，转速为3000r/min，以 SKF2 号中温润滑脂 LGMT2 作润滑。在实际工作中，稳定工作温度（80℃）之下的实际黏度为 $v = 19.8\text{mm}^2/\text{s}$，要求90%可靠性，假设工作条件为一般清洁。请计算该轴承的额定寿命和SKF轴承额定寿命。

解：

步骤1　确定当量动负荷。

根据通用公式 $P = XF_r + YF_a$，当 $F_a = 0$ 时，$P = F_r = 5\text{kN}$。

注：每一种轴承的当量负荷计算方法在《SKF 综合型录》中有不同的公式，可参照每一类轴承产品表前面的介绍找出相应的公式。比如此例中，在《SKF 综合型录》中，对深沟球轴承当量负荷有如下公式：

$$P = F_r \qquad \text{当 } F_a/F_r \leqslant e \text{ 时} \tag{5-6}$$

$$P = XF_r + YF_r \qquad \text{当 } F_a/F_r > e \text{ 时} \tag{5-7}$$

式中　X、Y、e——分别在轴承型录中可以相应查到。

步骤2　从轴承综合型录中查询6309轴承的额定动负荷 $C = 55.3\text{kN}$。

步骤3　根据如下基本额定寿命计算公式

$$L_{10} = \left(\frac{C}{P}\right)^p = \left(\frac{55.3}{5}\right)^3 = 1353 \times 10^6 (\text{r}) \tag{5-8}$$

折算成时间

$$L_{10h} = \frac{10^6}{60n}L_{10} = \frac{10^6}{60 \times 3000} \times 1353 = 7516(\text{h}) \tag{5-9}$$

步骤4 确定可靠性系数 a_1。由于可靠性要求为90%，所以 a_1 取1。

步骤5 确定 a_{SKF}。

确定 d_m：从产品表中查询 d = 45mm；D = 100mm。

$$d_m = 0.5(d+D) = 0.5(45+100)\text{mm} = 72.5\text{mm}$$

确定黏度比（卡帕系数）k：在转速为3000r/min 的情况下，可以从图5-6中查取在工作温度下的额定黏度 $v_1 = 8.18\text{mm}^2/\text{s}$，条件中已经给出实际工作黏度 $v = 20\text{mm}^2/\text{s}$。因此可以计算黏度比（卡帕系数）$k = v/v_1 = 19.8/8.18 = 2.42$。

从产品表中可以查出，$P_u = 1.34\text{kN}$，得 $P_u/P = 1.34/5 = 0.268$。

由于工作条件一般清洁，根据污染系数表5-3，取污染系数 $\eta_c = 0.5$。得到 $\eta_c P_u/P = 0.134$。

根据图5-3，其中 $k = 2.42$，$\eta_c P_u/P = 0.134$，可以查取 $a_{SKF} = 12.4$。

步骤6 根据可靠性为90%，SKF 轴承额定寿命为

$$L_{10m} = a_1 a_{SKF} L_{10} = 1 \times 12.4 \times 1353 = 16777（百万 r）$$

折算成时间为

$$L_{10h} = \frac{10^6}{60n}L_{10m} = \left(\frac{10^6}{60 \times 3000}\right) \times 16777 = 93206（\text{h}）$$

步骤7 根据计算结果，对比表5-1或者客户需求，来确定初选方案是否满足条件。如果不满足条件，就要适度地放大或者缩小轴承，或者更换轴承类型，以满足设计条件。至此，轴承寿命校核结束。

三、总结

轴承的疲劳寿命校核计算（或者说额定寿命计算），是轴承选型设计时候的一个非常重要的工具。工程实际中很多情况的校核计算都可以用上述方法进行粗略校核。

上述方法计算简便，适合手工计算。但是不论如何，上述计算都仅仅是一个校核计算，不适合作为轴承寿命的预知计算（虽然与轴承运行寿命相关性很大）。

同时，上述方法也有一定的限制，没有考虑轴和轴承的挠性、轴系之间相互影响、负荷偏心等情况。因此，如果需要更加精确的计算，需要借助于一些计算机辅助设计进行。

第六章　滚动轴承的装配和拆卸工艺

电机组装中，轴承装配是一个极其重要的环节。不规范的装配将会给整机的质量造成很大的影响，其中影响最明显的是振动和异常噪声，另外是轴承发热直至过早损坏。所以应给予高度重视。

拆卸轴承则是电机维修过程中的一个重要环节。不规范的拆卸过程或使用不合适的拆卸工具，轻则损坏本来还可使用的轴承，重则会给整个机械造成损伤，甚至影响新轴承的装配。因此也应给予高度重视。

第一节　滚动轴承的装配工艺

一、装配前的准备工作

电机轴承在安装之前需要出库，存放在安装轴承工位附近，以方便使用。一般地，在轴承安装之前，不建议大量地拆开轴承包装并将其暴露在车间里，以避免不必要的污染。出于工作效率的考虑，有的操作人员希望先把所有轴承包装打开之后随手取用，此时对于没有取用的轴承最好使用一些防护措施，比如对于小型轴承，置于干净的塑料整理箱里，或者用干净的塑料布进行覆盖防护。总之，要尽量减少轴承在非操作时间内的暴露时间。

（一）装配前的检查

轴承在装配之前，首先要核对规格牌号（刻在轴承外圈端面或防尘盖上），应与要求的完全相符，再检查其生产日期，计算已存放的时间，该时间应在规定的期限之内（例如两年），超过规定期限的不应使用或经过必要的处理后方可使用。然后逐个进行外观检查，不应有破损、锈蚀等现象；对内、外圈组合为一体的轴承（例如深沟球轴承，俗称"死套轴承"），还应检查其运转的灵活性，如图6-1a所示。有必要时还应进行径向游隙大小的检查。在组装现场，可用手感法简单地检查轴承游隙是否合适。手握轴承前后晃动，不应有较大的撞击声，如图 6-1b 所示；或用两手如图 6-1c 所示托起轴承，上、下、左、右晃动，不应有明显的撞击声。

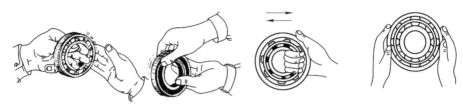

a) 拨动外圈检查转动灵活性　　　b) 前后晃动检查游隙大小　c) 双手托起晃动检查游隙大小

图 6-1　装配滚动轴承前的检查

（二）轴承的清洗

开式轴承在出厂时，为了防锈，会在轴承表面涂一层防锈油。通常轴承防锈油可以和大多数润滑剂兼容，此种情况下不建议对轴承进行清洗。但是在使用某些特殊润滑剂的时候，如果发现润滑剂和轴承防锈油不兼容，那么就需要进行清洗。

在对使用过的轴承全部更换新润滑脂时，需将残留的润滑脂清洗干净。

不论何种情况，轴承的清洗必须保证其清洁度。

1. 清洗用溶剂

清洗滚动轴承的材料有汽油和煤油为主的石油系溶剂（较常用）、碱性水系溶剂以及氯化碳为主的有机溶剂。市场上有销售的清洗剂成品，例如 TS－127 型。

（1）对汽油和煤油的要求　对清洗轴承所用的汽油和煤油的要求见表 6-1。其中的质量指标需要通过目测或相关标准规定的试验方法进行鉴定。

表 6-1　对清洗轴承所用的汽油和煤油的要求

序号	项目	质量指标	
		汽油	煤油
1	外观	无色透明	无色透明
2	气味	无刺激臭味	无刺激臭味
3	馏程	略①	—
4	闪点（闭口）	—	≥60℃
5	腐蚀（铜片50℃，3h）	合格	合格
6	含硫量	≤0.05%	≤0.05%
7	水溶性酸或碱	无	无
8	机械杂质	无	无
9	水分	无	无
10	清洗性能	不低于 120 号汽油	—
11	酸度	≤1mgKOH/100mL	≤0.1mgKOH/100mL
12	胶质	≤2mgKOH/100mL	—

① 请读者参照 TS－127 型轴承清洗机的使用说明书。

（2）碱性清洗液的配方　碱性清洗液的配方见表6-2。

表6-2　碱性清洗液的配方

成分名称	配方（任选一种）（%）			
	1	2	3	4
氢氧化钠（NaOH）	3 ~ 4	—	2	1
无水碳酸钠（Na_2CO_3）	5 ~ 10	10	5	2
磷酸钠（Na_2PO_4）	—	5	—	3
硅酸钠（Na_2SiO_3）	—	0.2 ~ 0.3	10	0.2 ~ 0.3
水	余量			

2. 清洗工艺

对于大量使用的轴承，一般利用专用的清洗机（见图6-2给出的示例）进行清洗，其工艺过程应根据所用清洗剂、清洗设备和要清洗的轴承规格进行编制和实施。

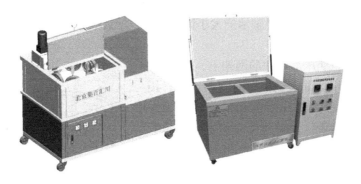

图6-2　专用轴承清洗机外形示例

少量的轴承，特别是对使用过的轴承，则一般选择人工清洗的办法，其步骤如图6-3所示。其中清洗轴承的清洗溶剂，有溶剂汽油（常用的有120号、160号和200号）、三氯乙烯专用清洗剂（工业用，加入0.1% ~ 0.2%稳定剂，如二乙胺、三乙胺、吡啶、四氢呋喃等）等。整个过程中应注意做好防火和防毒工作，为了防止溶剂对皮肤的损伤，应带胶皮或塑料手套操作。

二、装配工艺

轴承装配分热装法和冷装法。

（一）热装法工艺

通过对轴承加热，使其内圈内径膨胀变大后，套到转轴的轴承档处，应注意将刻有规格牌号的一端放在外边（下同），以便于查对。冷却后内圈缩小，从而与轴

图 6-3　清洗滚动轴承的过程

a) 用竹签或木签将轴承中的废油脂刮出　b) 用洁净不脱毛的布巾将轴承中的防锈油擦干净

c) 将轴承投入清洗溶剂中浸泡一定时间　d) 用毛刷刷洗

e) 用干净的清洗溶剂再刷洗一到两次　f) 用不脱毛的布巾擦干后晾干

形成紧密的配合。轴承加热温度应控制在 80～100℃（带油脂的封闭轴承加热温度不超过 80℃），加热时间视轴承的大小而定，常用的加热方法有如下 4 种。

1. 油煮法

将轴承放在变压器油中的网架上，如图6-4所示。加热变压器油，到预定时间后捞出，用干净不脱毛的布巾将其油迹和附着物擦干净后，尽快套到轴上。在此过程中应避免轴承直接接触加热容器，并且需要严格观察加热油温度。

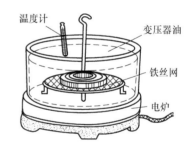

图 6-4　用油煮法加热滚动轴承

2. 工频涡流加热法

工频涡流加热法需要使用交流工频电源涡流加热器（简称工频涡流加热器），可方便地对轴承等部件的金属内圈进行加热，使其膨胀后进行安装。图 6-5 给出了部分加热器的外形示例。

表 6-3 和表 6-4 分别是 ZJ 系列和 STDC 系列工频加热器的技术参数，供参考选用。

将轴承套在工频加热器的动铁心上后，接通加热器的工频交流电源。轴承会因电磁感应而在内、外圈中产生涡流（电流），从而产生热量使其膨胀。

使用时，应根据被加热部件的大小和相关要求，控制加热时间和温度。

使用工频加热器对轴承进行加热，加热可靠，无污染，加热速度快。但由于该类型加热器的加热原理是磁场感应加热，因此当加热完毕之后必须对轴承进行去磁，否则轴承会因其残留磁性而吸引周边杂质，这会极大地影响轴承的运行。为此，工作场地的清洁问题尤为重要。

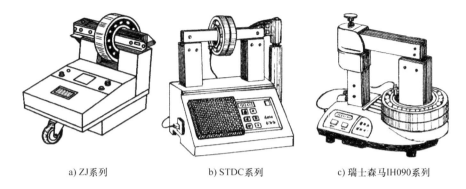

a) ZJ系列　　　　　　b) STDC系列　　　　　c) 瑞士森马IH090系列

图6-5　用工频加热器加热轴承

表6-3　ZJ 系列轴承加热器技术参数

型号	额定功率 /kVA	可加热的轴承尺寸/mm		
		内径	最大外径	最大宽度
ZJ20X – 1	1.5	30 ~ 85	280	100
ZJ20X – 2	3	90 ~ 160	350	150
ZJ20X – 3	4	105 ~ 250	400	180
ZJ20X – 4	5.5	110 ~ 360	450	200
ZJ20X – 5	7.5	115 ~ 400	500	220

表6-4　STDC 系列轴承加热器技术参数

型号	额定功率 /kVA	电源电压 /V	可加热的轴承尺寸/mm			外形尺寸 长×宽×高 /mm	其他功能 和参数
			内径	最大外径	最大宽度		
STDC – 1	1	220	15 ~ 100	150	60	32 × 22.5 × 27.5	（1）最高温度为 300℃，有温度显示 （2）有磁性探头 （3）具有手动和自动时间与温度控制，时间范围为 0 ~ 99min，有声音提示 （4）具有保温功能 （5）自动消磁
STDC – 2	3.6	220	30 ~ 160	340/480	150	34 × 29 × 31	
STDC – 3	3.6	220	30 ~ 160	340/480	150	34 × 29 × 38	
STDC – 4	8	380	50 ~ 250	470/720	200	63 × 36.5 × 47	
STDC – 5	12	380	70 ~ 400	700/1020	265	95 × 64 × 100	
STDC – 6	24	380	70 ~ 600	700/1020	265	95 × 64 × 100	
STDC – 7	12	380	75 ~ 400	920	350	120 × 64 × 100	
STDC – 8	24	380	85 ~ 600	900	400	100 × 50 × 135	
STDC – 9	40	380	85 ~ 800	1400	420	150 × 60 × 147	

3. 烘箱加热法

将轴承放入专用的烘箱内加热，如图 6-6 所示。烘箱易于获得，操作简便。但其加热温度难以控制，往往会造成轴承温度过高的现象，尤其容易使轴承表面的防锈油碳化。碳化的防锈油会在轴承滚动体和滚道之间变成污染物，对轴承的运行带来潜在威胁。这些问题需要在操作中加以注意。

图 6-6 用烘箱加热轴承

加热到适当时间后，尽快将其套在轴上轴承档的预定位置。操作时要戴干净的手套，防止烫伤或脱手后砸脚，如图 6-7 所示。

4. "电磁炉"式加热器加热法

将轴承放在一种原理与家用电磁炉相同的专用轴承加热器（或称轴承加热盘）上进行加热，如图 6-8 所示。其注意事项与用工频加热器时相同。

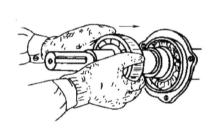

图 6-7   加热后套装

图 6-8 用"电磁炉"式加热器加热轴承

（二）冷装法工艺

所用轴承保持常温状态，用在轴承内圈端面施加压力的方法将其套到轴的轴承档部位的工艺称为冷装配工艺。装配前，在轴的轴承档部位加少量润滑油，会对顺利装配有所帮助，如图 6-9 所示。

使用油压机进行装配时，应设置位置传感器或开关、过压力传感器等装置，以确保压装到位，并且到位后压力就会撤销，以防止再施加更大的压力将轴承或轴损伤。

图 6-9 在轴承档加少量润滑油

图 6-10a 所示为使用立式油压机进行操作，轴承上面放置的是一个专用的金属套筒，抵在轴承内圈上；图 6-10b 为立式油压机。对于较小功率的电机，也可使用

人工手动压力机代替立式油压机进行装配，图6-10c为手动压力机外形示例。图6-10d为使用专用卧式油压机进行操作，其中安装轴承的部件为电机的转子，一次操作同时将两端轴承安装到位。

用榔头击打专用套筒顶部将轴承推到预定位置，敲击时应注意力的方向，要始终保持与电机轴线重合，如图6-11a所示。图6-11b是用专用套筒安装调心轴承的情况。

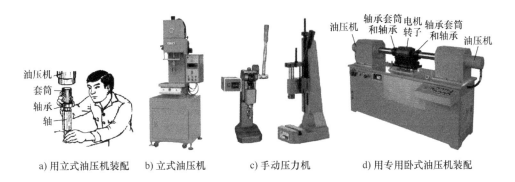

a) 用立式油压机装配　　b) 立式油压机　　c) 手动压力机　　d) 用专用卧式油压机装配

图6-10　用油压机装配

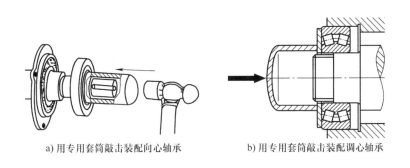

a) 用专用套筒敲击装配向心轴承　　　b) 用专用套筒敲击装配调心轴承

图6-11　用专用套筒装配

在无上述条件时，可用铜棒抵在轴承内圈上。用榔头击打，要在圆周方向以180°的角度，一上一下、一左一右地循环着敲打，用力不要过猛，如图6-12所示。

（三）圆锥内孔轴承的安装工艺

圆锥内孔轴承可以直接装在有相同锥度的轴颈上。

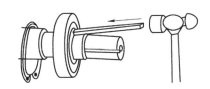

图6-12　用铜棒敲击装配

若安装在圆柱轴承上，则需要通过一个内为圆柱孔外为圆锥面的紧定套，并通过锁紧螺母和防松动垫圈将轴承锁定，上述部件如图6-13所示。

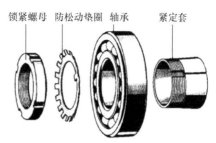

图6-13　将圆锥内孔轴承安装于圆柱轴上所用的部件

其配合的松紧程度可用轴承径向游隙减小量来衡量，因此，安装前应测量轴承径向游隙，安装过程中应经常测量游隙以达到所需要的游隙减小量为止，安装时一般采用锁紧螺母，也可采用加热安装的方法。

单列圆锥滚子轴承安装最后应进行游隙的调整。游隙值应根据不同的使用工况和配合的过盈量大小而具体确定。必要时，应进行试验确定。双列圆锥滚子轴承和水泵轴连轴承在出厂时已调整好游隙，安装时不必再调整。

将圆锥内孔轴承安装于圆柱轴上的步骤如下：

1）一个紧靠轴肩安装的紧定套需要一个间隔套，其设计要使紧定套能在其内凹空间活动，以使轴承与间隔套有良好的接触。若使用无轴肩的平直轴，紧定套要安置在事先确定的位置（包括设计位置和拆卸前记录的位置），或测量以配合轴承在轴承室中的位置。

2）用清洁不脱毛的布将待用的轴承和紧定套内外擦拭干净。之后在配合面上薄薄涂一层矿物油。如图6-14a和图6-14b所示。

3）将轴擦拭干净后，在其配合面上点少许矿物油，套上紧定套。用工具（例如一字口螺钉旋具）将紧定套的开口微微撬开，则可使紧定套在轴上沿轴向移动，如图6-14c所示。

4）将轴承套在紧定套上后，放好防松动垫圈，再用锁紧螺母将轴承锁定，如图6-14d和图6-14e所示。

5）用手转动轴承外圈，应转动灵活，如图6-14f所示。

（四）推力轴承的安装工艺

安装推力轴承时，应检验轴圈和轴中心线的垂直度。方法是将千分表固定于箱壳端面，使表的测头顶在轴承轴圈滚道上边，转动轴承，观察千分表指针，若指针偏摆，说明轴圈和轴中心线不垂直。

推力轴承安装正确时，其座圈能自动适应滚动体的滚动，确保滚动体位于上下圈滚道。如果装反了，不仅会导致轴承工作不正常，且各配合面会遭到严重磨损。由于轴圈与座圈的区别不很明显，装配中应格外小心，切勿搞错。此外，推力轴承的座圈与轴承座孔之间还应留有0.2～0.5mm的间隙，用以补偿零件加工、安装不精确造成的误差，当运转中轴承套圈中心偏移时，此间隙可确保其自动调整，避免碰触摩擦，使其正常运转。否则，将引起轴承剧烈损伤。

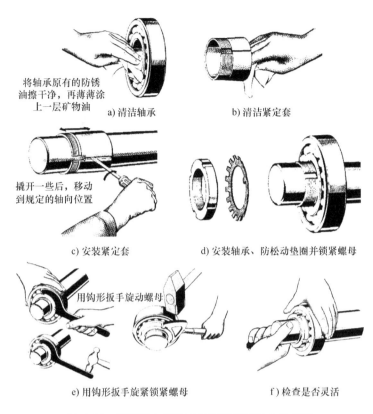

将轴承原有的防锈油擦干净，再薄薄涂上一层矿物油

a) 清洁轴承

b) 清洁紧定套

撬开一些后，移动到规定的轴向位置

c) 安装紧定套

d) 安装轴承、防松动垫圈并锁紧螺母

用钩形扳手旋动螺母

e) 用钩形扳手旋紧锁紧螺母

f) 检查是否灵活

图 6-14　将圆锥内孔轴承安装于圆柱轴上的步骤

（五）分体式轴承（圆柱滚子轴承等）的装配

电机里常用的分体式轴承就是圆柱滚子轴承。其中最常用的是 N 及 NU 系列。分体式轴承其内圈、外圈及滚动体组件是可以分离的，通常装配时也是分别安装。

以 NU 系列圆柱滚子轴承为例。此轴承是由一套轴承内圈组件和一套轴承外圈组件组成（滚动体、保持架和外圈的组合）。在装配时，先将轴承内圈安装到轴上（可以使用热安装或者冷安装）。通常会把外圈组件先置于轴承室内，然后将连带轴承外圈组件的端盖与电机进行组装。

在端盖的组装过程中，轴承外圈组件上的滚动体通常会压在轴承内圈之上。通常此时会有如图 6-15 所示的接触状态。

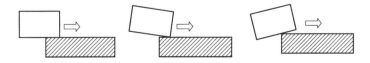

图 6-15　滚子轴承安装时与滚道的接触状态

此时，滚动体和滚道之间承载着端盖的重量。安装时，操作人员为了提高工作

速度，向前推动端盖，会使滚动体在内圈上产生滑动，并在滚道或者滚动体上留下划痕，这些划痕会导致电机运转时轴承产生噪声（参照后文轴承噪声部分的相关案例），或者在滚道表面造成疲劳失效。图 6-16 所示就是圆柱滚子轴承滚道安装时划伤的照片。

图 6-16　圆柱滚子轴承滚道安装时的滚道划伤图

为避免圆柱滚子轴承安装时对滚道表面造成划伤的情况，可以制作一个圆柱滚子轴承安装导入套。这个导入套是一个内径与轴承内径相同（松配合）、外径呈一定锥度的导入装置，导入套锥度高处和轴承内圈滚道齐平，如图 6-17 所示。

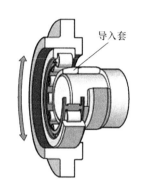

导入套

图 6-17　使用导入套安装圆柱滚子轴承

三、装配后的初步检查

电机轴承装配完成之后，不应该直接投入运行或者直接进行出厂试验。因为如果这样操作，轴承就直接被投入到正常的负载和转速下。一旦安装过程中轴承有什么不妥，在正常负载和转速下很容易对轴承造成不可逆损伤。因此安装完毕之后，应该先做一些初步检查。

对于中小型电机，轴承安装完毕之后，操作人员应该用手盘动电机轴，使轴承慢慢转动。这种转动在初期可以帮助轴承内部油脂的匀脂，同时可以观察轴承运转是否顺畅，是否有异常的振动和声音。如果有异常发生，应及时寻找原因，并进行修正。此时轴承仅仅初步旋转，多半并未造成损坏，及时纠正问题，尚可使用。

对于中大型电机，可以通电使其起动后，运转很短的时间就断电，让转子自由滑动，以此来观察轴承运转情况。无异常时，便可投入出厂试验运行。

由于中大型电机其主轴伸端经常使用圆柱滚子轴承，轴和轴承室的偏心会对轴承运行造成很不利的影响。可以使用如下方法进行测量。

在轴承内圈上安装一个千分表，然后将轴承旋转 180°，测量此过程中的最大径向尺寸偏离值 d_x（轴向圆跳动），如图 6-18 所示。然后用下式计算偏心值（不对中角度）：

$$\beta = \frac{3438d_x}{D_0}$$

式中　β——不对中角度（′）；

　　　d_x——最大轴向尺寸偏离值（μm）；

　　　D_0——轴承外径（mm）。

一般地，圆柱滚子轴承能容忍的最大偏心角度为 $2' \sim 4'$。因此测量结果大于此值时，需要进行纠正，以避免影响圆柱滚子轴承寿命。

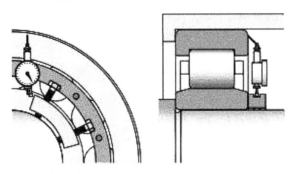

图 6-18　用千分表测量径向圆跳动

第二节　滚动轴承的密封

为了使轴承保持良好的润滑条件和正常的工作环境，充分发挥轴承的工作性能，延长使用寿命，滚动轴承必须具有适宜的密封，以防止润滑剂的泄漏，以及灰尘、水汽或其他污物的侵入。

轴承的密封可分为自带密封和外加密封两类，可只有其中一类，但一般同时具有两类。

一、自带密封

所谓轴承自带密封就是把轴承本身制造成具有密封性能的装置，如轴承带防尘盖、密封圈等。这种密封占用空间很小，安装拆卸方便，造价也比较低。自带密封装置分一面或两面接触或非接触骨架式橡胶密封圈、一面或两面防尘盖、一面为骨架式橡胶密封圈另一面为防尘盖等多种类型，利用在轴承规格型号后置代号的形式给出，这些内容已在前面的章节中进行了详细的介绍。

二、外加密封

所谓轴承外加密封，就是在安装端盖等内部制成具有各种性能的密封装置。

（一）对轴承外加密封选择应考虑的主要因素

1）轴承润滑剂和种类（润滑脂和润滑油）；

2）轴承的工作环境，占用空间的大小；

3）轴的支承结构特点，允许角度偏差；

4）密封表面的圆周速度；

5）轴承的工作温度；

6）制造成本。

（二）外加密封的分类

外加密封又分为非接触式与接触式两种。

1. 非接触式密封

非接触式密封就是密封件与其相对运动的零件不接触，且有适当间隙的密封。这种形式的密封，在工作中几乎不产生摩擦热，没有磨损，特别适用于高速和高温场合。常用的非接触式密封有间隙式、迷宫式和垫圈式等各种不同的结构形式，分别应用于不同场合。非接触式密封的间隙以尽可能小为佳。

图6-19是最常用的沟槽式、迷宫式和较大容量小型设备使用的"挡油盘"（又称为"甩油盘"）式装配剖面图。

沟槽式在小型机械中应用最广泛，如图6-19a所示。运行时，沟槽将充满润滑脂，从而起到防止灰尘及水分进入到轴承中，同时轴承中多余的润滑脂可通过它排出的作用。一般情况下，沟槽的宽度为3～5mm，深度为4～5mm。

迷宫式的结构相对复杂，分为径向和轴向两种，图6-19b给出的是轴向式。这种结构的密封效果强于沟槽式。图6-19b中间隙 a 和 b 的大小根据轴径 D 的大小来确定，$D < 50$mm 时，$a = 0.25 \sim 0.4$mm，$b = 1 \sim 2$mm；$D \geqslant 50 \sim 200$mm 时，$a = 0.5 \sim 1.5$mm，$b = 2 \sim 5$mm。

图6-19c给出的是"挡油盘"式装配剖面图。"挡油盘"安装在轴承室内的转轴上，随转轴转动。它的作用一方面是只能让轴承中的多余或"失效"的润滑脂从其边缘缝隙中流（甩）出；另一方面是防止外来灰尘及甩出废油脂回到轴承中。

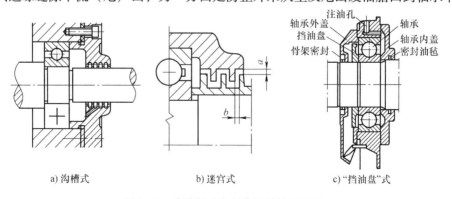

a) 沟槽式　　　　b) 迷宫式　　　　c) "挡油盘"式

图6-19　非接触式密封典型结构剖面图

2. 接触式密封

接触式密封就是与其相对运动的零件相接触且没有间隙的密封。这种密封由于密封件与配合件直接接触，在工作中摩擦较大，发热量亦大，易造成润滑不良，接触面易磨损，从而导致密封效果与性能下降。因此，它只适用于中、低速的工作条件。接触式密封常用的有毛毡密封式、骨架皮碗密封式等结构形式，其典型结构剖面图如图 6-20 所示。图 6-21 给出了一些轴密封圈示例。

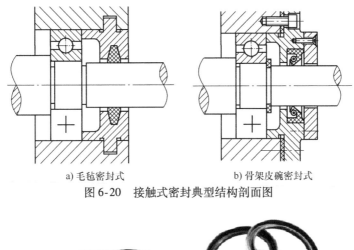

a) 毛毡密封式　　　　　　　　　b) 骨架皮碗密封式

图 6-20　接触式密封典型结构剖面图

图 6-21　轴密封圈示例

第三节　滚动轴承的拆卸工艺

在一些情况下，需要对轴承进行拆卸。一般而言轴承的拆卸以减少对轴、轴承以及轴承室的伤害为重要原则。拆卸过程中对轴承造成伤害的风险很大，因此多数厂家都建议重新使用已经拆卸过的轴承。但是对于失效分析而言，减少对轴承的拆卸，可以大大减少失效分析中的干扰因素，有利于查找造成问题的原因。

一、拆卸工具

（一）拉拔器

拆卸滚动轴承用的拉拔器有手动和液压两大类，另外还可分为两爪、三爪、可换（调）拉爪、一体液压和分体液压等多种，如图 6-22 所示。

安装拉拔器时，在轴伸中心孔内应事先涂一些润滑脂，可减少对该孔的磨损。若拆下的轴承还需要使用，则钩子应钩在轴承内环上，这样操作可减少对轴承的损坏程度，配合图6-22e所示的专用轴承卡盘可保证这一点。使用中，拉拔器要稳住，其轴线与轴承的轴线要重合，旋紧螺杆时用力要均匀。当使用很大的力还不能拉动时，则不要再强行用力，以免造成拉拔器螺杆异扣、断爪等损坏。

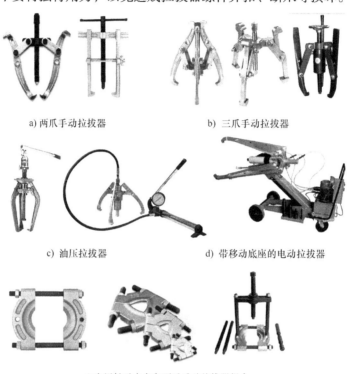

a) 两爪手动拉拔器   b) 三爪手动拉拔器

c) 油压拉拔器   d) 带移动底座的电动拉拔器

e) 专用轴承卡盘和两爪手动拉拔器组合

图6-22　拉拔器

（二）喷灯

1. 喷灯的种类

喷灯用于加热轴承内圈，使轴承内圈受热膨胀后，便于轴承从轴上拆下。一般在使用拉拔器拆卸比较困难时使用。按使用的燃料来分，有煤油喷灯、汽油喷灯和液化气喷灯三种，如图6-23所示。用此方法拆卸的轴承通常不建议再次使用，同时，喷灯容易造成轴的损坏。

2. 喷灯的使用方法

对燃油喷灯，使用时，加入的燃油应不超过筒容积的3/4为宜（不可使用煤油和汽油混合的燃油），即保留一部分空间存储压缩空气，以维持必要的空气压力。点火前应事先在其预热燃烧盘（杯）中倒入少许汽油，用火柴点燃，预热火焰喷头。待火焰喷头烧热、预热燃烧盘（杯）中的汽油烧完之前，打气3～5次，将放油阀旋松，使阀杆开启，喷出雾状燃油，喷灯即点燃喷火。之后继续打气，至

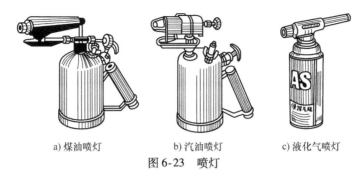

a) 煤油喷灯　　　　b) 汽油喷灯　　　　c) 液化气喷灯

图 6-23　喷灯

火焰由黄变蓝即可使用。应注意气压不可过高，打完气后，应将打气手柄卡牢在泵盖上。

应注意控制火焰的大小，使用环境中应无易燃易爆物品（含固体、气体和粉尘），防止燃料外漏引起火灾，按要求控制加热部位和温度。

使用过程中，还应注意检查筒中的燃油存量，应不少于筒容积的 1/4。燃油存量过少将有可能使喷灯过热而出现意外事故。

如需熄灭喷灯，则应先关闭放油调节阀，待火焰完全熄灭后，再慢慢地松开加油口螺栓，放出筒体中的压缩空气。旋松调节开关，完全冷却后再旋松孔盖。

二、拆卸工艺

拆卸轴承（大部分是已经损坏不可再用的，少部分是还可以使用的）是电机维护保养中较常做的一项工作。根据所具有的设备条件，具体操作工艺如下。

（一）用拉拔器拆卸

用拉拔器拆卸轴承的操作如图 6-24a、图 6-24b 和图 6-24c 所示。对还可继续

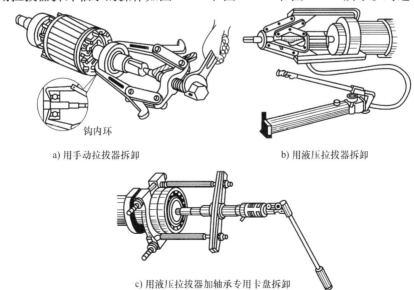

钩内环

a) 用手动拉拔器拆卸　　　　　　　　b) 用液压拉拔器拆卸

c) 用液压拉拔器加轴承专用卡盘拆卸

图 6-24　用拉拔器拆卸滚动轴承

使用的轴承，应注意将拉拔器的钩爪钩在轴承内圈端面上，如图 6-24a 所示。当工作间隙较小，钩爪不能深入时，则可选择如图 6-24c 所示的合适尺寸的专用卡盘进行拆卸。

（二）用铜棒敲击拆卸

用铜棒抵在轴承内圈处，用锤子击打铜棒。抵在轴承内圈上的点应在其圆周上布置 4 个以上，如图 6-25 所示。

（三）夹板架起敲击拆卸

将转子放入一个深度合适的桶中或支架下，将要拆下的轴承用两块结实的木板夹住并托起。为避免转子突然掉下时墩伤下端轴头，应在下面放一块木板或厚纸板、胶皮等。用木板垫在上端轴端，用锤子击打至轴承拆下。在轴承已松动后，应用手扶住转子，防止偏倒造成磕伤，如图 6-26 所示。

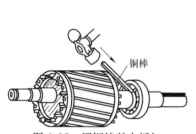

图 6-25　用铜棒敲击拆卸

图 6-26　用夹板架起敲击拆卸

（四）加热膨胀后拆卸

当轴承已损坏，用上述方法又难以拆下时，可先打掉轴承滚子支架，去掉外圈，再用气焊或喷灯加热轴承内圈外圆，加热到一定程度后，借助轴承内盖则可轻松地将其拆下，如图 6-27 所示。

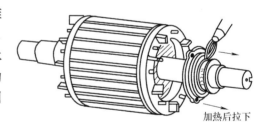

图 6-27　加热膨胀后拆卸

（五）外圈的拆卸

拆卸过盈配合的外圈，事先在外壳的圆周上设置几处外圈挤压螺杆用螺钉，一边均等地拧紧螺杆，一边拆卸。这些螺杆孔平常盖上盲塞，圆锥滚子轴承等的分离型轴承，在外壳挡肩上设置几处切口，使用垫块，用压力机拆卸，或轻轻敲打着拆卸。

（六）锥孔轴承的拆卸

拆卸小型的带紧定套的轴承，用紧固在轴上的挡块支撑内圈，将螺母转回几次后，使用垫块用榔头敲打拆卸。

大型轴承，利用油压拆卸法更加容易，在锥孔轴上的油孔中加压送油，使内圈膨胀，拆卸轴承。操作中，有轴承突然脱出的可能，最好将螺母作为挡块使用。

第七章 电机运行中的轴承噪声与振动分析

第一节 电机噪声相关知识

一、噪声概述

在电机运转过程中，常见的机械故障主要表现之一是电机轴承产生的噪声和振动。而电机轴承产生的噪声不仅仅是一个听感不良的体现，更多情况下是反映了电机内部潜在的某些故障，因此这个问题也成为所有电机生产技术人员和电机使用人员十分关心的问题。

电机轴承的噪声是一个十分复杂的问题。首先，电机轴承噪声受很多外界因素的影响，其测量的标准方法需要很多特定的试验条件，因此在实际生产实践中难以准确实现。同时，即便完成了电机噪声的测试，其总体噪声又掺杂着电磁噪声、风扇噪声等诸多因素，非常难于从中分离出专门的轴承噪声。这样一来，电机轴承噪声测量本身的难度就比较大了。实际上，很多时候，现场是能靠人的听觉来粗略地评价和判定。而对轴承噪声的测量除了基本的声音大小以外，更具体的判断需要很多的专业知识。所有的这些都为电机轴承噪声的判断增加了难度。

进而，除了对电机轴承噪声的测量和判断都比较困难以外，对电机轴承的噪声进行专业的分析并且得到一些根本原因分析和改进措施，对于电机设计人员而言就是更加困难的事情了。

目前，国际上和国内的轴承和电机的应用技术发展已经相对成熟，在很大程度上可以对电机轴承的噪声问题做出清楚的解释。本章就此问题进行一定程度的介绍，其背后涉及声学、振动学、轴承理论等诸多方面的知识。为使电机设计人员从应用领域掌握电机轴承噪声问题及其基本解决方法，本章就这些知识仅做应用性介绍，如需深入了解相应的理论知识，可以寻找相应的专业书籍进行深入学习。

二、噪声与振动的定义及其关系

噪声和振动经常在实际工作中并行提出来，但是两者之间既有联系，又有区别。振动，是一个状态改变的过程，即物体的往复运动。当物体的振动产生声波，而声波通过介质（固体、空气或者流体等）并能被人或动物的听觉器官感知时，就是我们所说的声音。从这个定义可以看出，振动是一个起因，而声音是被感知器官感受到的一个结果。

并不是所有的振动都能被人的耳朵听到。量度声音有几个重要的指标，诸如响度、声强、波长和频率等。超出人耳听力频率范围的声音，不论响度多大，人都不能够听到（或者说感觉得到）。日常可见的例子就是超声波，不论该音量多大，人都无法听到。人耳能听到的声音范围叫作可听频域，在这个范围内，响度弱到一定程度时，人也是听不到的。这个人能听到的最低响度，就是我们说的"听阈"。而当响度达到使人耳疼痛的程度时，此时的声音强度成为"痛阈"。通常我们听到的声音，就处在这个可听频率下的"听阈"和"痛阈"之间。

仅仅有可听频域的声音，但没有媒介传播它使其进入人的听觉器官，人们依然听不到。日常传播声音的媒介是固体和空气。

通过空气传播的声音，就是我们所说的空气声（Airborne Noise）。通过固体传播的声音，就是所谓的结构声（Structure – borne Noise）。

第二节　电机轴承噪声

在电机中，噪声和振动的关系与前面的概念无异。所有我们听到的电机噪声（包括轴承噪声）都是由振动源（或称为激励）通过媒介（例如空气）传播出来，被我们人耳听到的。其实，一台运转的电机中，也有些振动由于超出了可听频域，并不能被我们听到。

一、电机噪声的基本来源

电机的噪声通常分为机械噪声和电磁噪声。

可听电磁噪声是由于某些电磁振动所产生的声音经由媒介传播出来，被我们听到。比如线圈在电磁场中的微观振动，铁心叠片在电磁场中的微观振动等。

机械噪声包括内外风扇旋转、轴承旋转等机械运动的激励源引发的可听噪声。

二、电机轴承噪声及其传播

电机中的轴承噪声，是指由于轴承运动而使轴承或相关部件发生振动而激励出的噪声。在这个噪声中，轴承作为激励源，是噪声的起源。轴承噪声通过空气振动而被人耳听到。

但是，轴承这个激励源是和轴以及轴承室紧密联系的。轴承引起的振动，首先是振动空气，发出直接的空气声。还有另一个十分重要的方式是，轴承将振动传播给轴以及轴承室（机座），轴和机座就变成了这个振动的放大器，从而激励周边空气产生另一部分很主要的空气声。

由此，通常电机运转时，我们听到的声音（此处指轴承噪声）其实是轴承自身发出来的，以及轴承自身振动经过机座和轴放大之后发出来的空气声。

三、电机轴承的噪声简述

电机轴承的噪声，就是指以轴承为激励源产生的噪声。前面说明了电机轴承噪声的传播。下面就轴承本身作为激励源的运行状态做一些探讨，将大致讲述轴承正常运行状态下，轴承内部的运动情况，以便于理解后续讨论。

关于轴承作为激励源产生的噪声有如下几种情况：

1）世界上不存在完全安静的滚动轴承。即使是一个质量非常优秀的轴承，运行在非常合适的工况下，由于其自身的运动，也会产生一些振动，从而出现噪声。这种振动和噪声是无法避免的。

2）任何机械加工都会存在误差，即便是质量最优秀的轴承，在其加工制造过程中也不可能达到完美。所谓合格的轴承产品，是这种机械加工误差处于合格的容差带以内。既然存在加工误差，则这些加工误差在轴承运行时就会产生一些振动和噪声。因此这一类噪声也是无法彻底避免的。

上面这两类轴承噪声，由于其设计和运行原理的原因，以及工艺特性不可避免的误差，因此这些噪声是轴承本身固有的，无法消除的。只要轴承的加工制造处于合格的范围之内，这些噪声就属于正常噪声，并不会很大程度上影响轴承本身的寿命等性能。作为电机设计人员，只能区分不同加工厂家以及品牌正常噪声的水平，其他的便无能为力了。

当然，对听感的挑剔，随着行业的不同（比如家电行业），有不同的偏好。但是另一方面，加工精度的提高，会带来轴承制造成本的大幅度提高。同时，由于轴承和轴以及轴承室存在配合关系，单纯提高轴承本身的制造精度并不能决定最后轴承内部运行尺寸的改变会等比例提高精度（尤其是形位公差）。这方面内容会在后续展开介绍。因此，也不应该完全依靠提高轴承精度来改善电机轴承的噪声。

除去上述原因，电机轴承噪声通常还会因为轴承某处存在缺陷等因素而产生。由于这些因素产生的电机轴承噪声会反映轴承或者电机内部的某种潜在的问题。这些潜在的问题在电机安装、使用和运行过程中，威胁着轴承运行寿命，因此要着力消除。通常这类因素也可以通过电机设计人员的设计选型、工艺控制等手段得以消除。这类噪声叫作电机轴承的非正常噪声。后文将具体介绍。

四、电机轴承正常运行状态分析和振动噪声

了解轴承在电机中的运行状态，有利于分析电机轴承内部产生的噪声，并有助于找到解决方法。

用普通中小型卧式内转式电动机深沟球轴承作为例子进行分析，其他工况可以

以此类推。

在这类电机中，通常轴承内圈和轴之间的配合比轴承外圈与轴承室的配合更紧些。电机起始状态是静止的，在这种情况下，处于轴承下半部分负荷区的滚动体承受这个静止向下的径向负荷，而处于上端非负荷区的滚动体不承受负荷。同时，轴承的剩余游隙全部积累到轴承上部，如图7-1所示。

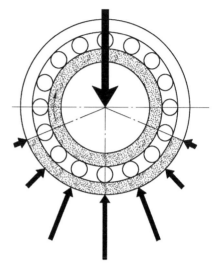

图7-1 电机静止时轴承承受的负荷区

当电动机通电后，电机内部的电磁转矩带动电机转子开始旋转。电机轴和转子旋转时，由于轴和轴承是紧配合，因此轴承内圈被轴带动开始旋转。在轴承的负荷区，滚动体和滚道之间存在正压力，同时又有内圈相对旋转的趋势，因此就会捻动滚动体，形成滚动，也就是滚动体的自转和公转。

（一）轴承运行时内部固有的自身振动噪声

1. 轴承滚动体和保持架之间的碰撞

电机起动时，在负荷区内部的滚动体开始沿着滚道滚动（公转）时，保持架还没有开始运动。当滚动体推动保持架时，保持架才有了运动（自转）。滚动体公转推动保持架自转的推动力，就是滚动体主动和保持架之间的碰撞，因此会产生一定的振动和噪声。

另一方面，起动之前在非负荷区，滚动体未受到任何公转推力。而当保持架受到负荷区滚动体推力产生自转时，非负荷区的滚动体就会受到保持架的推动而产生公转。这种保持架主动和滚动体发生的碰撞，同样会产生一定的振动和噪声。

上述过程描述了电机起动过程中轴承内部的运行状态，而当电机停止时，轴承内部的运动就是起动状态的反过程，读者可以自行推断理解。

除了电机的起动和停止过程，在电机的稳定运行状态下，电机可能是定速运行或变速运行。电机变速运行是轴承内部状态和电机起动停止时相似，此处不赘述。

当电机稳定恒速运行时，滚动体在负荷区外，由于油脂和空气的阻尼作用，有减速趋势，而保持架并未减速，因此依然存在保持架不规律地推动滚动体的状态。而当滚动体已进入负荷区时，滚动体又有一个加速的趋势，也可能和保持架存在一个碰撞；另一方面，保持架由于自身的重力，总有一个下落的趋势，会和滚动中的滚动体出现碰撞。这些都会产生噪声。

工程实践中的甄别和应对方法如下：

滚动体和保持架正常运动时的碰撞在电机轴承运行的过程中不可避免。因此在实际运行的轴承中会掺杂这样的噪声。从前面的机理可知，在电机稳定运行时，这类噪声应该是稳定和均匀的声音。在电机起动时，这个声音由单点的声音提高频率慢慢变成稳定速度下的均匀稳定声音。这种声音是正常存在的，并不能反映电机轴承的潜在故障，因此是可接受的。这样的噪声存在于各类电机常用的滚动轴承之中。

电机中经常使用的深沟球轴承或角接触球轴承，如果承受了轴向负荷，则所有的滚动体都会承受负荷，因此会大大减弱滚动体和保持架自身的互相推动和碰撞，因此会很大程度地减小这个因素带来的噪声。

基于这个道理，我们在工程实际中，经常对工业电机中使用的深沟球轴承施加一个轴向预负荷，这样，轴承内部的所有滚动体都会被压在滚道之上，当电机运转时，就不存在非负荷区滚动体被保持架推动的因素，由此而带来的振动和噪声就消除了。这也是电机设计中常用的减小深沟球轴承噪声的方法。通常这样的预负荷是通过使用波形弹簧或者柱弹簧的方式来施加。

2. 轴承内部滚动本身的噪声振动

在电机正常运转时，我们观察到轴承最下端的地方，要么是有一个滚动体，要么是有两个滚动体。并且这两个状态总是相互交替着。而此时，轴承内圈滚道最低点和轴承外圈滚道最低点的距离就出现一个交变，这个距离的最大值是一个滚子的直径（不考虑弹性形变）h_1，这个距离的最小值是当轴承内圈最低点处于两个滚动体间距中点时的距离 h，如图7-2所示。

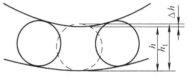

图7-2　运转时轴承最下端滚动体的交替

这种内圈滚道最低点的交变带来了轴中心线对于电机本身中心线之间的振动。这种振动由轴承产生，经由电机轴及轴承发出。这也是电机轴承振动噪声的一个来源。

工程实践中的甄别和应对方法如下：

由于负荷区最低点滚动体的交替而带来的轴振动通常是不可避免的。但是这类振动，相对而言，轴径越大就越不显著。这类振动依然与轴承转速和滚动体个数有关，其频率也随着这两个因素的变化而变化。但无论如何，在给定轴承稳定转速的前提下，这个振动仍然应该是均匀和稳定的。通常而言，这类振动在立式电机中不会发生，其中的原因可以基于前面振动机理的描述轻易得出，此处不赘述。

3. 轴承滚动体进出负荷区时的振动和噪声

电机轴旋转时，滚动体从非负荷区到负荷区的进入和出离，都会在滚道上产生相对滑动，同时和保持架也会发生碰撞。再考虑滚动体和滚道本身的挠性，这些因素也同样会产生相应频率的振动和噪声。

（二）电机轴承的啸叫声问题

除了产生滑动和挠性以外，实际工况中还有另一类十分广泛存在的噪声发生在滚动体进出负荷区时。这种噪声的发生对于圆柱滚子轴承更为常见，有时也会出现在深沟球轴承中。其表现是电机运行在一定速度下时，轴承发出非常尖锐的啸叫声。现场如果加入一些油脂，这个啸叫声就会消失。
而当轴承内部匀脂完毕，多余油脂被挤出时，这个
噪声又会出现。一旦这种噪声出现，通过检查轴承、
轴及轴承室等其他零部件，都没有查到异常。轴承
送去检验，各项指标也符合标准。在这个情况下，
这个噪声的来源应该是在滚动体进入负荷区时发生
的。发生的机理如下。

负荷区

图 7-3　滚动体进入负荷区
时的径向振动

1. 产生啸叫声的原因分析

前已述及，当滚动体进入负荷区时，内圈滚道
和外圈滚道之间就形成了一个进口大、出口小的楔
形通道。当轴承在一定速度下旋转时，由于表面粗糙度等外界因素，轴承滚动体存
在一个在内外圈之间的振动，如图 7-3 所示。当这种振动在一个相对宽泛的空间
时，现象并不明显。但是当这个空间在滚动体进出负荷区的地方出现急剧减少，而
滚动体的公转速度不变时，就会使滚动体沿着径向振动的频率变高。这种情况和我
们日常拿乒乓球拍在球台上按下乒乓球时的状态相似。当我们按下球拍时，乒乓球
在球拍和球桌之间的振动频率增加，我们可以听到声音非常明显地变得尖锐起来。
对于高速运转的轴承，会发生同样的情况。当轴承转速达到一定值时，滚动体会发
生高频振动，宏观上就会出现尖锐的高频噪声。

2. 工程实践中对轴承啸叫声的甄别和应对

电机轴承的啸叫声是大多数客户经常遇到的问题，通常在不了解其机理时非常
难以理解和接受。针对这类噪声的甄别方法可以使用仪器针对特定频率进行甄别，
但是着眼于日常工程实践，在现场可以判断这类噪声的基本方法有三种：第一，这
类噪声频率很高，很尖锐，因此呈现啸叫的效果；第二，这类噪声通常在某一个转
速段出现，当电机运行离开这个转速段时，这个噪声就会减弱或消除。通常这类啸
叫声不会出现在低速的情况下；第三，在电机轴承室内添加过量油脂，噪声会有缓
解，但是当油脂被挤出，噪声重复出现。具备了以上的特点，通常我们可以判定是
滚动体进入负荷区的楔形空间而出现的高频振动带来的啸叫声。

这类啸叫声，有一些解决手段。我们知道，滚动体进入负荷区的楔形空间时才
会出现这类振动，那么如果我们可以减少这个楔形空间的楔形度，就会改善这类
噪声。

对于深沟球轴承，一旦对轴承施加了轴向预负荷，滚动体就不存在进入负荷区
的过程，因此这个噪声就会被消除。

但是对于圆柱滚子轴承，通常无法通过施加轴向预负荷的方法来影响轴承内部
的径向游隙。因此，在工程实际中就是选用相对小一点的轴承游隙。当然，单纯减
少轴承游隙也会有相应的风险，因此需要根据实际情况适度减少。这其中就需要技
术人员根据实际工况进行选择。

某电机生产厂出现大面积圆柱滚子轴承啸叫声，我们建议用 C3L 游隙的轴承代替原来的 C3 游隙的轴承，结果啸叫声问题得到了改善。此经验可以给电机设计人员一个提示。

除了改变楔形空间的楔形度外，在轴承内部增加阻尼，也可以减少此类振动。通常的方法是选用稠度高一些的油脂。和前面减小游隙一样，提高油脂的稠度也需要平衡其他因素，以求得到最好的选择。但是增加阻尼的方法只是当这种振动出现时减少振动，并不能削弱其根源，因此相较之前的方法，此方法的有效性会略差。

（三）轴承内部搅动润滑的振动和噪声

运行的轴承内部都会施加一定量的润滑。在工业用电机中，油脂是被广泛使用的润滑介质。轴承运转时，滚动体在滚道内对油脂的相对运动相当于对油脂进行搅拌。而油脂通常而言不应该在轴承腔内部被填满，这种搅拌也会带来一定的噪声，通常而言，出现此类噪声的情况并不会太多。如果由于某些原因造成润滑不良，滚动体和滚道接触的地方出现了滑动，则也会产生相应的噪声。当然这种情况下会伴随着更多的发热，并且发热的现象将比噪声更加显著。

轴承滚动体搅动润滑剂的这部分在轴承摩擦计算中计入了搅动油损失。这部分的损失是不可避免的。但是这种搅动带来的声音在整个轴承噪声中所占比例不大。油脂稠度越低，这类搅动带来的能量损失越少。反之亦然。但是不应该单纯地为了这部分损失而降低轴承润滑油的稠度，以避免润滑不良带来的轴承失效。

工程实际中，也经常出现润滑不良带来的噪声。通常这种噪声会伴随着温度的迅速升高，如果不及时处理，会迅速地烧毁轴承。这类噪声通常听起来尖锐、无规律，伴随轴承局部温升过快。一旦有这类现象，应及时检查轴承润滑。

（四）其他固有的振动和噪声

轴承在电机里运转，还有很多其他可能带来振动和噪声的地方。当使用密封轴承时，密封件和唇口之间会产生一定的摩擦，带来一定量的噪声。在极低转速时轴承内部滚动体跌落和保持架碰撞也会产生一定的噪声等。笔者多年前研发永磁无齿曳引机时，在进行低速调速试验时（当时最低转速曾经调整到 0.5r/min）使用的 22222 球面滚子轴承在运转时会听到明显的"哒哒哒"的滚动体跌落声。而对此声音，只有通过增加润滑阻尼的方法得以缓解（后面还有详述）。

（五）轴承合理加工偏差带来的轴承噪声和振动

和所有机械零部件的加工一样，轴承的加工虽然对精度要求很高，但也总是要在一定的公差带范围内得以实现。因此也必定带来一些加工偏差引起的影响。在加工偏差中，尺寸误差和形状位置误差（形位误差）是两个主要的范畴。相对而言，形位偏差对轴承的运行振动和噪声影响相对较大。

我们用一些日常常见的例子来说明。一辆汽车行驶在路面上时，我们会感受到车子在行驶的过程中出现振动。能使车子振动的情况有如下几种：①上坡下坡；②路面不平，路面坑坑洼洼或散布着小石子；③车轮不圆。

如果假设轴承的内径和地球直径一样大，滚道可以被看作路面，在滚道上面滚动的滚动体被就可以看作汽车的车轮。从上面例子可以类比看出，轴承转动时引起的振动和噪声也就就是由"路面"或者"车轮"的问题引起的。

放在轴承上就是轴承内外圈和轴承滚动体形位公差引起的振动和噪声。

1. 轴承滚道加工偏差带来的振动和噪声

在上面的类比的例子中，轴承滚道的圆度和波纹度相当于路面的上下坡和平整程度。轴承滚道表面的加工缺陷，相当于路面上的小石子。当滚动体滚过滚道时，这些"上下坡"和"小石子"就使"车子"出现振动和噪声。通常在轴承生产制造中会通过控制滚道的波纹度和加工缺陷来控制轴承圈的质量。对于轴承圈而言，就是圆度、波纹度、表面粗糙度、磕碰伤等因素。关于这方面的数字和计算，轴承行业内有非常完整的公式和介绍，本书不做具体展开。

中小型轴承生产制造完成之后，都会对其进行振动的检测。国内外都有相应的测试仪。这些仪器检测的都是轴承的振动，而不是轴承的噪声。测试仪对轴承施加一定的轴向径向负荷（根据相应的测试标准），然后通过检测探头探测轴承在低频、中频和高频的振动，并以数字或者指针的方式显示出来（具体测试用的仪器仪表和测试方法等都有相应的国标，此处不赘述）。有的仪器还会经过信号转换，将这些振动信号用扬声器传递出来，听感上会觉得是在做噪声测试，经常被人们误解，这里一并澄清。

轴承生产厂家之所以检测轴承组装之后的振动，就是用以检查轴承各个零部件的加工误差累计之后的情况是否达标。实际上这是对滚道加工参数的检验。

现在有不少电机生产厂也购买了轴承振动测试仪。其实电机设计人员是想用此方法来大致判断轴承安装之后的噪声情况。事实上，经常会发现轴承振动测试仪测试的结果和轴承装机之后噪声测试结果总体上不具有很好的对应性。这是因为振动测试仪仅仅检测了轴承内部的加工水平，首先，这个加工水平在轴承出厂前很多都进行了检测；其次，轴承装机后的噪声并不仅仅是由轴承滚道加工水平决定的。不难发现，本章描述的诸多产生轴承噪声的原因中，滚道精度仅仅是其中之一。

2. 轴承滚动体加工偏差带来的振动和噪声

滚动体的加工偏差，就如同我们开了一辆汽车，而汽车的轮胎并非圆形，这样，不论路面如何平整光滑，汽车行驶的过程中都会出现振动。对于轴承滚动体就是指它的圆度，以及滚动体表面是否有损伤等。同样地，这些偏差及损伤都可以通过轴承振动测试仪得到测试的结果。

同轴承滚道偏差引起的振动一样，轴承业内滚动体圆度等对轴承振动的分析也十分完备，本书不赘述。

（六）**轴承正常振动和噪声的判别**

本节中谈到的轴承噪声指的是轴承在正常使用情况下会出现的噪声。其中所说的"正常使用"包含了安装、拆卸、润滑、污染等操作因素。这是轴承运行起来发出的固有振动噪声，以及轴承由于加工、生产、制造等因素而引起的振动和噪声。对于一些由于运动的物理特性的原因，电机设计人员可以通过一些手段加以减轻或消除。相应的另一些固有物理特性的振动和噪声却不可消除。但是对于一些轴承生产、加工原因带来的振动和噪声，电机设计人员作为使用者是无法施加影响的。

所以从上面的内容可以得到结论：对于合格的轴承，也必定存在一些振动和噪声，而这些振动和噪声在稳定的转速和负荷之下的共同特点是"均匀、稳定"。不同品牌轴承的质量差异就在于这种均匀稳定之后的轴承噪声的幅值会有所不同。比如改善保持架形状和材质等会影响这种正常噪声。但是无论如何，这种均匀稳定的噪声并不是潜在问题的反映，因此都不能算作不正常的噪声。

五、轴承的非正常振动和噪声产生的原因分析

前面讨论了电机轴承中正常的振动和噪声。除此之外，还有很多在使用过程中轴承发出的振动和噪声。这一类轴承振动噪声完全是由于使用状态不正确引起的，是可以通过修正错误的操作而消除的。

下面就这类振动和噪声做深入讨论。

首先，这类振动和噪声我们称之为非正常噪声。前面已谈及，正常的轴承噪声的特点是"均匀、稳定"，那么，我们在此所说的振动和噪声表观上的特点就是"不均匀，不稳定"。这里的"不均匀，不稳定"也包括一些周期性出现的噪声。常见的有周期性的高频噪声、偶尔出现的"咔啦"声和尖锐刺耳的轴承噪声等。我们试着根据一些情况进行分类介绍。然而，我们无法根据噪声进行精准分类，再根据分类进行分析。原因是：

其一，噪声无法精确地描述，听感更无法形容。期间的形容，描述的表达和理解之间容易出现偏差，对读者会造成误导。

其二，某种噪声往往可能是由几种不同原因导致的，并且有些不同原因导致的噪声，听感上相似。因此，难以按照这个逻辑分类。

基于以上考虑，我们用轴承使用不当的分类来探讨轴承噪声会更加便于描述。

请读者注意，日常工况中遇到的问题，解决问题的逻辑往往是相反的。一般情况都是听到了噪声，然后去抽丝剥茧找问题所在。所以，在了解本书的逻辑之后，大家根据掌握的知识，判断听到噪声的可能性，然后逐一排查，这才是最常用的电机轴承噪声故障的排除方法。

（一）轴和轴承室的形位偏差带来的振动和噪声

前面已谈到，轴承滚动体在滚道上的运行就犹如汽车行驶在路上。如果路不平坦，则轴承就会发出振动和噪声。在一般的工业电机中，轴承圈和轴或者轴承室都会有一定的配合关系，有的是过渡配合，有的是过盈配合。以普通的内转式电机为例，通常这类电机轴承内圈和轴之间是相对紧的配合（过盈配合），而外圈相对于

轴承室是相对较松的配合。假如轴承内、外圈都是合格的尺寸和形位公差，而轴的尺寸和形位公差有问题，那么轴承在安装之后，轴就会涨紧轴承内圈，从而使滚道部分的尺寸和形位公差超差。这就相当于平整的公路修建在不平整的路基之上，开在上面的汽车一样会感受到振动。因此，轴的尺寸和形位公差对轴承内圈形位公差的影响不容小觑。

另一方面，轴承室和轴承之间的配合相对较松。以轴承室的圆度为例，轴承室若呈椭圆形，则椭圆的长轴可能接触不到轴承的外圈，椭圆的短轴可能夹紧轴承的外圈，这样对轴承外圈的支撑是不均匀的，当滚动体滚过时，由于挠性的影响，一样会产生振动和噪声。

我们在北方某电机生产厂就曾遇到过一个圆柱滚子轴承在一台大电机中发出周期性的尖锐噪声。通过检测轴承室的形位公差，结果测量出了近似"多边形"的轴承室。由此找到轴承噪声的原因。

从上面案例看到，这类由圆度较差带来的电机轴承噪声很可能是一种周期性的噪声。均匀的周期性噪声有时频率高。

当然，除了圆度以外还有锥度、圆柱度等因素。在工程实际中，有些简便的方法可以用来测量轴和轴承室的形位公差。严格意义上说，这些测量方法只有定性的功能。但是通过这些简单方法，大致可以得到最初的判断。

电机端盖轴承室直径和圆柱度的检测方法如下：

用内径千分尺或内径百分表在轴承室内距两端 3 ~ 5mm 处的截面上分别互成 45°的各测量一次轴承室的直径，如图 7-4 所示。

取每端两个测量点读数的平均值作为该端轴承室直径尺寸的测量结果；取各截面内所测得的数值中最大值与最小值之差的 1/2 作为轴承室圆柱度的测量结果，取同一截面最大、最小直径差观察圆度。

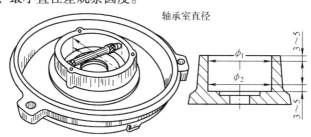

图 7-4　电机端盖形位公差的检测

（二）不对中带来的电机轴承噪声

1. 电机和外界负载对中问题带来的轴承内部振动和噪声

电机在运行时总会连接外界负载。不论是通过联轴器、带轮还是其他连接方式，电机都需要和负载保持良好的对中（"对中"是一种习惯称谓，对用联轴器连接即为电机轴与负载设备输入轴的同轴度）。因为在电机设计时，除非设计之初给出了对中不好的条件，否则设计人员选型时都是按照对中良好进行设计的。并且多数电机是两支撑结构，这个结构本身一旦在偏心负载之下运行，势必就会对支撑点（也就是轴承）带来额外的负载，导致轴承噪声或者提前失效。这类电机和负载对中不好带来的电机轴承噪声，通常一旦将电机和负载卸开，噪声随即消失，因此判断较为容易。一旦出现这类问题，只需要调整电机和负载的对中即可解决问题。

2. 形状位置偏差以及挠性带来的轴承振动和噪声

电机轴承承受不对中的情况除了电机和负载之间不对中以外，还有电机在生产制造中形状位置公差带来的轴承不对中。通常包含以下几种：

1）轴承室的形位公差不合格，和电机轴的同轴度超过允许的限度。

2）由于机座两端与端盖相配合的止口加工问题，或者端盖止口与轴承室不同心问题，造成两端轴承室同轴度不合格。

3）由于转子轴的挠度问题，造成两端轴承同轴度不合格。

4）由于机座挠度问题，造成两端轴承室同轴度不合格（此种情况较少见）。

由不对中带来的噪声和振动在工程实际中比较常见。通常电机轴承的不对中可以通过振动频谱分析有所显示。其特点（频域）是：在 2 倍基频的地方，出现幅值为基频幅值 1.3~2 倍的振动分量。

3. 滚道及滚动体表面损伤带来的振动和噪声

电机轴承滚道或滚动体表面受到损伤对轴承运行的影响，就好比车子在路上行驶时路面的小坑对车子的影响。当轴承初期运行起来时，会表现出轴承噪声和异常振动，如果不及时处理，轴承滚道或滚动体表面损伤处的边缘在承载时就会出现应力集中，应力集中反复出现就会造成轴承的提前失效，这是应该极力避免的。通常滚道表面的损伤带来的噪声和振动会与轴承的转速相关，这个不难理解。假如滚道有损伤凹坑，每次滚动体滚过就会出现相应的振动。轴承每转过一圈，就会出现和轴承滚动体个数相符的振动次数。

通常造成轴承滚动体和滚道表面损伤的一些原因大致涵盖以下几个：

（1）安装拆卸过程中对滚道或者滚动体的损伤　深沟球轴承在安装时，如果安装力通过轴承的滚动体进行传递，则就有可能在滚道上产生一些压痕。这些压痕初期很小、很浅，不易察觉，但在运行时会产生噪声。当电机运行一段时间后，压痕附近的应力集中就会造成压痕附近的疲劳失效。这种疲劳的特点是疲劳失效点的间距与滚动体间距一致。通常是由于安装力所致，而安装力多为轴向力，因此这类压痕会偏向滚动体一侧，如图 7-5a 所示。一旦此类轴承产生振动和噪声进而导致轴承失效的情况，应该纠正并检查轴承的安装方法。

滚柱滚子轴承在安装使用时也会出现安装不当引起的轴承滚道表面损伤。图 7-5b 即为某一客户的实际案例。电机装机后轴承噪声超标，将轴承拆开，看到轴承滚道表面有沿着轴向的划痕，且此类划痕与滚子间距存在一些对应关系。由此可以推断，在安装这套圆柱滚子轴承时，滚动体在滚道表面出现了轴向滑动，且这种滑动是在一定径向负荷的情况下出现的，因此才会产生滚道表面的拉伤，从而导致电机轴承的噪声。一个纠正圆柱滚子安装的方法就是在安装轴承时采取"旋入"式推进，而不是直接推进，同时尽量减少推进时加在轴承上的负荷。另外，如果在轴承内圈外加一个滚动体的导入套，会有利于避免这种损伤。

a) 球轴承的内滚道损伤　　　　　　　　　b) 圆柱滚子轴承的内滚道损伤

图 7-5　因安装或拆卸不当造成的滚道损伤

（2）运输、贮存过程中对轴承滚道或者滚动体造成的损伤　一些电机经常会遇到一类问题，那就是电机出厂试验时噪声指标是合格的，等运输到客户现场运行时电机出现明显的噪声。发生这类情况时我们就需要考虑电机运输、贮存过程中的问题。

第一，电机是一个两支撑轴系，两端轴承（可能是两套轴承，也可能是三套轴承）承受转子重力。电机在运输过程中，路途的颠簸自然也会使电机的转子产生颠簸，这种颠簸对于轴承而言就相当于一个振动负荷，如果颠簸得厉害，就有可能造成对滚道表面的伤害。

第二，在电机运输过程中，转子和轴会产生轴向的不确定的蠕动，在蠕动的状态下，滚动体和滚道之间无法形成有效的润滑阻隔，这样就会出现滚子和滚道之间的微研磨，而这种微研磨又具有和滚子间距相等的特点，从而产生"伪布氏压痕"的特征失效痕迹。除了出现在电机运输过程中以外，对于船用电机等平时工作基础不稳定的电机，如果长时间处于不运行状态，也会出现相同的伪布氏压痕，宏观上就是运行起来噪声很大。

第三，同样在电机运输过程中，如果出现电机轴向的加速度（比如电机轴向和车辆行驶方向相同，当车辆起动制动时），轴承的滚动体会在滚道上受到一个轴向的力。这种力对于定位端轴承就是一个轴向的冲击负荷，对于浮动端轴承，或者圆柱滚子轴承，就可能出现轴向的微小滑动。这样带着转子重力的滑动，可能会对轴承滚道带来伤害。

要避免上述的在运输及贮存过程中发生的对电机轴承的损伤，可以使用如下方法：

对于运输，需要改进电机的包装方式。首先，对电机轴端使用一个绑带或者其他装置，将电机轴伸端和电机托板之间绷紧，如图 7-6a 所示。这样就相当于对电机的轴施加一个径向负荷，将电机转子和底板之间通过力进行连接，提高整个包装的刚性，从而避免运输过程颠簸时候滚动体在滚道上的撞击。另外，对电机的轴伸端添加一个挡板装置并锁紧，如图 7-6b 所示。这样，当电机出现轴向加速度时，所有的力都可以由这个挡板承受从而避免了对电机轴承的伤害。

对于仓库里的电机，我们建议应该不定时地盘动电机轴，使之转动几圈。这样可以经常改变滚动体和滚道的接触面，避免其一直在一个位置上受力。

上述方法都是在工程实际中有过广泛应用并被证实具有良好效果的改进方法。

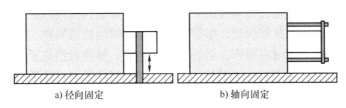

a) 径向固定　　　　　　　　　　　　b) 轴向固定

图 7-6　电机包装运输时对转轴的固定

（3）外界污染物对滚动体滚道表面造成的损伤　当外界污染物进入轴承内部时，轴承运行也会产生振动和噪声。还是用汽车行驶的例子来说，就相当于平坦路面上有了小石头，当汽车驶过时，必然会出现振动。

轴承由于受到污染而带来的噪声通常不具备规律性，多数表现为运行时突发或者偶发的意外声音。在轴承生产制造完毕时，很多轴承厂进行轴振动测试，通常除了对低频、中频和高频进行检测以外，还会检测峰峰值。峰峰值检测的目的就是了解轴承的清洁度，当峰峰值出现问题的时候，往往意味着轴承加工之后内部进入杂质，需要重新清洗。但是在电机生产厂拿到合格轴承时，当安装完毕出现非正常偶然声音，就需要检测在轴承安装使用环节中是否有污染物进入了轴承。

（4）轴承生产制造过程中的滚道或滚动体表面损伤　在轴承的生产制造过程中也有可能对滚动体或者滚道表面造成一定的损伤。这就会对轴承的噪声带来影响。但是这类问题在轴承出厂之前的轴承振动检测中都可以被发现。有的电机生产厂装备轴承振动检测仪，通常能够发现这一问题。但是这个检测结果只是进厂轴承质量检验，和最后轴承在电机上安装好之后的噪声表现没有严格的对应关系，这是因为影响电机轴承噪声的因素除了生产制造之外还有很多其他的因素。

（5）润滑不良带来的发热和噪声　电机轴承内部通常会施加润滑，在普通电机设计中油脂更为常用。通常油脂自身在轴承运转时候被搅动的声音其实很小，本部分所讨论的主要针对由于润滑不当带来的轴承噪声。

与前面几种电机轴承噪声不同的是，润滑不良带来的噪声通常会与发热紧密相关。这里所讲的润滑不良指的是，油脂稠度如果偏低，轴承内部滚动体和滚道之间无法形成有效的油膜，这样会出现边界润滑或纯粹材料之间的摩擦。这个过程有时会出现噪声，而这种接触和摩擦会导致发热，温度上升，油脂稠度进一步降低，对油膜形成更加不利……这样恶性循环，使轴承在出现噪声时温度急剧上升，最终可能导致轴承失效。

这个问题通过正确的润滑选择，应该不会出现。

但是另一方面，也有油脂稠度在某一时刻过高的情况。电机设计之初，在选择润滑时，通常取用的温度是指电机运行起来的温度。电机的工作温度一定比冷态温度高。我们都知道，油脂随着温度升高其稠度降低，反之亦然。如果在电机稳定工作温度下稠度适当，那么在冷态下就会偏高。在电机起动时，轴承和电机部分的温度处于冷态温度。尤其在北方寒冷的冬季，此时，油脂稠度偏高，油脂很难良好地分布到轴承内部，实现良好润滑，很容易出现起动时电机的噪声。往往工程实际中遇到的就是，电机起动时有噪声，运行一段时间后，噪声就消失了。再起动，以前起动时发出的噪声也没有了。这种情况就是典型的起动温度过低所致。

这种情况下，一个避免此类问题带来的轴承损伤的方法是，起动时最好低速运行，或者起动时能够对轴承室进行一点升温处理，这样都有利于油脂在轴承内部的运行。

（6）轴承承受负荷未达到最小负荷要求而带来的噪声与发热 我们知道，轴承是利用滚动摩擦代替滑动摩擦的机械零部件，但是要形成滚动，需要几个基本因素，例如相对的摩擦系数和一定的正压力等。当滚动接触的接触力很小时，就非常容易形成滑动。对于轴承而言，这就是我们要求的轴承最小负荷。不同类型的轴承最小负荷要求不同，通常球轴承小于柱轴承，单列轴承小于双列轴承。从润滑的角度来看，润滑剂的稠度越大，要求的轴承最小负荷越大。

通过前面的描述我们知道，轴承的最小负荷达不到，则在负荷区的滚动体就不能形成纯滚动，也就是会出现滑动。通常这种不规则的滚动和滑动的掺杂会带来噪声和发热。

下面举几个非常容易出现最小负荷不足的情况。

1）电机出厂试验时遇到的情况。在电机轴承选型时，我们用于对轴承进行核算的负荷是电机稳定工况时的负荷。这时电机承受的轴向力和径向力等同于轴承寿命校核（详见第五章），但电机在生产制造完成之后，要进行出厂试验或型式试验。通常而言，这样的试验会在电机试验台上进行，电机在试验中施加的负荷是转矩负荷，而非轴向和径向负荷。因此，电机的轴向和径向负荷情况，在试验中和在实际工况中有很大不同。电机轴承所承受的负荷也有不同。

比较典型的例子就是电机如果连接带轮负荷（以卧式电机为例）。带轮负荷的带张力和带轮重量都是轴承承受的径向力。而在电机生产厂进行试验时，很多事情况下就是空载试验或者转矩负载试验。此时轴承所承受的径向负荷比实际工况时要小。如果在轴承选型时考虑的轴承最小负荷是在实际工况之下的，那么在工厂进行的试验负荷（径向力）就有可能达不到轴承的最小负荷，从而出现滚动体打滑的噪声问题。解决这一问题的方法就是在电机试验时，尽量采用和实际工况相近的负荷方式。如果试验条件无法达到，那么这种最小负荷不足带来的打滑将很难消除，应尽量减少试验时间，避免伤害轴承。而此时的电机轴承噪声也不应被计入故障。当然，如果在实际工况下还有同样的噪声，则另当别论。

另一个常见的例子是立式电机的试验。有的电机生产厂由于条件所限，会将立式电机在卧姿下进行一些试验。而立式电机在轴承选型时，转子重力等都计入轴承的轴向负荷，当电机处于卧姿，这些轴向负荷都变成径向负荷。很有可能是某些轴向承载符合的轴承无法达到最小负荷。同时还有一个危险是这个负荷会超过原本不大的径向承载能力。除了出现噪声以外，也有电机轴承烧毁的风险。

2）圆柱滚子轴承最小负荷不够的情况。圆柱滚子轴承具有比较大的径向承载能力，相较于深沟球轴承而言，当球轴承的径向承载能力无法满足需求时，圆柱滚子轴承就是一个很好的选项。但是，在一些设计实例中也存在一些不恰当的选用。如果径向负荷不是很大而选用了径向负荷能力较大的圆柱滚子轴承，则很有可能就会出现最小负荷不足而带来的轴承噪声问题。

比较常见的使用圆柱滚子轴承的实例是带轮负载等大径向负荷场合。但如果电机负荷仅仅是联轴器等轻径向负荷，则没有必要选择圆柱滚子轴承。

下面列举一例。

某电机生产厂为某钢厂选择轧机运输辊驱动电机。运输辊轴系结构示意图如图7-7所示。

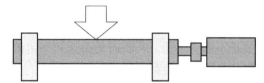

图7-7　运输辊轴系受力示意

在这个应用中，运输辊本身承受比较大的径向负荷。这个负荷由两端的支撑轴承来承担。电机和运输辊之间采用联轴器连接传递转矩。

电机生产厂在设计时，将运输辊径向负荷纳入电机径向负荷。电机前端采用圆柱滚子轴承，后端采用深沟球轴承的结构形式。这显然和实际工况不是完全匹配的。最终造成前端轴承噪声问题。经过分析，前端轴承在联轴器负荷下承受的径向负荷没有达到轴承的最小负荷，因此这个噪声问题是选型不当所致。

事实上，在很多电机的设计中，经过仔细校核，不少圆柱滚子轴承的使用都可以简化成深沟球轴承。这样做有一个好处，就是可以简化结构、降低成本。当然，有时即便校核计算可行，也不用深沟球轴承替代，这是因为在一定尺寸之上，深沟球轴承的生产成本会更高。但是很多时候"柱转球"的校核可以达到降低成本的目标，并减少最小负荷不足的风险。这样的转换要根据实际工况进行核算，此处不宜做一致性推荐，请读者不要误解。

3）深沟球轴承作为定位轴承的情况。在电机中，深沟球轴承也经常被用作定位轴承（"两球"结构、"两柱一球"结构和"一柱一球"结构均如此）。这样的应用在"两柱一球"结构中更加确切。"两柱一球"结构中径向负荷由两个圆柱滚子轴承承担，深沟球轴承仅作轴向定位。假若电机加工误差很小，外界也没有轴向负荷，那么，这样的情况下深沟球轴承所承受的负荷就几乎为零。因此非常容易出现最小负荷不足的情况。针对这种情况，我们推荐的是对深沟球轴承施加一个轴向的弹簧预负荷，这既降低了深沟球轴承的噪声，也对深沟球轴承施加了一些负荷，而由于深沟球轴承所需最小负荷不大，因此这样也很容易达到深沟球轴承的最小负荷，解决由此而来的噪声问题。

我们曾经在某电机生产厂遇到对一套轴承噪声的投诉，听过噪声之后，我们建议把前电机底脚抬起 15cm 之后再进行试验，噪声随即消失。此电机为双馈风力发电机，这种发电机本来在风电塔上的安装就是有 5° 的倾角，因此做这样的模拟并不出常理之外。通过这样简单的试验得出定位端轴承没有添加弹簧的结论，打开电机果然如此，投诉随即解决。

4）调心滚子轴承承受轴向负荷的情况。调心滚子轴承也是工业电机中经常使用的一类轴承。在中大型电机的应用中，调心滚子轴承以其良好的调心性能和高承载能力成为一些工况的首选。

调心滚子轴承可以承受较大的径向负荷和双向的轴向负荷。因此在电机里既可以作为定位端轴承也可以作为浮动端轴承。

当调心滚子轴承作为定位端轴承承受轴向负荷时，其内部与负荷相对一侧的滚子承受负荷，而另一侧滚子不承受负荷。当轴向负荷达到一定值时会出现如图 7-8 所示的负荷分布。

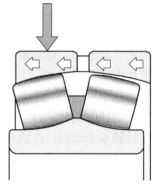

从图 7-8 中可以看到，不承受负荷的一列滚子在轴向负荷达到一定值时甚至会脱开滚道。因此在一定轴向负荷值时，不承载的一列滚子所承受的负荷有可能无法达到最小负荷。因此这列滚子就不能形成纯滚动。初期的现象是噪声，进而出现发热，之后恶化成表面疲劳，轴承失效。与此同时，承载的另一列滚子并未出现失效。

图 7-8　调心滚子轴承承受大轴向力时内部的状态示意图

这类轴承应用出现的轴承噪声问题，要在轴承选型时进行考虑，同时控制轴向负荷的大小或轴向负荷与径向负荷的比例，有时调整一下轴的配合也会有所帮助。

六、电机轴承的非正常噪声的处理方法

本部分内容谈及的电机轴承噪声均属于"非正常轴承噪声"，并且此类噪声都是在电机设计、选型、安装、维护和使用等方面通过一些改进可以消除的。

电机轴承是电机中既承载又旋转的精密机械零部件，因此当电机有任何机械加工等方面的问题时，往往都会在电机运转时通过轴承有所体现。但并不是所有的轴承噪声都是由轴承引起的。电机的轴承噪声往往是某些其他问题在电机运转时的表象，电机工程师应该通过对轴承噪声的追根溯源排除掉电机内部其他的潜在问题。

在本章中，前面已经讨论了一些电机轴承噪声的可能原因，但是工程实际中可

能导致电机轴承问题的因素庞杂而不系统，很难列举出所有电机轴承噪声的诱因。在工程实际中，任何一个不小心的操作，都有可能对电机轴承带来影响，甚至包括整个电机轴承的安装流程。下面试举一例。

　　某电机生产厂接受了一个外贸订单，国外质量工程师对电机进行逐台检测，尤其是听轴承噪声。在这样的严格检测之下，这个电机生产厂交付的电机有30%不能通过。遂求助于我们。我们仔细考察了这个电机生产厂从轴承选型到组装、包装、出厂的所有环节。有一个细节非常有意思，在电机总装工位，定、转子旁边放着电机轴承盖。当轴承安装到轴上之后，将转子穿入定子内腔，然后安装两端的端盖和轴承盖。此时电机轴承已经被涂装油脂。最后一个工序是安装轴承外盖。一批轴承外盖刚刚从机加工工位运送到总装工位。工人师傅为了保证轴承盖的清洁，用高压空气吹净轴承盖上残存的铁屑等污染物。问题是，工人师傅在已经安装好轴承的电机旁边进行此操作。那么，铁屑是从轴承盖部分被吹走，但同时有很大的可能性吹到了轴承上面。后面我们对有噪声的电机进行拆解，果然在轴承油脂里发现了铁屑。因此，建议此电机生产厂将清洁轴承盖这个动作挪到车间门口进行，即远离轴承。我们还帮助该厂家做了一系列建议和改善。当他们认真落实之后，同样的国外质量检验人员检测情况下，在一个星期之后，其产品质量不合格率降到了5%以下，且这些质量不合格的电机与轴承噪声无关。

　　从上面的例子可以看到，电机生产厂生产电机的很多细节都直接影响着电机轴承的噪声。电机设计人员在掌握了本书提示的一些电机噪声影响因素之外，也需要仔细控制生产制造的各个环节，这样，一定会大幅度降低电机轴承噪声的发生率。

七、电机轴承振动和噪声以及听感噪声

　　在工程实际中，电机设计人员经常使用一些方法来检测电机轴承的振动和噪声。通常噪声试验的条件要求比较高，电机生产厂一般难以达到。所以一般是使用振动检查的方式反映电机轴承噪声。但是有一种常见的情况就是，很多电机轴承振动检测合格，但是听感很差，也就是听起来感觉很吵、噪声很大；有些电机噪声听起来很小，听感良好，但是电机轴承振动检测往往有一部分不合格。这其中的对应关系困扰了很多工程技术人员。本部分就这一问题进行一些简单的讲述。

（一）声音响度的概念

　　众所周知，我们经常用分贝值来标定测量的声音大小，就是我们俗话说的音量。生活中我们发现有的声音即便音量不大，但是听起来很明显、特别刺耳，有时候感觉很不舒服，比如小石子刮玻璃的声音等。但有时有些声音音量很大，人依然可以忍受，甚至于感觉是一种"享受"，如歌厅中震得人心里"发麻"的重低音。研究证明，人们对声音的感觉不仅与所听到的声音的大小（音量）有关，而且与声音的频率相关。

　　研究人员用一个专门的量度单位来标识人们对声音的听感，这个量度就是

"响度"，响度级的单位是"方"。响度值越大，人的听感就越明显或者越强烈。相同响度值的声音，人们听起来感受相同。

（二）响度、音量和频率的关系

研究人员通过大量的试验得出了不同频率、不同音量下的响度曲线。如图7-9所示。

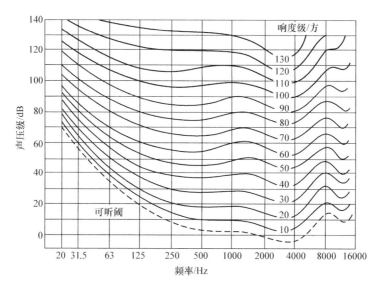

图7-9　等响度曲线

从图7-9中可以看到，我们把响度相同的点连成一条线。在一个响度曲线上的声音，对人而言听感相同。在可听阈以下，人耳听不到这个声音。

图7-9中一个十分明显的情况是，听感相同的声音，其声压级分贝值（音量）不一定相同。比如70方响度的曲线上，20Hz频率下105dB的声音听感和1000Hz频率下70dB的声音相同。也就是这种情况下，低频的声音音量即便更大，但是听感和高频率下较小的音量听起来感受相同。

这个曲线清楚地解释了我们日常生活中对噪声的感受。也就是相同声压级的噪声，不同频率下的听感差异。

值得关注的是，这个曲线并非线性曲线。但是从图7-9所示的曲线可以看到，等音量的低频响度有低于高频响度的趋势。同时人耳在1000～4000Hz的频率下更加敏感。

（三）电机及电机轴承的听感噪声

通过上面的等响度曲线，我们了解了人耳对不同频率音量下的噪声感受。这样一来，电机设计人员在声压级合格的电机中，着重控制人耳敏感的频率小的噪声，会使设计出来的电机产品听感更加优秀。这对于一些关注电机听感噪声的领域十分重要（比如家用电器等领域）。

对于使用振动检测仪检测轴承振动的电机生产厂，通过等响度曲线，工程师们就可以知道轴承在测试仪器上对于低频、中频和高频的控制和实际听感之间的关系，即：对于轴承振动测试仪中，人们听感更敏感的是中频和高频噪声。因此严格控制中频和高频是检查的重点。

另一方面，轴承在测试仪上检测振动时轴承的转速通常是根据国际标准或者国家标准进行的。此时的低频、中频和高频与电机实际运转时的低频、中频和高频不是一回事。比如，国家规定对某类轴承的测试转速是 1800r/min，如果是 2 极电机，那么轴承装机后的实际运行转速就接近 3000r/min。因此，此时测试机上的一部分低频就变成实际工况中的中频；测试机上的一部分中频就变成实际工况中的高频。这是为什么很多测试机测试轴承振动之后和装机之后噪声听感不同的一个重要原因。

工程实际中，很多电机生产厂引入了轴承振动测试仪，但是又对轴承振动测试仪测试结果和装机结果的无法对应问题感到苦恼。当电机设计人员了解了等响度曲线以及测试频率与实际运行频率关系之后，就可以通过调整测试标准得到一个具有良好对应性的测试方法。读者可以根据上述方法，基于自己工作中的实际电机转速和轴承情况，定制出良好反映装机噪声情况的轴承测试标准。

但是另一个方面，也需要请电机设计人员注意，那就是一旦调整了测试标准，就不再是国际标准和国家标准，也就不能用这个标准来判断轴承质量。目前通行的国际标准可以用来作为轴承生产质量的标准，在满足国际标准的同时，按照自己折算的测量方法选择轴承听感噪声最优的产品。这是电机噪声设计中目前还没有被广泛使用的一种方法。我们在此提出，希望广大电机设计人员予以尝试，应该可以提升电机噪声设计的水平。

第八章 电机轴承维护与状态监测

当电机投入使用之后，为确保电机能更良好地运行，就需要对其进行一定的维护。对于电机而言，轴承的维护是其中一个很重要的组成部分。

第一节 设备维护基本策略

一、设备维护的类型

设备运行使用过程中的维护并不是随机进行的。设备维护具体实施方案中，需要确定设备维护的基本策略。对于电机轴承维护而言，同样也存在一个维护策略的概念。设备（电机）维护的几种主要维护策略如下：

1. 被动型维护

设备在正常使用，不出现问题就不维护；出了问题，停机维护。这种维护方式被称为被动型维护。这种维护方式的主要问题是：设备的停机时机不可控，维护时间也不可控。在这样的非计划停机维护中，只能通过缩短维修时间来减少停机时间。严格地说，此时已经不是维护，而是维修的过程。对用户而言，十分不可靠，并很有可能造成巨大的停机损失。随着工厂设备维护能力的提高，这种被动型维护越来越少。

2. 主动型维护

主动型维护是设备使用者主动对设备进行维护的维护策略。主动型维护让设备使用者主动掌控设备维护时间和维护深度等方面的因素。让设备尽量在可控的情况下运行，减少非计划停机时间。这是目前工矿企业中广泛使用的设备维护策略。在主动型维护中，一个非常关键的因素是确定维护周期。

3. 过维护

如果维护间隔过短，维护工作频繁进行，通常可以提高设备运行的可靠性，消除设备的非计划停机。但是这样做有时也会造成维护过度、维护费用上升造成浪费（备品备件浪费）、计划停机时间过多等问题。维护领域称之为过维护。在有些设备一旦出现故障将会造成重大损失的地方，有时不得不采取过维护的维护策略，以消除因设备故障造成的风险，比如核电等关系重大的领域。

4. 欠维护

如果维护间隔过长，虽然设备维护费用有所降低，但是会大大增加非计划停机的可能性，严重地削弱了主动维护的意义。并且总体看来，因设备失效带来的停机和维护总成本也会增加。

5. 预防性维护

随着科学技术的发展，人们可以利用很多手段来确定最合适的设备维护周期，以减少由于过维护和欠维护造成的浪费。其中一种是基于设备失效周期记录结果进行统计分析，从而得到更恰当的维护周期的方法；另一种方式是通过传感器，对设备运行状态进行监测，试图发现设备早期失效迹象，以确定设备维护周期。这些通过设备以往记录或状态检测结果，来确定设备维护周期的方法也属于主动维护的范畴，称之为预防性维护。

上述设备维护策略，同样适用于电机轴承的维护。根据以往经验，电机的维修中轴承部位的维修几乎占据一半的比重。因此对电机轴承，如果能够主动地可预测地进行维护，就可以大大减少电机轴承维护中的浪费，同时也能提高电机运行的可靠性。

电机轴承的主动预测性维护，一般是借助对轴承的振动、温度、转速等因素的检测而实现的。这也就是所谓的轴承运行状态监测。

二、电机轴承维护（状态监测）与失效分析

1. 电机轴承状态监测和失效分析在电机预测性维护中的作用

前已述及，电机轴承状态监测在主动预防性维护过程中，是用于确定设备维护时机的第一步。通常，状态监测结果提示了电机轴承的潜在问题。而此时，轴承并未因真正的失效而不能工作。所以就可以在潜在问题出现之后，选择合适的时机对轴承进行维护或者更新。

在对轴承进行维护、更新的过程中，对于失效的轴承进行失效分析，往往可以让我们找到更深层的导致此失效的根本原因。如果针对所找到的原因进行改善，则轴承再次出现类似失效的几率就会大大降低。

我们知道，主动预测性维护周期是根据对设备（轴承）状态监测结果而确定的一个动态时间。轴承失效分析帮我们找到了设备运行改进提高的地方，也就等于延长了设备维护周期，从而起到了降低运行维护成本的作用。

另一方面，轴承失效分析的最好时机是轴承失效初期的阶段。而轴承状态监测可以在轴承失效初期发现异常。此时如果对轴承进行维护，往往可以非常准确地找到失效的原因，更有利于精准地降低轴承失效概率。

2. 电机轴承状态监测与失效分析的关系

由以上叙述可见，轴承的状态监测是对轴承运行主动预测性维护的过程监控；

而轴承失效分析则是确定失效原因，并给出改正的建议。用病人看病的例子就可以更容易理解：状态监测就是体检，而失效分析就是诊断，改善导致失效的因素就是治病。

在以往的工程实践中，有人会认为，依靠状态监测或失效分析就可以解决全部问题。事实并非如此。

状态监测是在轴承没有拆卸之前进行的，根据判断的结果来确定问题出在轴承方面还是设备其他方面。如果是轴承问题，状态监测大致可以给出是滚动体出问题，是保持架出问题，还是轴承圈出问题。但是状态监测无法给出是什么原因导致这些问题的出现。

而失效分析通常需要对轴承进行拆解，根据对轴承滚动体和滚道表面失效情况，以及轴承周围情况进行分析判断，从而推断出导致失效点出现的原因。但如果轴承已经运行到失效后期，失效痕迹高度重叠，轴承状态一塌糊涂，失效分析的难度将大大增加，很多时候甚至无法拿出有建设性的诊断意见。

状态监测和失效分析两者前后承接，同时相互辅助。当然，有经验的技术人员可以根据其中一个因素推断得到另一个因素的部分信息，但是两者之间依然无法相互取代。

三、电机轴承预防性维护流程

在前面的讨论中，我们知道了电机轴承投入使用中的 3 个基本环节：电机轴承状态监测、电机轴承失效分析、电机轴承的维护操作。在工程实际中具体可以分作以下几个步骤（参见图 8-1）。

1. 收集有效信息

通过观察设备情况，确定状态监测信息收集点，并收集信息。

2. 振动信号频谱分析

对收集来的信息进行对比分析，包括时域分析和频域分析（后续内容将展开介绍分析方法）。

3. 多信息对比监测

使用额外的信息分析对振动信号频谱分析的结果进行校核确认。其中包括电流分析、相位分析、加速度包络分析、润滑油分析和热分析等手段（通常对停机影响严重，需要慎重停机的设备，需要进行此步骤）。对于一般设备或振动信号频谱分析结论比较确定的情况，可以酌情考虑是否进行其他信息对比校核。

4. 轴承失效分析（又称为根本失效原因分析）

通过对轴承的失效分析，找出导致轴承失效的根本原因，以避免失效再次发生。

5. 维护报告以及维护计划的制定与执行

通过上述分析，编制出维护报告，制定并实施改进计划。

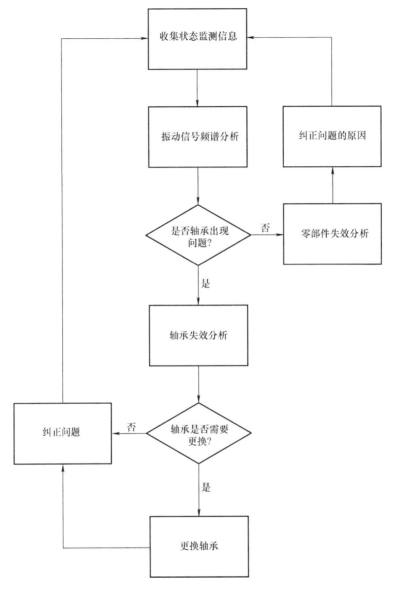

图 8-1 电机轴承预防性维护流程

在这 5 个步骤中，前 3 个是设备在运行时通过信息采集和分析对设备振动进行分析。在这个过程中，主要的目的是找出设备运行振动异常的来源，确定故障点，诸如：电机轴系对中不良、转子动平衡不好、机座底脚安装松动、带轮问题、轴承问题、齿轮问题、风叶问题，电气问题等。

当故障点被找到时，就可以根据对应的故障点进行深入挖掘，以找到其失效的根本原因，并实施改进。对于轴承而言，就是对轴承进行失效分析，找出导致轴承缺陷的原因，也就是第 4 步的工作。

在电机运行中，不论温度过高，振动超差，还是噪声不合格，电机机械问题在工程技术人员的宏观观察中往往出现在轴承上。经常的做法是更换轴承。然而，如果问题的源头不是轴承本身，那么对轴承的更换是无效的。缺乏有效的设备运行状态数据收集、分析和维护，势必造成成本浪费，降低维护效率。因此，基于有效监控和分析的电机轴承预防性维护应该按照如图 8-1 所示流程进行。

第二节　电机轴承状态监测和频谱分析

一、电机轴承状态监测概述

电机轴承的状态监测包含检测信号的选取、监测点的布置、检测信号的读取和分析等部分。最常见的轴承描述状态的信息包括温度、转速、转矩（电机中反应为电流）、振动等。对于温度信息，最准确的方法是利用实现埋置在相关部位（例如轴承室内）的热传感元件输出的温度信号，其次是利用红外测温仪（俗称测温枪）直接测量得到的温度值，还有就是利用红外成像仪等手段得到的温度信息。转速的波动通过转速计测量；电机电流分析需要使用相应的电流谐波分析工具进行获取；振动信号分析可以通过振动监测点收集信息，再通过振动信号分析仪进行展开。这些电机轴承信息中，一般的温度、转速测量通常作为设备普通巡检方法被采用。若想对设备进行深入的信息采集和分析，振动信号以其使用方便、信息失真小等优点被广泛使用。

监测点的布置，就是将振动传感器布置到检测轴承振动的相应位置。通常，应该选择靠近轴承的地方布置振动传感器。如果条件允许，应该对轴承的径向和轴向分别布置振动传感器。这样，在后续振动频谱分析的过程中除了可以对单一位置（径向）进行频域分析以外，也可以通过轴向和径向振动信号的相位关系进一步进行相差分析。

对轴承进行振动监测，所得到的结果是振动针对某个对应值（时间、频率）的状态值。这个值有可能是位移、速度或加速度。对这个结果进行分析就是我们所说的频谱分析。

二、电机轴承振动信号分析（频谱分析）

轴承在运行时所产生的振动反映着轴承内部运行的状态。通常，我们对振动测量可以用位移、速度和加速度进行。不同的测量需要使用专门的传感器或计量网络。相应地，不同振动测量对不同频段的敏感程度也不同：位移的测量对于低频振动敏感；加速度的测量对于高频振动敏感；速度测量则在两者之间。

对于电机中的轴承而言，其特征振动信号往往是对轴承缺陷的响应。由于这个响应频率很高，因此加速度测量经常被用在这个场合。

这里监测的目标是轴承的缺陷频率。但如果从噪声的角度来讲，声压往往和振动表面的速度成比例，因此有时也会使用速度传感器对轴承的振动进行测量。

（一）电机轴承振动时域监测与分析（轴承失效过程的时域表现）

设备在运行时，其振动值将随着时间的迁移而变化。由此，如果用时间作为衡量振动的横坐标，用振动幅值作为衡量振动变化的纵坐标，就得到了如图8-2所示的轴承振动时域表现图。

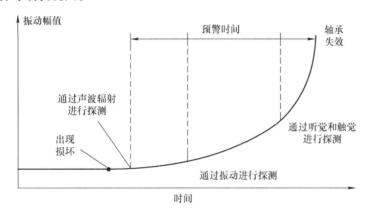

图8-2　电机轴承振动的时域表现

从图8-2中可以看到，一套轴承的运转从完好到完全失效大致可以经历如下4个阶段。

1. **轴承失效出现**

工程实际中，轴承最开始出现某种失效时，失效非常轻微，由此引起的振动非常小。一般测试手段很难探知。只有到达一定程度时，才能通过声波辐射等方式被发现。此时轴承处于最早期失效，并未影响设备正常运行。

2. **轴承初期失效**

轴承继续运行，已出现的失效点开始继续发展。随着时间的延长，其振动幅值变大。一般情况下，这些振动可以通过振动检测仪发现，但操作人员凭自身感觉还是很难发现。此时，轴承运行看起来依然没有什么问题，但是潜在的风险已经发生，轴承运行进入预警阶段。

3. **轴承中期失效**

早期出现失效点的轴承继续运行，失效点继续拓展，甚至开始次生失效。此时轴承的振动幅值继续扩大，还很可能伴随着某些温度异常，一般情况下，可以被操作人员通过宏观观察发现异常。这时轴承依然可以运行，只不过有些指标会变差，轴承已经处于故障运行阶段。此时应该对轴承进行更换。

4. **轴承晚期失效**

如果轴承在中期失效依然未被更换，那么失效点会继续扩大，同时次生失效发生，并且越来越严重。轴承振动幅值越来越大，温度异常，操作人员可以轻易地发现这些异常。在这个阶段，甚至会出现轴承无法正常运行的情况（卡死等）。此时轴承初期失效和次生失效交杂在一起，对后续轴承失效分析带来困难，应该避免到此时才发现轴承出现问题。

从图 8-2 中还可以看出，对于使用轴承振动状态检测的电机，从第二阶段开始，就可以探知轴承内部出现了问题。此时轴承运行尚可，维护人员有足够的时间安排停机维护，从而有效地降低非计划停机这样的突发事件发生的概率。

由此可见，振动监测对时域分析的重要价值就在于对轴承振动异常的早发现、早维护、早修正。但是，时域振动分析需要在设备正常使用时就定期获取并记录振动数据，以了解电机振动的正常值，从而按照时序绘出电机轴承振动的时域图谱。记录日常电机轴承振动信息的同时与历史记录进行比对，一旦出现异常，便可以提早进行维护准备工作。

各电机用户在进行电机轴承振动时域数据记录和分析时，要根据积累的数据来决定合理的报警值。报警值越低，报警越早、设备可靠性越高。但是相应地，过早的报警，也会造成一定资源利用效率的问题。通常而言，可以根据 ISO 2372 给出的机器振动（速度有效值）分级（见表 8-1）进行衡量。

表 8-1 ISO 2372 机器振动分级表

振动烈度/(mm/s)	Ⅰ类	Ⅱ类	Ⅲ类	Ⅳ类
0.28	好	好	好	好
0.45				
0.71				
1.12	满意			
1.8		满意		
2.8	不满意		满意	
4.5		不满意		满意
7.1			不满意	
11.2				不满意
18	不允许			
28		不允许	不允许	
45				不允许

注：1. Ⅰ类为小型电机（额定功率小于 15kW 的电机）；Ⅱ类为中型电机（额定功率在 15 ~ 75kW 的电机）；Ⅲ类为大型电机（硬基础安装）；Ⅳ类为大型电机（弹性基础安装）。

2. 表中测量速度有效值（RMS）应在轴承座的 3 个正交方向上。

（二）电机轴承振动频域监测与分析（轴承失效过程的频域表现）

1. 电机轴承振动频域分析基本概念

电机轴承的时域检测与分析给出了振动幅值随时间变化的值，并提示报警。但是，这个总体振动幅值并未反映具体可能的失效部位。使用人员还无从知晓振动超标来自于设备或者轴承的哪个地方。因此需要引入振动频域分析帮我们具体了解可能的失效位置。

时域振动监测和频域振动分析都是振动值相对一个指标的分布情况。时域振动监测的横坐标是时间，那么频域振动分析的横坐标就是频率。

我们都知道，通过傅里叶变换，可以将任何周期性信号分解为无穷多个正弦信号的叠加。因此，将普通的周期性振动信号也进行傅里叶变换，就可以得到不同频率下的一系列正弦振动信号。用这个方法可将轴承运转时的振动分解成不同频率的幅值。这些幅值在频域上的分布，就是所谓的轴承振动的频域分析。

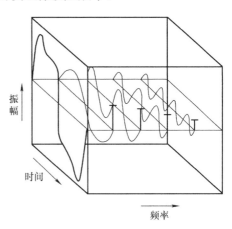

图 8-3　轴承振动时域分析和频域分析的关系

轴承振动时域分析和频域分析的关系可以用图 8-3 来说明。

2. 轴承缺陷频率

对于轴承的每一个零部件而言，如果此零部件上有瑕疵，则当滚动体通过这个瑕疵时就会激发这个地方相应频率的振动，这些频率被称为缺陷频率。

工程技术人员将轴承整体的振动经过傅里叶分解，分离出轴承缺陷频率部分，观察其幅值，由此来确定是否在轴承相应零部件上已经出现了缺陷。

轴承有内圈缺陷频率（Ball Pass Frequency Inner Race，BPFI）、外圈缺陷频率（Ball Pass Frequency Outer Race，BPFO）、保持架缺陷频率（或滚动体公转频率）（Cage Frequency or Fundamental Train Frequency，FTF）、滚动体缺陷频率（或滚动体自转频率）（Ball Spin Frequency，BSF）。当频域振动图谱中这些频率的振动出现异常偏大时，技术人员就可以判断在相应的轴承部件上出现了问题。

轴承各个部件缺陷频率可以用以下公式进行计算：

1）滚动体通过内圈一个缺陷时的冲击振动频率（内圈缺陷频率）为

$$\text{BPFI} = \frac{Zn}{120}\left(1 + \frac{d}{D}\cos\alpha\right) \qquad (8\text{-}1)$$

2）滚动体通过外圈一个缺陷时的冲击振动频率（外圈缺陷频率）为

$$\text{BPFO} = \frac{Zn}{120}\left(1 - \frac{d}{D}\cos\alpha\right) \qquad (8\text{-}2)$$

3）滚动体自转频率为

$$\text{BSF} = \frac{D_n}{120d}\left[1 - \left(\frac{d}{D}\cos\alpha\right)^2\right] \qquad (8\text{-}3)$$

4）滚动体公转频率（保持架缺陷频率）为

$$\text{FTF} = \frac{n}{120}\left(1 - \frac{d}{D}\cos\alpha\right) \tag{8-4}$$

式中　Z——滚动体数量（个）；

　　　n——轴承转速（r/min）；

　　　d——滚动体直径（mm）；

　　　D——滚动体节径，即滚动体中心所在圆的直径（mm）；

　　　α——轴承接触角（°）。

需要说明的是，轴承零部件的特征频率计算值和实测值往往会出现一个小幅度的偏差，这与测量有关，与轴承生产加工制造等因素也有关系。工程实际中，不必严格追究一致。

3. 轴承失效过程的频域表现

前面阐述了轴承失效过程中的时域表现。相应地，在轴承失效的不同阶段其频域特征如图8-4所示。

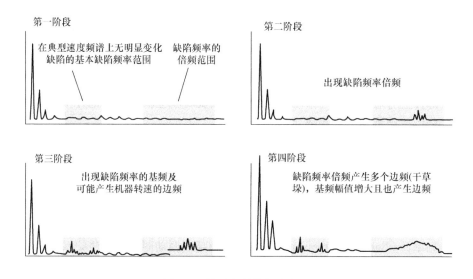

图8-4　轴承失效的频域表现

第一阶段——轴承出现失效。此阶段轴承出现的失效非常小。其振动表现在超声频率范围，用速度振动检测仪，不论在缺陷基频还是在缺陷频率的倍频上，都难以发现此时的异常。此时如果将振动信号进行相应的处理，或者使用加速度振动测试仪，可以发现轴承在初期失效阶段的振动信号。

第二阶段——轴承初期失效阶段。随着轴承失效点的扩展，振动频率下降至500Hz～2kHz范围内。此时使用速度频谱可以发现轴承初期失效阶段基于轴承部件基频的谐波峰值。在本阶段末期，伴随着这些基频谐波峰值的出现，一些边频也随之产生。

第三阶段——轴承中期失效阶段。轴承失效继续恶化。在缺陷基频范围内出现缺陷基频和缺陷基频的倍频信号显著。通常，出现越多的倍频信号就意味着情况越糟。与此同时，在基频和倍频部分出现大量的边频信号。此时需要更换轴承。

第四阶段——轴承晚期失效阶段。此时轴承内部失效进一步恶化，轴承振动出现了更多的谐波，轴承振动信号的噪声基础提高。如果用速度频谱，可以看到出现"干草垛"效应。通常在这个阶段，轴承振动已经十分大，轴承的基频及其倍频信号出现幅值提升。由于轴承内部失效已经大幅度扩展，此时轴承的整体振动甚至会出现下降的趋势。但是这并不意味着轴承状态变好。原来离散的轴承缺陷频率和固有频率开始"消失"，轴承出现宽带高频的噪声和振动。

（三）电机轴承时域分析与频域分析的使用方法

从成本和效率的角度，前面介绍的电机轴承时域分析与频域分析并不是每次都需要同时进行的。图 8-5 所示为电机轴承状态监测基本流程。在电机轴承安装好振动信号监测点之后，对电机轴承进行定期检测。这种监测就是时域监测记录。当监测结果并未出现超过报警限值时，电机继续运行，并留存记录备查。当单机轴承振动信号超过报警限值时，需要对采集的振动信号进行频域分析，从而找到问题所在。根据前面的介绍，我们知道一般报警值出现时不会是轴承失效的晚期，因此工程技术人

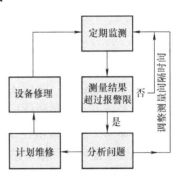

图 8-5 电机轴承的监测与维护

员可以根据频域分析结果，制定维修计划。与此同时，为避免设备出现问题，应该缩短振动监测时间间隔，提高监测密度。一旦问题急剧恶化，可以迅速采取措施。当设备维修计划制定好之后，在恰当的时机，对设备停机，实施维修。维修完毕，电机进入下一轮正常运行，同时对电机轴承振动继续进行定期监测。当监测结果再一次超过报警值时，工程技术人员除了按照前面步骤进行分析和解决以外，也需要对比之前的维修记录，确定前面的维修是否有效，或者是否有助于延长维护周期。如此往复，设备维护进入良性循环。

三、电机轴承频谱分析举措

在了解电机轴承频谱分析的基本知识之后，本部分就电机运行中经常遇到的一些典型频谱分析案例进行介绍。

（一）偏心（对中不良）的频谱分析

图 8-6 是一个电机轴偏心（对中不良）发生时的振动频谱图。这是一台运行在额定频率为 60Hz、转速为 1800r/min 的电机径向振动频谱。从图中可见，在转速 2 倍频（额定频率为 120Hz、转速为 3600r/min）部分出现了峰值。这表明这台

电机对中不良。图8-6中第一个峰值是由于皮带磨损松动引起，第二个峰值是电机对中不良时的转速频率。

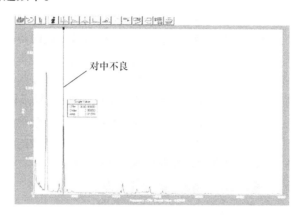

图8-6　轴承（轴系）对中不良的频谱

　　一般地，当电机对中不良时，相对于1倍频而言，频谱中会出现一个较高的2倍频振动信号的幅值。我们通过1倍频和2倍频峰值的比例来判断电机对中不良的程度。通常这个2倍频的信号幅值为30%～200%的1倍频幅值。对于联轴器应用的场合，如果2倍频幅值在50%的1倍频幅值以内，说明此对中不良仍可接受，电机可以继续运行。如果2倍频幅值为50%～150%的1倍频幅值，说明此时对中不良已经比较严重，会对联轴器以及电机轴承造成伤害。如果2倍频幅值大于150%的1倍基频幅值，此时不对中已经非常严重，应该立即调整对中。

　　综合单点信号分析和轴向、径向信号相差分析，可得出如下结论：

　　在用联轴器或带轮连接的系统中，如果是径向2倍频幅值异常高，提示可能存在对中不良；如果是轴向1倍频幅值异常高，提示可能存在对中不良。

（二）电机系统动平衡不良的频谱分析

　　电机在生产制造过程中有可能存在转子动平衡未调整好的状态，同时在电机和负载之间的联轴器本身的平衡也有可能存在偏差。这样，当电机带动负载开始旋转时就会出现振动。这种振动出现时需要确定是不平衡问题还是其他问题，所以这个地方频谱分析可以给出更加明确的指示。

　　1. 因系统动平衡不良出现的振动具有的特点

　　1）在径向的所有方向上振动频率一致。

　　2）不平衡所引发的振动是一个正弦波，并且其频率是和转速一致的（每1圈1个周期）。

　　3）当不平衡不严重时，其引起的振动频谱通常不包含1次基频的谐波。

　　4）不平衡引起的振动幅值随着转速的提高而升高。

　　5）电机转子或者联轴器存在动平衡不良带来的电机振动频谱大致如图8-7所示。

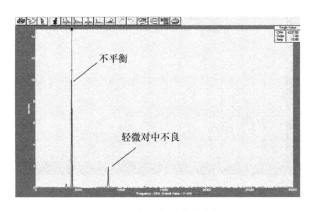

图 8-7　动平衡不良的频谱

2. 系统动平衡不良的轴向和径向振动信号频谱反应

1）如果径向 1 倍频幅值高，同时谐波小于 1 倍频幅值的 15%，那么提示存在动平衡不良。

2）如果主要振动幅值仅仅是偏高，而轴向、径向振动测量出现 90° 的相位差时，提示存在动平衡不良。

3）如果基频振动在轴向和径向上同时存在，设备两端轴向相位测量同相，提示存在动平衡不良。

（三）电机底脚安装松动（软脚）引起的振动频谱分析

安装方式为 IM B3 或 IM B35 等带底脚的电机，通常将其底脚与设备基础进行良好的连接固定。若底脚螺栓连接不良等情况发生，就会导致电机底脚松动，俗称"软脚"。

通常电机软脚都是在电机安装过程中出现的，有时也会由于底脚部分连接件或者底脚本身出现问题而引起。

电机出现软脚时，其振动频谱中会在转速频率 1/2 的频率及其倍频的地方出现振动幅值的峰值。图 8-8 为一台电机软脚的频谱。

从图 8-8 中可见到，在电机基频的 1/2 及其倍频的地方出现振动幅值的峰值。这些峰值在基频及其 2 倍频范围内较高，但是随着频率的升高，其幅值降低。

一般地，综合轴向、径向振动频谱：

1）如果在出现一系列 1/2 倍基频的振动信号峰值，且其峰值超过基频幅值的 20% 时，说明有软脚问题。

2）如果电机是刚性连接，且中间无带轮或联轴器连接的情况，那么径向 2 倍频峰值的出现，表明可能出现了软脚现象。

（四）轴承失效的频谱分析

前面介绍过电机轴承内圈、外圈、滚动体以及保持架出现缺陷时的特征频率计

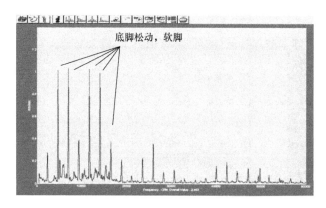

图 8-8　电机底脚连接不良（软脚）的频谱

算方法。轴承的缺陷频率较之前面几种振动频率高，同时其振动幅值小，因此，在通常的振动监测中不易察觉。ISO 规定的振动幅值评价表里是速度有效值，无法发现早期轴承的失效。所以，对于轴承早期失效，需要引入加速度包络作为轴承缺陷的频谱分析。在频谱中，失效的零部件（内圈、外圈、保持架或者滚动体）会在其特征频率上出现明显的峰值。图 8-9 和图 8-10 分别给出了轴承内圈和轴承外圈失效的频谱。

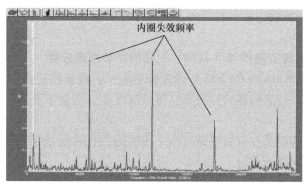

图 8-9　轴承内圈失效的频谱

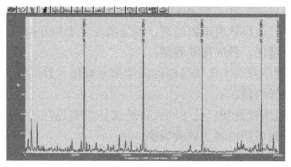

图 8-10　轴承外圈失效的频谱

四、电机轴承状态监测小结

关于轴承的状态监测是一个专门的学科领域，介绍此类知识的书籍很多，从事专业轴承及设备状态监测的专业公司也很多。轴承状态监测基本原理和基础知识大同小异，但是到具体设备的应用方面就需要咨询相应的技术人员。

对于电机设计人员或者电机使用者而言，对电机轴承状态监测及频谱分析的知识有一个初步的了解有利于避免盲目维修。工程实际中，电机安装完毕，旋转时很多振动和噪声都会通过轴承发出，轴承在很多情况下仅仅是一个故障表象。盲目地更换轴承和不充分的设备运行状态分析，都会导致维护失败。现实生活中，很多操作人员经常受到各种轴承振动和噪声问题的困扰，究其原因，就是没有找对导致轴承出现问题的根本原因，包括周边引起轴承问题的因素。状态监测以及频谱分析可以为电机设计人员提供一个直接、明确的分析工具。因此，了解一些状态监测知识，对电机设计人员大有裨益。

第九章　电机轴承失效分析

第一节　电机轴承失效分析概述

顾名思义，电机轴承失效分析是对失效的电机轴承（也就是我们日常所说的坏了的轴承）进行分析，从而对可能导致失效的原因做出基本的判别的过程。电机轴承从选型、轴系设计、安装、使用、维护，到最后的失效的整个过程，可以称之为电机轴承的生命周期。电机轴承失效分析是在电机轴承生命周期的最后一个阶段的工作。

一、电机轴承失效分析的目的

前已述及，在电机运行阶段，工程技术人员通过对电机的状态监测，分析设备运转情况，并予以维护。运行状态监测和频谱分析的结果可能是设备本身的原因，也可能是轴承内部已经出现失效的情况。但是频谱分析最多能够指出轴承损伤的部位（内圈、外圈、滚动体、保持架等部位），却无法判断失效出现在这些部位的具体位置，也无法判断其中的逻辑关系。因此，一旦通过分析发现与轴承紧密相关的设备运转异常，就需要对轴承本身进行失效分析，以找到导致失效的源头。很多资料也把轴承失效分析叫作失效根本原因分析（root cause failure analysis）。在轴承失效根本原因找到之后，工程技术人员就可以根据失效分析的结果及其逻辑关系制定维护方案，采取一定的措施予以纠正，从而避免轴承重复失效事故的发生。

因此，失效分析的目的是在界定设备运转异常与轴承相关时，通过对轴承本体的分析，确定导致其失效的根本原因，并提出改正建议的工作。这些工作的实际指向都是为了避免以后电机运转时重复以前的轴承故障。

二、电机轴承失效分析的手段和方法

电机轴承失效分析对经验的依赖较之其他的技术更多。通常主要依靠对轴承及周围各个零部件表面形貌的分析识别进行判断。除了对轴承进行拆解等需要相应的工具之外，对失效轴承的观察通常是通过技术人员本身进行的。电机轴承失效分析

使用最多的工具是放大镜和显微镜等视觉辅助工具。现场的技术人员可以通过随身携带的小型放大镜对失效部位表面形貌进行观察，实验室里可以通过显微镜对失效部位的表面形貌细节，做金相分析，然后做出相应的判断。

电机轴承失效分析属于轴承失效分析中在特定应用的一个分支，其分析方法和普通设备用轴承失效分析方法基本一致。只是电机应用本身有其自身特点，从而在对轴承失效分析的基础上考虑电机的特异性，可以得到更精准的判断。

需要注意的是，电机轴承失效分析的观察对象不仅仅是轴承本身，还需要对轴承周围环境进行观察，其中包括油脂状态、轴承室状态、密封件状态、轴的状态和工作环境状态等。

技术人员在做轴承失效分析的过程就是收集轴承失效状态，同时不断质疑：为什么会发生这样的现象？是什么因素使之呈现这个状态？周边哪些因素是相互联系的？在不断的质疑中建立事实（观察所得）之间的相互逻辑关系，从而把失效的来龙去脉搭建成一个完整的事件。这个过程十分像侦探断案，收集线索，然后将扑朔迷离的线索相互联系，寻找答案。

工程实际中的轴承失效分析方法可以参照 GB/T 24611—2009《滚动轴承　损伤和失效术语、特征及原因》中的建议：

1）从轴承监控装置上得到运转数据、分析记录和图表。

2）提取润滑剂样品，以确定润滑状态。

3）检查轴承外部影响环境，包括设备问题。

4）在安装条件下评定轴承。

5）标识安装位置。

6）拆卸轴承及零件。

7）标识轴承及零件。

8）检查轴承支撑面。

9）评定轴承。

10）检查单个轴承或轴承零件。

从上面的标准失效分析检查步骤中可以看出，在对轴承拆卸的过程中都要遵循先观察、记录，后拆卸的原则。因为一旦拆卸动作开始进行，很多工况痕迹都会随之消失，很多分析线索也会随之丢失，这样就大大增加了后续分析的难度。

三、电机轴承失效分析的依据

轴承失效分析是一个通过观察、分析、思考所得与理论体系相互联系印证的过程。所以最初的轴承失效分析是一个非常经验化的工作，经常出现的情况就是：同一套轴承，在不同人的眼睛里观察到的结果可能不同，得到的结论也可能不同。有时，甚至会出现因为对相同的失效点叫法不同而带来的误会。这种因人而异的判断很多时候会使分析陷入混乱。

但是另一方面，千差万别的轴承失效也确实有其相似的地方。这些类似不仅仅形貌类似，导致的原因也可以分类。这种科学的分类，在很大程度上统一了判断的一些标准，同时为失效分析的判别提供了依据。人们根据这样的分类，明确了相应的分类规则，并发布了相应的图谱。目前最广泛使用的是 ISO 15243：2004。我国在 2009 年也参照这个国际标准颁布了 GB/T 24611—2009《滚动轴承　损伤和失效术语、特征及原因》。这些标准就是进行轴承失效分析最主要的依据。

需要指出的是，目前在轴承失效分析的各种资料中，很多时候并没有遵守既定规则的分析及命名原则。这样给轴承失效分析技术的应用带来了一定的难度。甚至有些大家耳熟能详的叫法，其实并不规范（标准中并未使用的命名）诸如："点蚀"、"磨耗"、"辗皮"、"微振磨损"等，这些叫法在标准中并不存在。很多时候是由于对外语翻译的偏差，或者个人喜好的叫法而已。

此处希望大家尽量使用标准中的分类和命名方法，以便于轴承失效分析技术成为一门真正的科学，而避免成为因人而异的"玄学"。

四、电机轴承失效分析的限制

轴承失效分析有其规范，同时经验丰富的技术人员通过对轴承失效分析知识的掌握，可以精准迅速地对轴承失效的原因给出判断。然而，轴承失效分析也有其自身的局限性。

首先，轴承失效分析是建立在对轴承表面形貌的观察基础之上的。这就要求轴承表面形貌具备一定的可观察性。在轴承失效的早期，单纯的原因导致轻微的失效，这样，我们通过对失效点的观察，可以很明确清晰地判断造成失效的原因。但当轴承进入失效晚期时，各种失效相互叠加，轴承各个表面已经布满斑驳，更有甚者，轴承几乎烧结成一团。这样的轴承会令观察者无从下手。所以，轴承失效分析越在早期进行，越有利；相反地，如果轴承已经完全烧毁，失效分析也就无能为力了，比如图 9-1 所示的轴承，几乎失去了失效分析的意义。

图 9-1　轴承失效晚期示例

其次，虽然轴承失效的标准分类体系已经建立，但是并不是所有的失效模式都完全被涵盖进去。工程实际中，确实有某些轴承的失效模式是在这些分类之外的情况。所以轴承失效分析要基于标准分类，但是不能完全生搬硬套。

最后，轴承失效的分类是可以依照国际标准进行的，但是，导致轴承失效的原因要靠相关人员根据实际工况和经验进行分析和推断。这种推断存在经验的因素，有时也是一种概率判断。当然，经验丰富的技术人员命中率会相对高。

五、轴承失效分析的学习与应用

关于轴承失效分析的介绍资料和培训种类繁多，然而万变不离其宗，失效分析技术本身的知识并不复杂，但是对于实际应用轴承的人们而言，轴承失效分析的工作却是一个十分艰难并且充满不确定性的事情。大家经常有的一个感受就是实际工作遇到的轴承故障和一些资料中讲的都不一样，好像感觉看这些资料用处不大，事实并非如此。

这就要说到失效分析学习和应用之间的差别。

首先，轴承失效分析知识的培训顺序往往是先介绍轴承失效类型，然后解释这种失效类型的特征，再讨论导致这种失效的原因，如图9-2所示。而实际工作中往往面对的是一个已经失效的轴承，需要从一个已经坏了的轴承中寻找线索。也就是先观察轴承，然后判断轴承失效特征，再去对应失效类型并分析导致失效的原因，如图9-3所示。这和一些资料和培训班中讲述的操作顺序完全相反，这在很大程度上增加了人们应用轴承失效分析知识的难度。

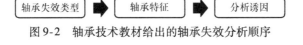

图9-2　轴承技术教材给出的轴承失效分析顺序

图9-3　实际工作中的轴承失效分析顺序

其次，失效轴承的特征往往非常难于描述，通常在资料中只能用一些图片加以说明来展示。这增加了大家学习和记忆的难度。

再次，目前各种技术培训资料对各种失效的描述的术语各不相同。也就是说，相同的失效，其叫法、分类可能有所不同。这更增加了学习者的难度。说明一点：本书所用的术语和分类，绝大部分是严格按照前述国际和国内标准给出的。

综上，可以说，轴承失效分析是一门需要学用结合的技术。实际应用中，要在对失效轴承的分析对比中理解失效分析技术资料里的内容，并且思考其中的逻辑关系。一旦清楚了各种失效的原理和逻辑，则不论对于什么表观样貌，就将不难抓住重点，找到分析的突破口。

第二节　电机轴承接触轨迹分析

一、轴承接触轨迹（旋转轨迹）的定义

一套全新的轴承，在生产过程中要经过车削和磨削等机械加工，生产完成之

后，宏观上来看滚道和滚动体表面具有合格的表面精度，但是如果用显微镜进行微观观察，就可以清楚地看到所有的加工表面都有加工的痕迹，就是我们所说的刀痕或磨痕，这些加工刀痕或磨痕就是微观上金属表面的高低不平。

电机轴承在承受负荷运转时，滚动体和滚道之间接触并承载。轴承滚动体在滚道表面反复承压滚动，就会将滚道和滚动体表面刀痕或磨痕压得略微平坦些。其实这个过程在任何新加工后投入运行的机械设备中都会存在，我们称之为"磨合"。轴承接触表面的磨合是接触表面退化的一个环节。接触表面从承载就开始退化，直至失效。其中初期的磨合过程是有益的，经过初期磨合，轴承的运行表现会更佳，滚动体和滚道的接触达到最优的状态，此时轴承的摩擦转矩和旋转状态也进入最佳。经过磨合的滚动体和滚道表面较之全新加工的表面而言，其粗糙度会产生变化。这种变化从视觉上就可以看得出来，被滚过的滚道位置比旁边未承载的位置看起来有些许灰暗，其反光程度的差异只能看出来，而用手接触并无触感差异。

我们把轴承滚动体和滚道表面经过磨合而粗糙度发生变化的痕迹叫作接触轨迹或旋转轨迹（此定义源自 GB/T 24611—2009）。由接触轨迹产生的原因可以知道，接触轨迹的位置就是滚道和滚动体承受负荷的位置。也就是哪里承受负荷，哪里就会有接触轨迹。所以，接触轨迹是轴承承受负荷后在内部所留下的"线索"。

二、接触轨迹分析的意义

在前面对轴承分类介绍的部分内容中，讲述了轴承的承载能力，也就是这个轴承对应该承受负荷的承受水平以及方向。而轴承一旦承受了这个负荷，在对应的滚道和滚动体位置就会留下接触轨迹。在观察对比轴承的接触轨迹时，如果在轴承承载能力的范畴以外（承载方向和偏心等）发现了接触轨迹，就说明工况超出了设计预期。轴承承受了本来不应该承受的负荷。这样就提示了值得关注的地方。

我们将对接触轨迹的检查和分析叫作接触轨迹分析。事实上，很多轴承失效分析都会在接触轨迹分析阶段就已经找到对应的原因。只不过很多人过多地执着于轴承失效模式的界定，直接跳过了此步骤。这样做，一方面忽略了重大承载线索；另一方面经常得到无法指导改进的结论。现实中，我们总是看到一些轴承失效分析报告直接给出"表面疲劳"等分类性结论，可是这个结论对于电机使用维护人员并无很大的指导意义。究其原因，就是忽略了接触轨迹分析，忽略了将轴承失效模式界定与轴承运行状态推断之间建立联系的过程。

由此可见，轴承接触轨迹分析对于轴承失效分析而言十分重要，不可忽略。

三、电机轴承典型接触轨迹列举

（一）电机轴承正常运转时的接触轨迹

电机轴承在外界以及自身处于正常工况时，轴承滚动体和滚道经过一段运行（磨合）也会留下接触轨迹。我们按照正常工况下，轴承承受不同负荷状态的接触轨迹分类介绍如下：

1. 轴承承受纯径向负荷的情况

内圈旋转轴承承受纯径向负荷内圈旋转时（卧式内转式电机无轴向负荷时），深沟球轴承及圆柱滚子轴承承载状态以及滚道接触轨迹如图9-4所示。

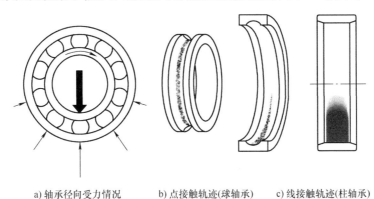

a) 轴承径向受力情况　　b) 点接触轨迹(球轴承)　　c) 线接触轨迹(柱轴承)

图9-4　内圈旋转轴承承受纯径向负荷时的接触轨迹

轴承运转时，轴承内圈转动，内圈的所有位置都会经过负荷区，因此轴承内圈宽度范围的中央位置出现宽度一致并且布满一整圈的接触轨迹。

轴承外圈只有负荷区承受负荷，所以外圈在负荷区范围内宽度方向的中央位置留下接触轨迹。正常的深沟球轴承负荷区应该在约150°的范围内，因此，在负荷区边缘随着负荷的减少，接触轨迹变窄，直至离开负荷区，接触轨迹消失。

当轴承工作游隙正常时，轴承负荷区大约为150°的范围，而当轴承工作游隙过小时，轴承接触轨迹如图9-5所示。此时负荷区范围会扩大，甚至拓展到整个外圈。由于依然是纯径向负荷，因此此时接触轨迹依然位于外圈沿宽度方向的中央位置，且与轴承径向负荷相对应的地方接触轨迹最宽，并向两边延展变窄。

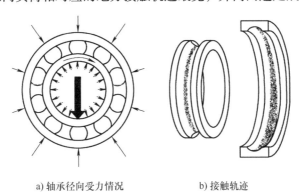

a) 轴承径向受力情况　　　　　b) 接触轨迹

图9-5　内圈旋转轴承承受纯径向负荷时工作游隙偏小的接触轨迹

这种情况下，由于负荷是纯径向，并且内圈旋转，因此内圈接触轨迹布满内圈一周的等宽度轨迹，并出现在内圈沿宽度方向的中央位置。

工程实际中，若出现此种接触轨迹，就提示我们需要对轴承工作游隙进行调整。我们知道，造成轴承工作游隙过小的原因是轴的径向配合过紧，因此此时我们应该检查轴的径向尺寸，同时检查图纸径向尺寸公差设置。并根据本书轴承公差配合的建议进行调整。外圈旋转轴承承受纯径向负荷外圈旋转时（卧式外转式电机无轴向负荷时），轴承承载状态以及滚道接触轨迹如图9-6所示。

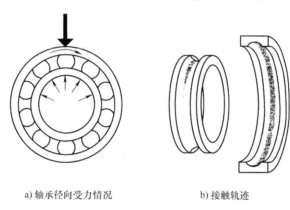

a) 轴承径向受力情况   b) 接触轨迹

图9-6 外圈旋转轴承承受纯径向负荷的接触轨迹

此时，轴承内圈固定、外圈旋转，负荷区位于轴承上半部分。轴承外圈旋转通过负荷区，因此呈现外圈等宽度整圈接触轨迹。轴承无轴向负荷，因此外圈接触轨迹位于轴承宽度方向的中央位置。

轴承内圈处于负荷区宽度方向中央位置的地方出现中间宽、两边窄的接触轨迹。

关于工作游隙的判断，和内圈旋转的情况类似，请读者自行推断，此处不赘述。

2. 轴承承受轴向负荷的情况

轴承承受轴向负荷时，负荷由一个圈通过滚动体传递到另一个圈，也就是从轴承一侧传递到另一侧。因此接触轨迹将出现在滚动体的两边。图9-7为轴承承受轴向负荷时的接触轨迹。

轴向负荷通过轴承圈将滚动体压在中间，因此轴承内部没有剩余游隙。对于纯轴向负荷，轴承内圈和外圈呈现对称方向等宽度的布满整圈的接触轨迹。

纯轴向负荷将轴承内外圈压紧，因此不论内圈旋转还是外圈旋转，轴承两个轴套圈呈现的负荷痕迹呈现对称的分布。

在一般负荷下，滚道和滚动体的接触应该发生在滚道两个边缘以内，此时接触轨迹位于滚道之内的某个位置。但是当接触轨迹已经接触或者跨越轴承滚道边缘时，就说明此时轴承受的轴向力过大，超出了轴承的承受范围，轴承会出现提早失效。

由此可以想到角接触球轴承就是偏移滚道的深沟球轴承，它将滚道沿着轴向负荷方向偏转，使轴承可以承受更大的轴向负荷。但是相应的，如果角接触球轴承承受了反向的轴向负荷，那么接触轨迹很容易就会跨越滚道边缘，这是不允许的。

3. 轴承承受联合负荷的情况

如果轴承既承受轴向负荷又承受径向负荷（或者一个负荷如果可分解为轴向和径向两个分量），那么我们将这种负荷称为联合负荷。轴承在承受联合负荷时具有轴向负荷接触轨迹和径向负荷接触轨迹的联合特征。如图 9-8 所示。

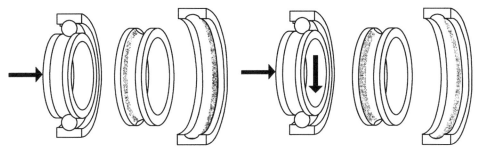

a) 轴承　　向受力情况　　　　b) 接触轨迹　　　　a) 轴承受力情况　　　　b) 接触轨迹

图 9-7　轴承承受轴向负荷的接触轨迹　　　　图 9-8　轴承承受联合负荷的接触轨迹

首先，联合负荷的轴向分量，将滚动体通过轴承套圈压紧，因此轴承接触轨迹布满整个套圈一周，并沿着负荷传递方向分布在滚动体两侧。

另一方面，联合负荷的径向分量是轴承在径向分量的方向产生重负荷区，因此轴承接触轨迹在负荷方向宽，在反方向窄。这就说明径向负荷方向的轴承承载大，反方向承载小。

前面章节已经阐述，在常用的卧式内转式电机中，经常使用深沟球轴承结构布置，为减少轴承噪声，会对轴承施加轴向预负荷。这时候深沟球轴承所承受的负荷就是一个联合负荷，其中包括了电机本身的径向负荷以及轴向预负荷。此时电机经过一段时间运行，深沟球轴承内部的接触轨迹应该和上图 9-8 相类似。

如果此时轴承滚道上的接触轨迹居于滚道正中，并且可以观察到非负荷区，那就说明此时施加预负荷失败。电机在运行时，深沟球轴承实际上并未受到预负荷的作用。此时需要检查预负荷的施加是否出现问题。

（二）电机轴承非正常运转时的接触轨迹

轴承非正常运行工况包含很多种。对于轴承承受不恰当负荷状况，因为不恰当负荷随工况变化而变化，所以无法一一列举。但我们只要将实际的接触轨迹和前面讲述的轴承正常运行状态下的接触轨迹对比，便可以找到差异，从而查找到一些线索。

下面对因外界条件不良所引起的非正常接触轨迹进行一些说明,其中包括轴承对中不良、轴承室圆度不合格等造成的轴承负荷异常等情况。

1. 轴承承受偏心负荷(对中不良)的情况

轴承承受偏心负荷,也就是轴系统对中不良的情况分为两种:一种是轴承室偏心(轴承室和转轴同心度较差);另一种是轴偏心(轴承和转轴同心度较差)。

(1)轴承室偏心。轴承室偏心是指轴对中良好,而轴承室的中心出现偏心的状态。轴承内圈旋转外圈固定时,轴承状态及接触轨迹情况如图9-9所示。

由于内圈旋转,滚动体滚过内圈整周,内圈在可能承受负荷的宽度内普遍承载。内圈出现等宽度且布满整圈的接触轨迹。

轴承外圈一直处于偏心状态运行,因此接触轨迹呈现宽度不一致,且位于两个完全相反的方向斜向相对。

图9-9b中左边为深沟球轴承在轴承室偏心负荷下的接触轨迹,右边为圆柱滚子轴承此时的接触轨迹。与球轴承接触轨迹类似,此时圆柱滚子轴承沿套圈轴向中心线分布两个相对的接触轨迹。

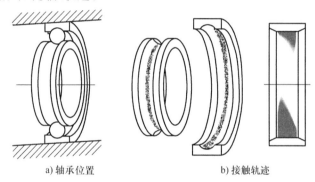

a) 轴承位置   b) 接触轨迹

图9-9 轴承室偏心时轴承的接触轨迹

(2)轴偏心。轴偏心是指轴承中心线对中良好,但轴出现偏心的状态。对于内圈固定外圈旋转的情况,轴承状态及接触轨迹如图9-10所示。

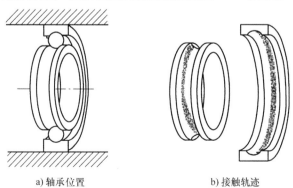

a) 轴承位置   b) 接触轨迹

图9-10 轴偏心时轴承的接触轨迹

此时轴承内圈旋转，由于轴处于偏心状态，所以轴承内圈偏斜运行，产生宽度不一致的接触轨迹，同时接触轨迹位于相反方向斜向相对。

轴承运行时，由于内圈偏斜，所有的滚动体都会被压在两个轴承圈之间，因此轴承运行时没有剩余的工作游隙。此时，轴承外圈出现宽度一致、遍布整圈的接触轨迹，且接触轨迹宽度相同。

即使对于非调心轴承，偏心负荷都会造成比较严重的后果。尤其是对于圆柱滚子轴承等对偏心负荷敏感的轴承，偏心负荷会造成滚动体与滚道接触的应力集中，因此会大大降低轴承寿命。

2. 轴承室圆度不良产生的接触轨迹

如果轴承室圆度不良，在轴承滚道上产生的接触轨迹（内圈旋转的情况）如图9-11所示。

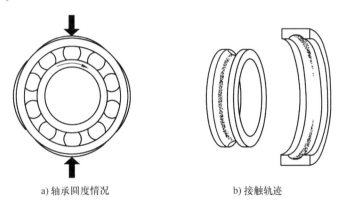

a) 轴承圆度情况   b) 接触轨迹

图9-11　轴承室圆度不良时轴承的接触轨迹

由图9-11a看到，轴承室呈现竖向窄、横向宽的椭圆形态。此时内圈旋转，内圈滚道轴向中央位置出现宽度一致、遍布整圈的接触轨迹。

轴承外圈由于受压于轴承室，竖直方向偏窄，通过滚动体与内圈承载；横向偏宽，分布有剩余游隙。因此轴承在上下端出现接触轨迹，在横向没有负荷轨迹，且负荷轨迹位于轴承圈轴向中央位置。

处于这种状态下的轴承会出现噪声不良的状态，最终会影响轴承寿命，应予以纠正。

3. 其他不良负荷状态的接触轨迹

了解了轴承滚道接触轨迹产生的原因，就可以推断其他负荷状态下的接触轨迹样貌。举几个例子如下：

1）轴承室如果圆柱度不良（假设圆度等其他因素正常）而呈现锥度，此时内外圈成楔形空间分布，显然楔形空间窄的地方承载会大，因此接触轨迹明显；而相对方向负荷轻，接触轨迹不明显；或者在极端状态下会没有接触轨迹。

2）普通电机内圈旋转的轴承在振动负荷下运行。此时如果振动比较剧烈，则轴承原本静止运行时应该处于非负荷区的地方也会出现接触轨迹。此时轴承内圈和外圈同时出现遍布整圈的接触轨迹。

3）振动负荷轴同步旋转时，此时负荷相对于轴承内圈的方向不变，虽然是内圈旋转的轴承，但是轴承外圈也会出现整圈的接触轨迹，而轴承内圈只在某些方向出现接触轨迹。

各种情况不胜枚举，读者可以使用上述分析方法，基于实际工况加以分析，从而得到接触轨迹的合理解释。

（三）接触轨迹分析的工程应用

接触轨迹存在于所有已经运行过的轴承中。对轴承进行失效分析时，接触轨迹分析的主要作用是判断轴承是否曾经承担了不应该承担的负荷，同时判断这个负荷与失效点之间的关系。

另外，在出现失效的轴承中，通常失效点会处于接触轨迹内部或者附近。而失效点是已经损坏的轴承表面，距离失效点越远，失效表征越浅，其滚道状态更有可能呈现初期失效的样貌。而接触轨迹正好可以揭示轴承在未失效时候的承载状态。因此有经验的轴承工程师，除了对轴承失效点进行分类分析以外，也会十分关注轴承滚道接触轨迹，以推断失效初期的样貌，同时了解轴承受载状态。

有些运行过一段时间的轴承在设备整体维护中被拆卸下来。经过检查发现轴承完好，此时就可以考虑将轴承重复安装使用。此时，对接触轨迹的了解便可以提示一种延长轴承寿命的方法。具体如下：

对于承受径向负荷的轴承，在固定圈上仅负荷区承载，接触轨迹出现在负荷区。接触轨迹的实质是表面退化的表现。负荷区滚道表面已经经过一段时间运转，表面退化在负荷区出现。若将轴承圈旋转180°进行安装，将原先的非负荷区置于负荷区继续运行，那么轴承寿命将会延长。

第三节　轴承失效分类介绍

一、概述

按照 ISO 15243：2017《滚动轴承损伤与破坏。术语、特点和原因》和GB/T 24611—2009《滚动轴承　损伤和失效术语、特征及原因》的内容，轴承失效类型总共有 6 大类，参见图 9-12。

ISO 15243：2017 规定的轴承失效形式是将轴承失效形式进行标准化，因此被分类的失效模式具有以下 3 个特点：

1）失效原因具有可识别的特点。虽然有很多种失效原因，但是每一种都可以被唯一地识别。

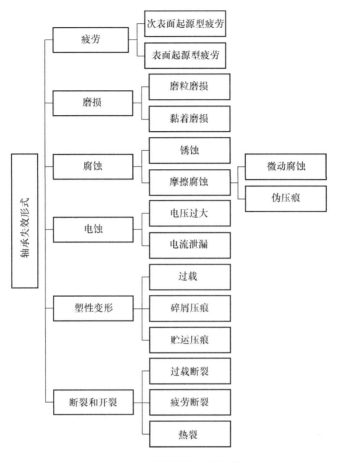

图 9-12　滚动轴承失效分类

2）失效机制具有可识别的失效模型。失效机制可以被进行逻辑分组，这些分组可用于快速确定失效的根本原因。

3）观察到的轴承损伤可以确定失效原因。通过对失效原件及附属元件的仔细观察，可以排除周边干扰因素，从而找到真正的失效原因。

二、轴承失效类型之———疲劳

疲劳是指滚动体和滚道接触处产生的重复应力引起的组织变化。宏观上就是轴承滚道及滚动体表面的小片剥落。

在轴承寿命计算部分，我们介绍了轴承在承载运转时，滚道表面以及表面下出现的剪应力分布有两个峰值，一个在表面处，一个在表面下。因此这两个位置成为轴承疲劳的两个关键点。在这两个地方出现的疲劳被定义为次表面源起型疲劳和表面源起型疲劳。

（一）次表面源起型疲劳

1. 次表面源起型疲劳机理（原因）、表现及对策

在轴承滚道承载时，如果表面润滑良好，表面剪应力峰值将被降低，因此次表面（表面下）的剪应力峰值将成为剪应力最大值。当剪应力出现次数达到一定值时，金属内部组织结构就会发生变化，进而出现微裂纹。轴承继续运转，微裂纹将向表面扩展，最后形成金属剥落。

次表面源起型疲劳最初生成时无法被察觉，这是因为它发生在轴承表面以下，此时轴承运行依然正常。当微裂纹扩展到表面时，轴承滚道表面就会出现缺陷。此时可以通过状态监测发觉轴承相关部件的缺陷频率异常。随着疲劳的继续发展，疲劳剥落将进一步扩大，此时轴承运转会出现异常噪声，宏观观察可以察觉出轴承异常。如果此时不采取措施，剥落下来的金属颗粒会变成滚道的污染颗粒，这样会造成其他次生轴承失效。各种轴承失效形式叠加，会使轴承最终出现严重问题，甚至危及设备安全。

次表面源起型疲劳是一个逐步发展的过程，其发展的速度与轴承的转速和负荷的大小有关。在轴承失效初期和前期，次表面源起型疲劳可以被察觉。电机维护人员应该在发现轴承问题时及时处理，避免发生不可控的后果。

因轴承次表面源起型疲劳与轴承承受的负荷有关，所以通过对根据轴承尺寸选择的负荷进行校验，使轴承工作在可以承受的负荷工况下。但是由于其他一些生产、工艺和使用的原因，一旦某些不应该承受的负荷施加到轴承之上，就将对轴承造成伤害。因此，检查并排出这些"非计划内"负荷，是应对轴承次表面源起型疲劳的重要手段。

2. 次表面源起型疲劳举例

如果轴承内部负载正常，则在轴承转数达到一定值时（剪应力出现到一定次数），轴承负荷区的滚道或者滚动体将会出现正常的次表面源起型疲劳，这就是所谓的轴承寿命的概念。但是当轴承承受不正常负荷时，往往在轴承运行不长时间就会出现次表面源起型疲劳。

圆柱滚子轴承偏载会引起次表面源起型疲劳，图9-13所示就是一套圆柱滚子轴承次表面源起型疲劳的图片。首先，我们通过接触轨迹分析可以看到滚道表面一侧有接触轨迹，说明轴承承受了偏载。图9-13中仅显示了部分滚道，因此要结合整个滚道进行观察，来判断偏载是由偏心还是轴承室锥度等因素引起的。在轴承承受偏载时，滚子一端和滚道之间的接触力很大，另一侧很小。导致滚子一侧下面的滚道次表面应力大于正常情况，因此轴承运行一段时间（短于正常的疲劳寿命）就会出现次表面源起型疲劳。

深沟球轴承安装不当会引起的次表面源起型疲劳，图9-14所示就是一个深沟球轴承次表面源起型疲劳的照片。图中我们看到轴承滚道一侧出现几个疲劳剥落的痕迹。通过接触轨迹分析，我们看到所有的轴承滚道疲劳剥落都出现在滚道的一个

a) 滚道受载后次表面微裂纹　　　　　　　　　b) 次表面源起型疲劳的发展

图9-13　圆柱滚子轴承次表面源起型疲劳

方向，并且几个失效点都达到轴承滚道的边界，说明轴承受到了非常大的轴向负荷。同时，滚道上的疲劳剥落点并不是连续的接触轨迹分布。当我们用轴承的保持架进行对比时，会发现疲劳剥落的位置和保持架兜孔位置（滚动体位置）相对应，这种情况只有在轴承不旋转时才会发生。而如果轴承不转，滚动体滚道表面的应力就不会反复出现。所以唯一的可能就是在轴承静止时，轴承受到比较大的轴向力，这个轴向力使滚道产生了可以发生应力集中的变化，当轴承旋转时在应力集中的地方提早出现了次表面源起型疲劳。这样一来，就可以判断这些次表面源起型疲劳的原因是：在安装过程中，轴向安装力直接通过内圈、球和滚动体，在轴承外圈上产生轻微的塑性变形，从而引发了应力集中。

由此，结论是：该深沟球轴承的次表面源起型疲劳是由安装过程中的敲击所引起的。

（二）表面源起型疲劳

一般情况下，表面疲劳是在润滑状况不良的前提下，由于滚动体和滚道产生一定的滑动，而造成的金属表面微凸体损伤所引起的。

1. 表面源起型疲劳的机理（原因）、表现及对策

当轴承润滑不良时，滚动体和滚道直接接触。如果发生相对滑动，就会造成金

属表面微凸体裂纹，进而微凸体裂纹扩展而出现微片状剥落，最后会出现暗灰色微片剥落区域。

图 9-14　深沟球轴承安装不当引起的次表面源起型疲劳

表面疲劳的宏观可见发展第一阶段是滚道表面粗糙度和波纹度的变化。此时微片剥落发生，如果不能及时散热，摩擦部分的热量就可能使轴承钢表面变色并且变软。这样很多轴承滚道表面呈现出非常光亮的表观形态（有资料用镜面状光亮来形容）。此时如果依然没有足够的润滑，并且散热不良，滚道表面的失效会继续发展，微片剥落继续发生，同时滚道表面会呈现类似于结霜的形态。这个时候，被拉伤的滚道表面甚至会出现沿着滚动方向的微毛刺。在这个区域，沿一个方向的表面非常光滑，而相反方向则十分粗糙。金属从滚道表面被拉开、剥落。如图 9-15 所示。

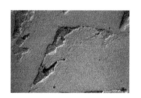

a) 滚道表面微裂纹　　　　　b) 滚道表面微剥落　　　　　c) 表面疲劳的发展

图 9-15　表面源起型疲劳

前面谈到轴承润滑不良诱发表面源起型疲劳，而当表面源起型疲劳开始之后，接触表面粗糙度变得更差，接触表面产生更多热量，从而进一步降低润滑黏度。润滑黏度降低，再进一步削弱润滑效果。如此形成恶性循环。因此，轴承润滑不良导致的表面源起型疲劳发展十分迅速，轴承从开始出现失效到失效后期的时间很短，轴承迅速发热。往往要求一旦发现（通过振动监测和温度检测）异常，就立即停机检查，避免造成严重后果。

由于轴承表面源起型疲劳的原因多数与润滑相关，因此选择正确的润滑是防止轴承表面源起型疲劳重要的手段。

2. 表面源起型疲劳举例

前面谈到，表面源起型疲劳的主要原因是润滑不良。这种润滑不良可能出现在轴承滚动体和滚道之间，也可能出现在其他滚动零部件之间。下面举例说明。

关于轴承滚道与滚动体之间表面源起型疲劳，图9-16 所示为一个圆柱滚子轴承外圈滚道失效的例子。下面分析此例。

图9-16　滚动体和滚道之间
表面源起型疲劳示例

首先从接触轨迹角度判断，轴承的承载在轴承内部沿轴向均布，且位于轴向中央部分。这说明圆柱滚子轴承承受纯径向负荷，无偏心等其他不良负荷，轴承滚道损伤部位位于轴承承载区。

对轴承滚道表面进行仔细观察，发现表面粗糙度异常，且表面材料有方向性观感。轴承滚道呈表面疲劳指征，因此可以查找是否存在轴承润滑问题。

润滑不足或者油脂黏度过低时，金属直接接触，初期会出现表面抛光。观察轴承失效痕迹周围，可以判断此轴承处于失效初期，轴承其他部位完好。可能不是由于润滑不足或者油脂黏度过低所致。

润滑过量或油脂黏度过高时，轴承滚动体和滚道之间在初期有可能无法形成纯滚动而在滚道表面直接拉伤。观感就是粗糙的拉伤。图9-16 所示的就属于这种情况。因此建议检查油脂牌号以及填充量。还有另一种可能就是电机在冷态起动时造成滚道的拉伤。这属于油脂在起动时稠度过高的原因。

进而观察滚道失效痕迹旁边有滚道变色，这是由于表面疲劳润滑不良带来的高温所引起的。

仔细观察，还可以看到圆柱滚子轴承挡边部分有摩擦痕迹。这证明，这套轴承可能是外圈引导的圆柱滚子轴承，且轴承保持架和挡边端面出现了摩擦。从前面介绍的内容可知，当油脂稠度过高时，对于外圈引导的圆柱滚子轴承，其保持架和端面之间很难实现良好的润滑，这从另一个角度印证了前面对表面观察的判断。

圆柱滚子轴承安装不当，在前面轴承安装拆卸和轴承噪声两章中，都提及圆柱滚子轴承安装时造成滚动体或者滚道表面的拉伤会引起轴承噪声等现象。下面我们从轴承失效分析角度再看看这个问题。

图9-17　圆柱滚子轴承安装不当引起的
表面源起型疲劳

图9-17 为一套圆柱滚子轴承安装造成的滚动体表面拉伤照片。

从接触轨迹角度来看，图9-17 所示的滚动体和滚道表面呈现轴向痕迹。这种接触和相对运动在轴承正常旋转时是不可能出现的，唯一的可能性就是轴承安装时，如果直接将滚动体组件连同端盖直接推入轴承，滚动体组件在滚道表面是滑动摩擦，此时滚动体和滚道表面没有润滑，滚道和滚动体表面会被拉伤，从而留下接触轨迹。

从轴承失效分类角度看，如果这种滑动摩擦不严重，仅仅是造成滚动表面微凸点被拉伤，则此时肉眼难以察觉。但经过长时间运行，表面剪应力反复作用，就产生了表面源起型疲劳。这些疲劳部位从被拉伤的微凸点开始向周围扩展，宏观上就呈现出和滚子间距相等的失效痕迹。

如果这种安装滑动比较严重，将可能直接造成滚道或者滚子表面的擦伤。这种擦伤未经轴承运行便已经可以被察觉到，待轴承运行时，轴承失效会开始恶化。从轴承失效分析角度来讲，这属于轴承的磨损一类（详见后续内容）。

通过上述分析，我们从轴承失效分析角度解释了为什么在安装拆卸推荐中，建议安装之前在滚道表面涂一层油脂，同时安装时尽量左右旋转着旋入端盖组件，而不是直接推入。

三、轴承失效类型之二——磨损

轴承的磨损是指在轴承运转中，滚动体和滚道之间表面相互接触（实质上是微凸体接触）而产生的材料转移和损失。

严格意义上讲，轴承的磨损也是发生在表面的，与表面疲劳类似，属于表面损伤的一种。但是它与表面源起型疲劳有区别。表面源起型疲劳是在轴承表面产生微凸体裂纹，从而随着负荷的往复开始发展的轴承失效；而磨损是指在表面直接造成材料的挪移和损失，可以理解为磨损更严重，不需要往复的表面剪应力就已经成为一种损伤，同时磨损伴随着材料的减少。

（一）磨粒磨损

轴承的磨粒磨损指的是由内部污染颗粒等充当的磨粒而造成的轴承磨损。

轴承内部的污染颗粒可能来自轴承安装过程中对轴承或油脂的污染，也可能来自密封件失效后轴承内部进入的污染。

另外，当轴承出现疲劳剥落时的剥落颗粒也可能成为次生磨粒磨损的磨粒来源。

在前面轴承润滑部分中曾经提及，二硫化钼作为极压添加剂使用时，如果轴承转速很高，则二硫化钼添加剂在这个时候也会充当磨粒的作用而伤害轴承。

1. 磨粒磨损的机理（原因）、表现及对策

磨粒磨损的发生是和磨粒不可分割的。若接触表面之间存在其他微小颗粒，在接触表面承载并相对运动时，这些小颗粒就会被带动在接触表面间承载移动，充当摩擦颗粒的作用对接触表面造成损伤。轴承的磨粒磨损都会伴随着轴承材料的遗失，初期宏观表现为轴承滚道及滚动体表面的灰暗。进而，原本进入的污染颗粒和刚刚被磨下来的金属材料一起成为磨粒，使磨粒磨损进一步恶化。

对于轴承而言，磨粒磨损可能发生在滚动体和滚道之间，也可能发生在滚动体和保持架之间，甚至保持架与轴承圈之间。轴承发生磨粒磨损的发展是过程性的失

效，失效出现时，轴承内部剩余游隙会变大，有时轴承的保持架兜孔与滚动体的间隙也会变大。随着磨粒磨损的发展，轴承会出现过快发热和异常噪声等现象。

轴承磨粒磨损严重程度以及发展速度与轴承内部污染程度、轴承转速、负荷的情况相关。

通过上述可知，轴承的磨粒磨损多数与污染颗粒有关，因此注意轴承使用过程中的清洁度以及对轴承使用正确的密封，是防止轴承磨粒磨损的重要措施。

2. 磨粒磨损举例

图 9-18 所示为一个深沟球轴承磨粒磨损失效的保持架。从图中可以看出保持架有很多材料的损失。这时拆开轴承，会发现轴承油脂里有大量的金属碎屑掺杂其他污染颗粒，轴承保持架兜孔变大，保持架材料被磨损。

通常这样的轴承保持架磨粒磨损会伴随着轴承滚道的磨粒磨损同时发生。磨粒磨损发生时应该及时检查轴承密封、润滑等部分，查找污染进入的原因。

如图 9-19 所示的滚道磨粒磨损为一个球面滚子轴承内圈。图中不难发现原本光亮的轴承滚道变得灰暗，仔细观察会发现其布满微小的坑。这就是轴承运行时候由于污染进入轴承内部引发磨粒磨损而造成的。轴承的这种状态继续发展下去就会使滚道表面出现大量的材料损失。

从图 9-19 中可以见到，轴承滚道表面颜色灰暗，内圈严重的变形，变形的原因是轴承圈有一些部分被磨薄。轴承油脂内部含有大量轴承钢的金属材料以及其他污染颗粒。此时建议检查轴承密封和润滑的清洁性。

图 9-18　保持架磨粒磨损　　　　　图 9-19　滚道磨粒磨损

（二）黏着磨损

轴承黏着磨损也被称作涂抹磨损、划伤磨损、黏合磨损。通常是指轴承运转时，由于滚动元件之间的直接摩擦而使材料同一个表面向另一个表面转移的失效模式。

1. 黏着磨损机理（原因）、表现及对策

轴承滚动体和滚道直接接触时，如果有比较大的力并有足够的相对运动，就会发生两个表面在一定压力下的滑动摩擦。通常这种摩擦伴随着较多的发热，甚至使轴承材质出现"回火"或者"重新淬火"的效果，并且在这个过程中还有可能出现负荷区的应力集中，导致表面开裂或者剥落。而此时温度又很高，剥落下来的材料会被黏着到另一个接触表面之上。这样的结果就是我们所说的黏着磨损。

由上述可知，黏着磨损产生的基本条件（特点）是：表面相对滑动；摩擦产生较大热量；金属材质被"回火"或者"重新淬火"从而出现剥落；材料的转移。

轴承发生黏着磨损可能的原因包括：①轴承的突然加速度运行；②轴承最小负荷不足；③轴承圈和轴承室相关部件之间的蠕动等。要避免这些情况的发生，首先需要保证油膜处于流体动力润滑状态，避免接触表面出现退化；其次选择合适的添加剂，防止滚动表面的滑动；最后保证润滑的洁净度，避免滚动表面磨损。

黏着磨损的宏观表现是轴承的温度升高和出现尖锐噪声。其中温度升高会十分显著。伴随着温度升高，润滑恶化，出现恶性循环，最终导致轴承毁坏。这样的轴承高温除了恶化润滑，还会给轴承本身带来恶劣影响。一般地，轴承可以在热处理稳定温度以下运行（请参考本书轴承基础知识部分）。当轴承温度高于此温度时，轴承材料的硬度等会受到影响而降低。轴承材料硬度每降低 2~4 个洛氏硬度，轴承寿命就会降低一半。

对于失效的轴承而言，我们可以通过失效轴承表面的颜色判断其经历的高温。轴承颜色随着经历温度的上升而呈现草黄、深棕、蓝、黑、黑灰的颜色，见表9-1。图9-20是一例轴承高温失效后的照片。

表9-1　轴承承受高温之后的颜色变化

颜色	摄氏度/℃	华氏度/℉⊖
草黄	150~177	300~350
深棕	177~205	350~400
蓝	205~260	400~450
黑	>260	>500
黑灰	>540	>1000

为避免轴承发生黏着磨损，应该改善轴承的润滑，根据实际工况选择合适的润滑黏度的同时，要综合考虑轴承的频繁起动问题、过快加速度起动问题，以及轴承内部不可避免的滑动问题（诸如滚动体与挡边的滑动摩擦）等。

2. 黏着磨损举例

滚道负荷区位置的黏着磨损，在轴承运转时，滚动体进出负荷区时会出现相对滑动。如果轴承运行于过快的加速度时，滚动体和滚道表面就会出现"涂抹"现象，也就是我们说的黏着磨损。图9-21所示就是一个圆柱滚子轴承内圈上的痕迹。图中轴承内圈上有比较明显的沿滚动方向的摩擦痕迹，并且表面有材料损失的状况发生。

当轴承所承受的负荷无法达到最小负荷时（请参考轴承大小选择部分），滚动体在滚道内无法形成纯滚动，也就是出现了打滑。这样的承载打滑也会使接触表面

⊖　$1\,℉ = \frac{5}{9}K = \frac{5}{9}℃$。

出现黏着磨损。

另外，滚动体和滚道之间的相对转速过小时，也有可能发生黏着磨损。

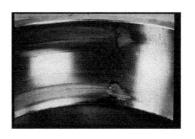

图 9-20　轴承高温失效示例　　　　图 9-21　滚道负荷区黏着磨损示例

我们知道滚子轴承承受轴向负荷的圆柱滚子轴承中除了 NU 和 N 系列以外，其他内外圈均带挡边的圆柱滚子轴承可以承担一定的轴向负荷。同时圆锥滚子轴承也可以承载一些轴向负荷。但是这些滚子轴承承载的轴承负荷都是通过滚子端面和挡边之间的滑动摩擦实现的。

由于这些轴承轴向负荷能力是通过滑动摩擦实现的，因此对承载就有一定限制。承载不能过大（可以根据相关资料进行计算）；速度不能过快（可计算）。超过这些限制就会出现图中所示的轴承失效。

图 9-22 是一套圆柱滚子轴承（双侧带挡边）承受轴向负荷时，其滚子端面的照片。

从接触轨迹角度来看，正常的圆柱滚子轴承不应该承受轴向负荷，即便带挡边的圆柱滚子轴承通常也仅仅适用于轴向定位。但是在图 9-22 给出的这些套轴承中发现了滚子端面的接触轨迹，说明该轴承曾经承受了轴向负荷。

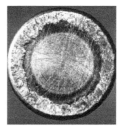

图 9-22　滚动体端面
黏着磨损

从失效分类的角度，可以看出图 9-22 给出的滚子端面有多余的材质黏着。如果观察轴承圈挡边，会发现材料的遗失。由此可以判定为轴承滚子端面和挡边之间发生了黏着磨损。此时应该检查轴承是否承受了轴向负荷，并予以适当调整。

四、轴承失效类型之三——腐蚀

轴承钢材质在一定条件下发生化学反应而被氧化，从而引起的轴承失效即轴承的腐蚀。从腐蚀的过程和机理上划分，有锈蚀和摩擦腐蚀两种类型。

（一）锈蚀

1. 锈蚀的机理（原因）、表现及对策

轴承是由轴承钢加工而来的，当轴承钢与水、酸等介质接触时，会被其氧化生成钢的氧化物。而被氧化的材质与未被氧化的材质一起，其强度发生变化，并有可能产生腐蚀凹坑。如果轴承继续运行，就会在腐蚀凹坑的位置出现应力集中，进而产生小片剥落。

在潮湿的工作环境中，会使轴承的润滑剂中含有水分。这些水分会成为轴承发生锈蚀的重要诱因。除此之外，润滑剂中的水分对润滑影响很大。通常润滑剂中含0.1%的水分就会让润滑的有效黏度降低50%。图9-23为轴承的滚道受水分影响而出现腐蚀的一个示例。

另一方面，有些润滑剂含有可以使轴承某个部件氧化的成分，这些成分会造成轴承锈蚀。因此在选用新润滑剂时除了选择合适的黏度，还需要考虑润滑剂成分对轴承材质的影响（曾有风力发电机轴承铜保持架与所选用润滑剂发生化学反应变黑的案例）。

通常，轴承生产完成之后都会进行防锈处理。因此出厂的新轴承表面都有一层防锈油，一般而言，轴承的防锈油的防锈功能都会有一定的期限（具体期限可咨询轴承生产厂家会查阅相关资料）。因此，请在防锈油失效之前将轴承投入使用或者进行再次防锈处理。另外，一般轴承生产厂家使用的防锈油可以和大部分润滑剂兼容，因此在使用之前，请不要将轴承的防锈油清洗掉，这样，一方面可以保护轴承；另一方面避免在清洗过程中对轴承的污染。

轴承锈蚀是由污染带来的，那么，注意轴承的防护就成为了应对轴承锈蚀的主要措施，例如：加强轴承的密封、储存及组装环境的清洁等。

2. 锈蚀举例

（1）电机绝缘浸漆在电机内挥发引起的轴承锈蚀

某电机厂对一批库存电机进行发货前的质量抽查时，发现噪声异常，经分析后拆开电机，发现轴承滚道表面有锈蚀。仔细检查电机生产流程及储存情况，环境干燥并无水分，排除了环境造成轴承锈蚀的原因。大家质疑：既然轴承有防锈油，并且轴承滚道被油脂覆盖，为何会在滚道表面发生锈蚀。

经过对轴承滚道锈蚀成分的分析，确定锈蚀是由于某些酸性物质腐蚀轴承所形成。后经过分析查找，发现生产车间为了提高生产效率，缩短了绕组浸漆时绝缘漆干燥的时间，因此电机装机后绝缘漆继续挥发干燥，此锈蚀为绝缘漆挥发所致。分析如下：

绝缘漆挥发出来的主要成分是甲酸。甲酸附着在油脂上使油脂变性，并促进油脂的水解。当甲酸浓度增大，轴承滚道表面被变性的酸性油脂腐蚀时，就出现了轴承滚道锈蚀。

此类问题在很多电机厂反复出现，总结其原因并提出如下改进意见：

1）选用无溶剂绝缘漆。

2）选用不含氧化成分的绝缘漆。

3）严格按照工艺规定，保证浸漆温度和干燥时间。如果有可能，可以适当延长干燥时间。

（2）避免停机后环境潮湿引起的锈蚀

图9-23b 所示为一套球面滚子轴
承出现的腐蚀照片。从接触轨迹的角
度来看，锈蚀出现在滚道表面，且与
滚子间距相同。每个锈蚀痕迹从滚子
下面承压中心两侧开始出现，然后向
两侧扩展。同时轴承滚道上有运转过
的连续接触轨迹，因此可以推断出这
套轴承应该是装机运行过之后处于长
期停机状态，造成其轴承接触轨迹出
现每个滚子接触的不连续，其他并无异常。

a) 示例1　　　　　　　　b) 示例2

图9-23　滚道锈蚀示例

观察轴承滚道表面，发现痕迹颜色变深，因此宏观观感是锈蚀。如果需要进一
步确认，可以通过提取表面材质进行化验。

此时应该检查油脂中的水分含量以及其他酸性物质含量，以确认宏观判断。

最后检查工作环境及密封条件，以进一步证实并提出改进方案。

（二）摩擦腐蚀（摩擦氧化）

在接触表面出现相对微小运动时，接触金属表面微凸体被磨去，这些微小的金
属颗粒很容易发生氧化而变黑形成粉末状锈蚀（氧化铁）。在接触应力的作用下，
这些氧化的锈蚀附着在金属表面形成摩擦腐蚀（摩擦氧化）。由此可见，摩擦腐蚀
是由摩擦和腐蚀两个过程组成，总体上是一个化学氧化的过程，属于腐蚀一类的轴
承失效模式。

在不同接触摩擦状态下，摩擦腐蚀产生的表象和内在机理有所不同，因此我们
又将摩擦腐蚀分为微动腐蚀和伪压痕（振动腐蚀、伪布氏压痕）。

1. 微动腐蚀（摩擦锈蚀）

（1）微动腐蚀的机理（原因）、表现及对策

轴承通过配合安装在轴上和轴承室内，在轴旋转时，轴和轴承内圈之间、轴承
室和轴承外圈之间有相对运动的趋势（关于相对运动的原因，请参阅相关章节）。
当配合选择不恰当时，有相对运动趋势并接触的金属表面会产生微小的相对运动。
这种微小的运动就会将接触表面的微凸体研磨下来形成微小金属颗粒，这些微小金
属颗粒氧化后形成金属氧化物（氧化铁颗粒），它们在微动中被压附在轴承金属表
面上，呈现出生锈的样貌。这就是我们所说的微动腐蚀。图9-24 是一套有微动腐
蚀的轴承内圈照片。

由上可见，微动腐蚀的特点是其发生在相对微动的接触表面之间（通常是相
对配合面），呈现氧化的表观，有时有生锈粉末，伴随部分金属材料损失。

微动腐蚀初期宏观上的表象是配合面呈现类似生锈的样貌。随着材质的遗失，
配合面的配合进一步被破坏，微动腐蚀更加严重甚至出现配合面大幅度的相对移
动，就是我们俗称的跑圈现象。

我们在观察轴承配合面"生锈"痕迹时，不能当作生锈进行处理。此处"锈迹"也不是一般生锈原因造成的。也确有人提问：配合面没有氧气，何来生锈？微动腐蚀的机理可以帮助我们解答这个问题。

微动腐蚀有时不仅仅发生在轴承内圈上，有时也会发生在轴承室与轴承接触的地方，造成轴承室内部的凹凸、锥度，以及过度磨损等情况。此时，轴承室不能为轴承提供良好的支撑。轴承外圈在不良支撑下承载运行，会造成断裂。通常这种断裂都是在滚道上沿轴向方向的。如图9-25所示。

图9-24　已有微动腐蚀的轴承内圈　　　图9-25　微动腐蚀引起的轴承圈断裂

防止微动腐蚀的主要对策就是选择正确的轴与轴承内圈、轴承室与轴承外圈的尺寸配合。有时采取其他防止轴承外圈"跑圈"的措施，比如O型环和带卡槽的轴承等。

（2）微动腐蚀举例

1）轴承外圈微动腐蚀。图9-26所示为一个球面滚子轴承外圈微动腐蚀。从接触轨迹的角度可以看到，轴承外圈和轴承室接触的外表面呈现类似生锈的现象，"锈迹"点分布在滚道对应的外面，负荷承载无异常。

从失效分析的角度来讲，轴承外圈外表面"锈迹"不可擦除，其他无异常，这是微动腐蚀所致。建议检查轴承外圈和轴承室的配合尺寸。避免外圈蠕动继续发展破坏轴承运转状态。

在本书轴承公差配合部分我们谈及了正常的轴承配合，考虑轴承圈的挠性，轴承外圈总会有相对于轴承室的蠕动趋势。这种蠕动趋势无法避免，因此会导致微动腐蚀。因此，在进行电机维护时，如果发现轴承外圈有轻微微动腐蚀的迹象，在通过检查轴承室尺寸，配合正常的情况下，可以不用做特殊处理。此时考虑的重点是这个微动腐蚀是否严重，以及是否有继续扩大发展的趋势。如果有，则需要进行纠正处理。

2）轴承内圈微动腐蚀。图9-27所示为轴承内圈微动腐蚀。对于内转式电机，一般轴承内圈和轴之间配合相对较紧，即不希望轴承内圈和轴发生相对运动，若出现相对运动，则会严重影响轴承滚动体的运转状态。

当轴承内圈和轴配合不良时，轴承内圈和轴之间会发生蠕动，从而产生如图9-27所示的微动腐蚀。轴和轴承内圈之间的配合不良包括尺寸配合过松，或者形位公差不当。从接触轨迹的角度观察，应该是内圈配合过松所致。

图 9-26 轴承外圈的微动腐蚀

图 9-27 轴承内圈微动腐蚀

相比于外圈微动腐蚀，内圈微动腐蚀发生时产生的影响更容易恶性循环。内圈一旦有微动腐蚀，将造成配合进一步变松，则轴在旋转时配合力更难以带动轴承内圈，从而滑动加剧，情况更趋恶劣。另外，与外圈相比，轴利用与轴承内圈之间的滑动摩擦带动轴承内圈旋转，而轴承外圈本来不需要旋转，因此轴承内圈和轴之间的摩擦趋势更大，更容易出现微动腐蚀现象。因此，一旦发现轴承内圈微动腐蚀，应尽快进行纠正。

2. 伪压痕（振动腐蚀，伪布氏压痕）

（1）伪压痕产生的机理（原因）、表现及对策

当滚动表面出现往复性相对运动时，在轴承滚动体和滚道表面接触的材料会出现微小运动。如果滚动体在滚道表面是纯滚动，那么这种微小运动可能是由于挠性原因而出现的回弹运动；如果滚动体和滚道之间产生了微小的相对滑动，那么这种微小运动可能是滚动体和滚道表面的相对滑动。

不论是回弹还是相对滑动，金属表面的微凸体都会由于疲劳而脱落。这些微小的金属颗粒有可能被环境氧化。由于轴承内部润滑脂的存在，润滑剂覆盖了接触表面，这些微动痕迹和金属颗粒的氧化发生较少。但是这样的微动持续进行，会在滚道及滚动体表面形成凹坑，且凹坑的痕迹和滚动体相关。对于滚子轴承，多数为直线形状；对于球轴承，多数为点状。

出现这些后续变化的前提是"往复性"相对运动，这经常发生在振动的工况中。在轴承静止不转的场合下，形成的凹坑间距与轴承滚动体间距相当；当轴承处于运转的振动场合时，滚道表面留下的凹坑间距比滚动体间距小。

上述现象分别如图 9-28 ~ 图 9-30 所示。

从上面的机理分析可以看到，伪压痕产生的过程与微动腐蚀十分相似，其不同点在于伪压痕不一定发生金属颗粒的氧化（由于油脂的作用）。因此有些资料中把轴承伪压痕归于轴承磨损一类。

出现伪压痕的轴承在运行时会出现异常噪声，拆开轴承就可以见到上面描述的滚道痕迹。为避免电机轴承出现伪压痕的重要措施就是要保证电机轴承在安装、储存和使用等工况，避免滚动体在滚道上出现"往复性"运动。同时在轴承润滑内

添加相关的添加剂（比如某种极压添加剂），以在滚动体和滚道之间形成阻隔，这些方法将会对避免伪压痕出现有帮助。

图 9-28　轴承的点状伪压痕　　图 9-29　轴承的线状　　图 9-30　轴承不运转时的
　　　　　　　　　　　　　　　　　　　　伪压痕　　　　　　　　　　伪压痕（圆柱轴承）

（2）伪压痕举例

1）运输过程中产生的伪压痕。电机从生产厂送到用户必经运输。在运输过程中电机轴承处于静止状态，但是运输过程中的路途颠簸和车辆的起、停、转弯都会使轴承滚动体在内圈上出现相对的蠕动。由微动腐蚀的机理可知，此时电机轴承滚道上很容易就会产生伪压痕类型的轴承失效。所以很多电机厂都会遇到这样的问题：电机生产制造测试环节噪声合格，但是运抵客户现场试车时就出现异常噪声问题。这就是由于运输过程中轴承内部出现伪压痕的情况。对这种情况的分析在本书第七章中已有涉及。

2）船舶上使用的电机在停用较长时间产生的伪压痕。有时候会出现正常运行时电机轴承噪声正常，一旦停机一段时间再启用时，电机轴承出现了异常噪声。这种情况下，电机运转时振动负荷不会在电机轴承滚道固定部分往复运动，因此不会出问题。但是电机停止工作时，就构成了伪压痕的产生条件。要避免这种情况的出现，可以在轴承选择油脂时适当选用具有极压添加剂的油脂，防止轴承不运转时滚动体和滚道的直接接触，以削弱伪压痕的形成。

五、轴承失效类型之四——电蚀

电蚀是指当电流通过轴承时对轴承造成的损伤失效模式。由于机理不同，我们把轴承电蚀分为由于电压过高造成的电蚀和由于电流泄漏造成的电蚀。

（一）电压过高造成的电蚀

轴承内圈、外圈和滚动体都是轴承钢制成的，它们都是良好的导体。轴承运行之前需要施加润滑，则在从轴承的一个圈到滚动体再到另一个圈的路径中，润滑剂相当于放入它们三者相互之间的绝缘介质。在轴承外圈和滚动体之间的润滑一起构成了一个电容，相同的，在轴承内圈和滚动体之间也构成电容。我们可称之为接触点电容。当由于外界原因，接触点电容两端有电动势（或者说电压）时，油脂起阻隔作用，或者说是绝缘介质作用。当该电动势（电压）达到一定值时，就会击穿电容。

击穿的过程是以火花放电的形式出现的。在击穿时，局部火花温度很高。这个温度一方面可以使油脂碳化；另一方面会使轴承表面在高温下出现熔融，从而呈现微小凹坑。这些凹坑直径可达 $100\mu m$（见图9-31）。

另一方面，轴承运行时滚动体是转动的，滚动体和滚道的接触点是移动的。随着滚动体的滚动，接触点会被分离开，出现类似"拉电弧"的效应。这种情况加剧了放电的效应。

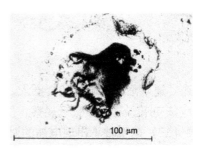

图9-31　由于过电压产生的电蚀坑

当轴承滚道上出现了这样的电蚀凹坑，滚动体滚过时，就会在凹坑边缘产生应力集中。而凹坑形成时，由于高温使凹坑处轴承钢的结构发生变化，在凹坑附近形成变脆的一层，在应力集中的情况下更加容易剥落。由此开始，轴承的次生失效发生。

电压过高而出现电蚀的轴承，首先是油脂退化，在油脂中可以找到碳化的痕迹，在轴承滚道上也可以见到明显的电蚀凹坑。轴承运行的宏观表现，初期是噪声，随着失效的发展，轴承噪声变大、温度升高。

（二）由于电流泄漏造成的电蚀

实验表明，即便很小的电流通过轴承，而且并未形成上述电压过高时会形成的大电蚀凹坑的情况下，轴承滚道表面依然会出现微小的电蚀凹坑，随着轴承的旋转，凹坑将逐步发展为波纹状凹槽。当凹坑刚刚出现时，均布于滚道表面，使滚道呈现灰暗状。通常电机在一定转速下旋转，微小的电压积累，会通过润滑膜的电流呈现一定频率的脉动性。所以，经过一段时间后，滚道上面的微小电蚀凹坑会呈现一定的聚集。聚集的结果就是形成了间距相等的电蚀凹坑槽，有时我们将这种纹路叫作"搓板纹"（ISO 标准中用词为 Fluting，意为衣料上的细纹；国标中翻译为"电蚀波纹状凹槽"；本书称之为"搓板纹"，这是行业内的习惯称谓）。而对于球形滚动体（滚珠）而言，由于存在自旋和公转，所以微小凹坑的发生不具备可以聚集的因素，因此均匀分布于滚动体表面，没有特征的分布，但柱状滚动体会有"搓板纹"。上述现象如图9-32所示。

搓板纹和伪压痕经常容易混淆。可根据如下差别加以区分：

1）出现搓板纹的轴承，滚动体表面发污、光洁度下降、纹条间隔均匀，这是由于布满凹坑的原因。用显微镜观察滚动体和滚道，会发现上面布满了微小电蚀凹坑。

2）出现伪压痕的轴承，滚道上呈现压痕，同时滚动体上也有可能出现压伤的

图 9-32　轴承通过电流时产生的电蚀"搓板纹"

痕迹。通常滚动体硬度比套圈大，即便滚动体上不出现压伤痕迹，其整体光洁度也不应该变暗。通过显微镜观察，伪压痕处呈现机械磨损特征，没有电蚀凹坑。

（三）电机轴承出现电蚀的对策及其局限性

1. 转轴与机座之间出现电位差（电压）的原因

电机是电气设备，在运行时如果转轴与机座之间出现电位差（电压），就会出现轴承电蚀的可能性。轴与机座出现电位差（电压）的可能原因详见《风力发电机轴承过电流问题》，大致归纳如下：

1）静电放电。

2）磁场不对称。

3）共模电压以及电压脉冲的切换。

2. 电机轴承电蚀问题的主流解决方案

对于电机生产厂而言，保证电磁设计的中性点平衡至关重要。

同样，目前业界关于电机轴承电蚀问题的主流解决方案大致如下：

（1）使用绝缘涂层轴承

目前，一些轴承品牌生产商推出带绝缘镀层的轴承（简称绝缘轴承，见图 9-33），以试图解决轴承过电流问题。此类轴承的特点可以从不同厂家处了解，此次不赘述。

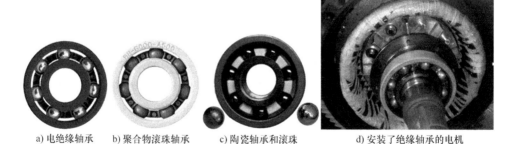

a) 电绝缘轴承　　b) 聚合物滚珠轴承　　c) 陶瓷轴承和滚珠　　d) 安装了绝缘轴承的电机

图 9-33　绝缘轴承及其应用

绝缘轴承由于轴承内圈或者外圈涂装了绝缘镀层，因此具有良好的直流绝缘作用，可以保护轴承不受直流电通过的困扰，而避免直流电的过电流问题，就是上述原因中提到的静电放电问题。

另一方面，绝缘镀层相当于在轴承和轴承室或者轴之间添加了一个很大的电容。电容击穿电压很高，才可以提供上述保护。但是在交流电的情况下，这个电容毫无用处。电容"隔直不隔交"的特点，使之在交流电作用下相当于导体，并不能起到阻隔作用。

所以当存在交流环流时，绝缘轴承起不到任何作用。

到目前为止，具备电感特性的绝缘涂层尚未研发成功，这也大大限制了绝缘轴承的绝缘特性及应用效果。

（2）使用绝缘端盖

使用绝缘端盖对轴承来说是另一种进行过电流绝缘保护的方法。通常，绝缘端盖不是指使用绝缘材料制作端盖，而是在端盖与机座连接部分做好绝缘，见图9-34。用这种方式对轴承的保护作用与绝缘轴承类似。

使用绝缘端盖时，需要注意绝缘端盖的机械强度及其耐久性，避免由于绝缘端盖的老化而带来的尺寸变形和绝缘效果变差。

（3）轴承档加一层陶瓷

目前有一种在电机转轴非轴伸端烧结上一层厚度为0.6mm（磨后尺寸）的陶瓷以起到轴承与转轴之间绝缘的作用。见图9-35。

图9-34 绝缘端盖　　　　图9-35 烧结上一层陶瓷的电机转轴

（4）附加电刷短路法

不论绝缘轴承还是绝缘端盖，都是用"堵"的办法来防止电流流过轴承。实用中，同时还有一些"导"的办法给漏电流以出路。用附加电刷短路的方法就是其中之一。图9-36是附加电刷短路的应用实例。

该方法是在电机转轴和轴承室之间加装一组电刷，从而使电流通过电刷将轴承"短路"掉，从而避免轴承的电蚀问题。

通过实践，发现此方法确实可以有效地保护轴承，并具有成本低廉的特点。但是，附加电刷的使用增加了后续维护的工作量，同时电刷的接触可靠性是其能否真正发挥"短路"作用的前提。电刷的更换维护需要持续进行。另外，电刷摩擦下来的粉末如果进入轴承，会对轴承造成损伤，所以要特别注意对轴承清洁度的保

图 9-36 附加电刷短路的应用实例

护，可通过增加轴承密封的方法来解决。

（5）使用导电油脂

早在十几年前，就有轴承生产厂家提出寻找可以导电的油脂填充到轴承中，这也是"导"的思路。目前，也确实能找到一些具备一定导电性的油脂（见图9-37）。这些油脂在轴承静态测试下表现出良好的导电性。然而，轴承内部的运转接触是一个动态过程，轴承滚动体和滚道接触点的变化而引起的"拉弧"过程还无法避免，导致滚动体和滚道之间的接触电阻不稳定，因此使得这些"导电油脂"的导电性也不稳定。目前在一些小型电机中曾有过导电油脂的应用，但就其效果而言，尚有待商榷。

图 9-37 一种导电润滑脂

3. 电机轴承电蚀解决方案建议

综上所述，各种单独的解决方法都各有其优缺点。因此，单独依靠某一个方法来解决电机轴承电蚀问题都存在其局限性。尤其是风力发电机中的轴承电蚀问题引起了电机设计人员的重视。经过多年应用，一个疏堵结合的方法被证实具有更好的可靠性，也就是一方面在轴承部分添加绝缘（使用绝缘轴承或者绝缘端盖）；另一方面，在电机轴和基座之间添加短路电刷（图9-36 给出的电机就属于此种类型）。

至于对绝缘轴承和绝缘端盖的取舍，电机设计人员要根据自己的实际情况进行评估。

六、轴承失效类型之五——塑性变形

当轴承受到的外界负荷在轴承零部件上产生超过材料屈服极限的力时，轴承零部件就会发生不可恢复的变形，这种失效模式被定义为塑性变形。

ISO 标准中把塑性变形分为如下两种不同方式：

1）宏观：滚动体和滚道之间接触载荷造成在接触轨迹范围内的塑性变形。

2）微观：外界物体在滚道和滚动体之间被滚辗，在接触轨迹上留下的小范围塑性压痕。

其实这两种分类的实质都是一样的，都是指轴承零部件发生可逆的塑性变形。

（一）过负荷（真实压痕）

轴承在静止时所承受的载荷超过轴承材料的疲劳负荷极限时，在轴承零部件上就会产生塑性变形；轴承在运转时候，如果承受了强烈的冲击负荷，也有可能超过轴承零部件的疲劳负荷极限而发生塑性变形。这两种情形都归类于过负荷塑性变形。

从过载塑性变形的定义可以看到，过负荷需要有如下特点：

1）轴承承受很大的静态负荷或者振动冲击负荷。

2）轴承零部件在负荷下出现不可逆变形。

3）等滚动体间距的表面退化（塑性变形痕迹间距与滚动体间距相等）。

4）轴承操作处理不当。

在轴承选择时，如果已知轴承处于低速运转状态，当速度很低时需要对轴承额定静负荷进行校核，以避免轴承出现过负荷引起的塑性变形。同时，如果轴承可能经历巨大的冲击振动负荷，则也要在轴承选型上进行斟酌。在这些情况下，除了考虑过载会引起塑性变形之外，还需要注意改善润滑。

轴承操作不当引起的过载塑性变形，需要对操作中的错误进行纠正。

（二）碎屑压痕

1. 碎屑压痕的机理（原因）、表现及对策

理想状态的轴承运转下，轴承滚动体和滚道之间只有油膜承压。当有其他颗粒进入承载区域时，这些颗粒将在滚道上被碾压，滚道和滚动体上会出现压痕。不同的颗粒在滚道上的压痕也不尽相同。

如果轴承内部出现软质颗粒（木屑、纤维、机加工铁屑），则软质颗粒会被压扁，同时在滚道上留下类似于扁平的压痕，这些压痕边缘并不尖锐，呈现平滑的趋势（见图9-38）。软质颗粒会造成润滑失效，相应地，在滚道和滚动体表面留下的压痕也会造成应力集中，这些都会引发次生轴承失效。其宏观表现包括轴承的发热和异常噪声。污染颗粒引起的轴承振动会出现不规则的峰峰值。

如果轴承内部出现硬脆性颗粒（硬淬钢、硬矿物质颗粒等），那么硬脆颗粒会在负荷区被碾压，首先在滚道上产生压痕，同时硬脆性颗粒可能会被压碎，碎屑在旋转方向扩散，同时被继续碾压，进而发生次生碎屑压痕（见图9-39）。在显微镜下可以观察到硬脆性颗粒产生的碎屑压痕边缘呈现相对尖锐的状态，并且沿着轴承旋转方向扩散。往往一个压痕后面跟着若干偏小的压痕，同时压痕下面呈现类似于图9-40中所示的扩展性。

图 9-38　软质碎屑压痕　　　图 9-39　硬质碎屑压痕局部　　　图 9-40　硬质碎屑压痕

硬脆性颗粒导致的碎屑压痕也会引起轴承表面源起型疲劳。电机轴承出现异常噪声和发热，同时在振动监测时会出现偶发性不规则的峰峰值。

轴承出厂时进行的振动测试中，有的生产厂家进行了振动的峰峰值测试，其目的就是检查轴承生产制造过程中的污染情况，即轴承内部是否存在未清洁干净的污染颗粒。

GB/T 6391—2010《滚动轴承　额定动载荷和额定寿命》描述了颗粒压痕对轴承寿命的影响，设计人员可以参考。

不论是软性颗粒还是硬脆性颗粒，都是轴承运行时不允许出现的。究其来源，多数与污染有关。因此要严格控制轴承安装使用时的清洁度。比如，不用木板添加油脂、不用棉质手套搬运轴承、保持油脂清洁、安装场所保持清洁等，这些措施都可以在很大程度上改善由于污染带来的轴承碎屑压痕导致的轴承失效。

2. 碎屑压痕举例

一些电机用户发现轴承过快发热和异常噪声时，对轴承进行拆卸之后分析，发现轴承滚道和滚动体表面呈现不平整的压痕，但并未出现剥落，同时在轴承油脂里发现了大量闪亮的金属片，经化学分析，金属亮片的材质为铁。

此时，在轴承内部找不到金属亮片的来源。经过仔细观察轴承使用安装环境，发现金属亮片来自电机生产厂加工机械部件时所产生的铁屑。由于铁屑并未经历淬硬，因此在承压时作为软性污染颗粒被压扁，形成扁金属片，同时在轴承滚道上留下扁平压痕。

对此问题，建议电机生产厂做好如下工作：

1）保证轴承安装场所远离污染源（机加工、喷漆等）。

2）在进行轴承安装之前，对相关零件进行清理（轴、轴承室等）。

3）清理相关零件的场所应该远离轴承及轴承安装区域。

（三）不当装配压痕

1. 不当装配压痕的机理（原因）、表现及对策

在对轴承进行安装等操作时，轴承滚动体等元件在受到冲击负荷的情况下也会在滚道表面挤压出塑性变形的痕迹。

电机生产过程中用锤子敲击轴承的错误做法，除了敲击本身会损坏轴承以外，

敲击力通过滚动体在滚道之间传递，也会在滚道上产生塑性变形。

改善轴承安装工艺，使用正确的工具以及安装手法，可以避免此类问题的发生。此内容在轴承安装部分已有详述，在此不重复。

2. 不当装配举例

图9-41所示为轴承在安装时出现的不当装配。从图中可见，轴承内圈侧面有一处为安装时直接敲击产生的损坏，而轴承滚道一侧，留下了滚动体在冲击安装力作用下挤压滚道而产生的压痕。

图9-41　不当装配的轴承损伤

七、轴承失效类型之六——断裂和开裂

当轴承所承受的负荷在轴承原件上产生的应力超过其材料的拉伸强度极限时，轴承材料会出现裂纹，裂纹扩展后，轴承零件的一部分会和其他部分出现分离而造成轴承失效，这种轴承失效被称为轴承断裂和开裂失效。

根据轴承断裂和开裂的原因，大致分为过负荷断裂、疲劳断裂和热断裂。

（一）过负荷断裂

轴承由于应力集中或者局部应力过大，超过材料本身的拉伸强度时，轴承圈就会出现过负荷断裂。导致过负荷断裂的应力集中可能来自负荷的冲击、配合过紧、外界敲击等因素。在对轴承进行拆卸时，所用拉拔器部分的应力集中也是造成过负荷断裂的原因之一。

图9-42所示为轴与轴承配合过紧而导致的轴承内圈过负荷断裂。

图9-42　过负荷断裂的轴承内圈

（二）疲劳断裂

疲劳断裂是材料在弯曲、拉伸、扭转的情况下，内部应力不断超过疲劳强度极限，往复出现多次之后，材料内部出现的裂纹。内部裂纹首先出现在应力较高的地方，随着轴承的运转，裂纹不断扩展，直至整个界面出现断裂。

疲劳断裂出现在轴承圈和保持架之上。当轴承室支撑不足时，也会使轴承圈出现不断的弯曲，最终断裂。

（三）热断裂

零部件之间发生相对滑动而产生高摩擦热量时，在滑动表面经常会出现垂直方向的断裂，这种断裂被称为热断裂。发生热断裂时，摩擦表面由于高温而出现颜色变化。

一般而言，热断裂往往与不正确的配合以及安装操作造成的轴承圈"跑圈"相关。

八、轴承失效可能原因速查

根据轴承失效分类及其相关原因，包括标准在内的很多轴承失效分析资料，我们将轴承失效进行了分类汇总，见表9-2。表9-2中给出"●"标志的表示"相关"，其余为"不相关"或还没有经过验证。

表9-2　轴承失效原因对照表

可能的原因		磨损 磨损增大	磨损 磨伤	磨损 划伤	磨损 咬粘痕迹和涂抹	磨损 擦伤和咬粘痕迹	磨损 波纹状凹槽和搓板纹	磨损 振痕	磨损 过热运转	疲劳 点状表面疲劳	疲劳 小片剥落和片状剥落	腐蚀 一般性腐蚀（生锈）	腐蚀 微动腐蚀	腐蚀 电蚀环坑和波纹状凹槽	断裂 贯穿裂纹和断裂	断裂 保持架断裂	断裂 局部片状剥落和碎屑	变形 变形	变形 压痕	变形 印痕	裂纹 热裂纹	裂纹 热处理裂纹	裂纹 磨削裂纹
润滑剂	润滑剂不充分	●			●	●			●	●	●				●						●		
润滑剂	润滑剂过多								●														
润滑剂	黏度不合适	●							●	●	●				●						●		
润滑剂	质量不合格	●			●	●			●	●					●						●		
润滑剂	污染物	●	●	●						●	●									●			
工作条件	速度过高	●							●	●	●						●	●					
工作条件	载荷过大	●							●	●	●				●			●	●				
工作条件	载荷经常变化				●	●				●	●						●						
工作条件	振动	●			●	●		●					●		●	●							
工作条件	电流通过						●							●									
安装	电绝缘不良						●			●	●	●											
安装	安装不良					●				●	●				●	●	●	●	●	●			
安装	受热不均	●																●			●		
安装	偏斜	●													●			●			●		
安装	不应有的预负荷	●	●							●					●			●					
安装	冲击	●	●															●	●				
安装	固定不当	●	●		●					●	●				●			●			●		
安装	支撑表面不光滑	●											●		●			●					
安装	配合不正确	●	●							●								●	●		●		
设计	轴承选型不当				●	●				●						●							
设计	相邻零部件不匹配				●	●				●					●	●							

（续）

	可能的原因	缺陷特征																				
		磨损						疲劳			腐蚀			断裂			变形			裂纹		
		磨损增大	磨伤	划伤	咬粘痕迹和涂抹	波纹状凹槽和咬粘痕迹	振痕	过热运转	点状表面疲劳	小片剥落和片状剥落	一般性腐蚀（生锈）	微动腐蚀（生锈）	电蚀环坑和波纹状凹槽	贯穿裂纹和断裂	保持架断裂	局部片状剥落和碎屑	变形	压痕	印痕	热裂纹	热处理裂纹	磨削裂纹
储运	储存不当										●											
储运	运输过程中发生的振动				●		●					●						●	●			
制造	热处理不当	●						●	●	●											●	
制造	磨削不当																					●
制造	表面精加工不良	●	●						●	●												
制造	应用零件不精密	●	●						●	●				●		●						
材料	组织缺陷								●	●				●								
材料	材料不匹配	●			●	●			●								●					

第十章 电机轴承在使用前和使用中的检测

第一节 滚动轴承游隙和外形尺寸的测量

在专业生产和计量单位，使用专用的仪器测量滚动轴承的游隙和主要外形尺寸（含外环直径、内环直径、宽度或高度等）。若在使用单位没条件，必要时可使用简易的方法进行测量，得出近似的数值。下面介绍单个滚动轴承游隙的测量方法和相关测试设备。

一、径向游隙的测量方法

（一）用专用仪器测量

图 10-1 ~ 图 10-3 为国内某单位生产的几种测量滚动轴承径向游隙的专用仪器。其结构特点、使用参数和使用方法见表 10-1 和表 10-2。

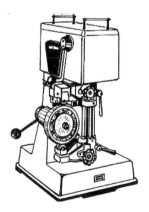

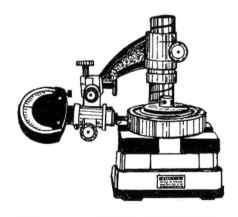

图 10-1 X093C 型球轴承径向游隙测量仪   图 10-2 X293 型柱轴承径向游隙测量仪

（二）简易测量方法

1. 塞尺测量法

用塞尺插入到滚子和外圈之间，如图 10-4a 和图 10-4b 所示。稍用力能插入时，所用塞尺的厚度即为该位置的径向游隙。应转动轴承内圈，在一个圆周上均匀地测量 3 个点，取平均值作为测量结果。

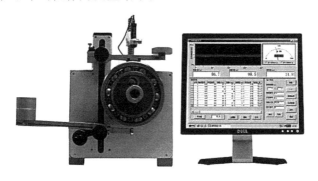

图 10-3　X092JC、X093JC、X094JC 型柱轴承径向游隙测量仪

表 10-1　滚动轴承径向游隙测量仪的结构特点、使用参数和使用方法

型号	使用参数/mm		结构特点和使用方法
	测量范围	示值误差和变动性	
X092K	外径 $\Phi 30 \sim 62$	± 0.0025	由芯轴或顶杆将被测轴承内圈固定，沿测量仪表的测杆测头轴线方向用推杆推动外圈至上下两个极限位置，分别读取仪表显示值，计算出游隙值
X093C	内径 $\Phi 10 \sim 50$ 外径 $\Phi 30 \sim 90$	± 0.0015	全手工操作。采用消隙钩结构，轴承无须压紧，检测效率高，装卸方便。测量机构采用平行弹簧片机构，精度高，重复性好，载荷力稳定可靠
X293	外径 $\Phi 47 \sim 130$	± 0.004	轴承平置于工作台上，压紧内圈，手工推拉外圈至两个极限位置时，测量仪表指示值之差即为径向游隙
X294	外径 $\Phi 100 \sim 400$	± 0.005	

表 10-2　X092JC、X093JC、X094JC 型柱轴承径向游隙测量仪技术参数

型号	技术参数					
	测量轴承范围/mm			量程/μm	分辨率/μm	示值重复性/μm
	内径	外径	宽度			
X092JC	$\Phi 3 \sim 15$	$< \Phi 45$	2.5 ~ 17	0 ~ 100、0 ~ 200	0.1、0.2	± 1
X093JC	$\Phi 15 \sim 50$	$< \Phi 130$	4 ~ 35	0 ~ 100、0 ~ 200	0.1、0.2	± 1
X094JC	$\Phi 40 \sim 100$	$\Phi 60 \sim 250$	>17	0 ~ 200、0 ~ 400	0.1、0.2	± 1.5

2. 挤压熔丝测量法

将一段熔断器用熔丝（俗称保险丝）插入两个滚珠的空隙中并用手拿住，固定轴承内圈，转动外圈，使熔丝挤压入外圈与滚珠之间，挤压之后，取出熔丝，用

外径千分尺测量挤压部分的厚度尺寸，即该轴承的径向游隙尺寸。如图 10-4c 所示。由于熔丝被挤压的部位在退出后有可能出现一定量的"反弹"，致使测量值会略大于实际游隙值。通常这种方法仅作为参考使用。

3. 千分表测量法

1）按图 10-4d 所示，将轴承的内圈压在一个与水平面垂直的平板上，内圈的下面垫上一层薄片，使外圈与平板不接触并靠其自身的重力下垂，轻轻旋动轴承外圈，使滚珠与内圈和外圈沟道中心线接触。

2）在上述轴承的自由状态下，用千分表的测头对准轴承外圈外表面的上侧面（图 10-4d 中 B 方向）中部，调整好千分表的测量力之后，转动表盖，使指针对准零位（使用数字显示式千分表时，将显示值置零）。

3）扶住外圈下端（图 10-4d 中 A 端），并用适当的力沿轴承径向（竖直向上）朝 B 端方向推，使球在 A 方向与内、外圈均密切接触。记录千分表的读数。该读数值即为被测轴承在这一位置时的径向游隙。

4）转动外圈一定的角度，再重复进行上述操作，得到几个不同角度的径向游隙值。取平均值作为最终的结果。

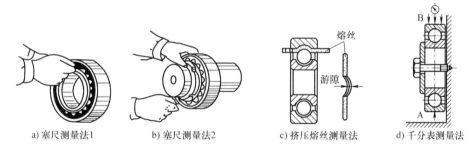

a) 塞尺测量法1 b) 塞尺测量法2 c) 挤压熔丝测量法 d) 千分表测量法

图 10-4　向心滚动轴承的径向间隙简易测量方法

二、轴向游隙的简易测量方法

滚动轴承的轴向游隙一般只局限于内外圈相对固定的向心球轴承，可用专用仪器进行测量，在使用单位，一般用如下简易方法进行。

1）按图 10-5 所示，将轴承的内圈压在一个平台上，内圈的下面垫上一层薄片，使外圈在靠自身重力的作用下自然下沉时不与平台接触，用千分表在外圈端面中心圆处整个圆周上每相隔 90°测量一点数值并做好记录，测量时千分表对轴承的压力应尽可能小，以防止另一端翘起。

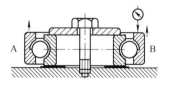

图 10-5　深沟球轴承轴向
游隙的简易测量方法

2）将轴承外圈整体向上拉起并保持稳定不动（可垫物支撑），用上述同样的方法和要求测量另 4 个点的数值。

3）计算每点两次测量值之差，取其绝对值的平均值，即为被测轴承轴向游隙的最终结果。

三、主要外形尺寸测量

滚动轴承的主要外形尺寸包括外环直径 D、内环直径 d、宽度 B 等。另外，外环和内环的圆度也很重要，应列入测量和考核范围之内。

轴承制造企业和有条件的使用单位，使用专业的测量仪器进行测量。图 10-6 给出了部分产品示例。其使用参数和使用方法详见相应产品的使用说明书。

图 10-6　轴承套圈外径、椭圆度、锥度、棱面度和平行度测量仪

对于一般使用单位，可利用如图 10-7 所示的内径千分尺（或内径百分表）、外径千分尺等量具对其进行粗略的测量。

测量内径和外径时，应在一个平面内相互成 90°角（十字交叉）各测量一个数据，取其平均值作为直径测量结果，取两个数值之差的 1/2 作为圆度测量结果。

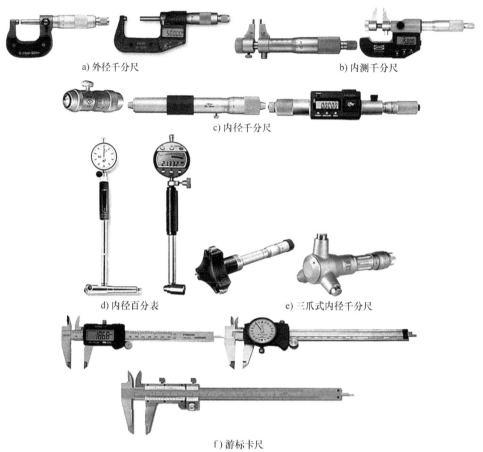

a) 外径千分尺　　　　　　　　　　　b) 内测千分尺

c) 内径千分尺

d) 内径百分表　　　　　　e) 三爪式内径千分尺

f) 游标卡尺

图 10-7　测量内、外径尺寸的量具

第二节　滚动轴承振动的测量和标准

　　评价一套轴承质量好坏的一个重要指标是其运转时的振动值应符合相关标准规定。另外还有噪声值，特别是不能有异常噪声。

一、测量设备和使用方法

（一）测量仪器举例

　　测量滚动轴承振动值需要专用的设备。图 10-8a 是由国内某单位生产的一种加速度型轴承振动测量

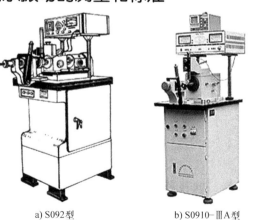

a) S092型　　　　b) S0910-ⅢA型

图 10-8　轴承振动测量仪

仪，型号为 S092，主要用于深沟球轴承、单向角接触轴承振动加速度的测量。仪器配有示波器，可直接观察振动波形，还设有音频监听电路及扬声器，供用户对轴承"异音"情况直接进行判断。其使用参数见表 10-3。

表 10-3　S092 型轴承振动测量仪使用参数

使用参数名称	参数值
可测量轴承内径范围	10 ~ 60mm
振动级量程	0 ~ 70dB（3 档）
基础振动	≤8dB（关闭音量）
主轴转速	(1500 ± 30) r/min
主轴跳动	径向圆跳动 0.005mm，轴向圆跳动 0.01mm
放大器频率范围	50 ~ 10000Hz

使用时，应配置与被检测轴承内径尺寸相配合的专用心轴。对于开启式轴承，测量前应用汽油等将原有的防锈油（脂）清洗干净，然后在沟道内滴入少量的航空煤油。振动传感器的测头压在轴承外圈侧面中心位置，按相关要求设定施加的压力。通过一套可调节压力的装置对轴承外圈端面施加一个规定的轴向压力。

运转适当时间后，读取测量值。打开扬声器时可听到经放大的运转声。

详细的使用和调整方法见仪器说明书。

图 10-8b 为 S0910 – ⅢA 型加速度型轴承振动专用测量仪器。主要测量如 693、694 、695、52 等内径在 3 ~ 9mm 以内的微型深沟球轴承和角接触球轴承。其特点是：①轴系尺寸较小，目的是为了提高主轴的回转精度，减小温升；②轴向加载装置尺寸较小，推力降低，定位和导向精度提高；③传感器调整装置尺寸较小，减小传感器同轴承外圈的接触力。

（二）心轴与轴承的配合

心轴与主轴组合后，心轴与轴承内圈配合处的径向圆跳动及端面圆跳动，应分别不大于 5μm 和 10μm。

心轴的硬度，对于速度型应为 61 ~ 64HRC；对于加速度型应为 62 ~ 66HRC。

心轴与轴承内圈配合公差应符合表 10-4 的规定。

表 10-4　心轴与轴承内圈配合公差

心轴直径公称尺寸/mm	心轴直径公差/μm	
	上偏差	下偏差
≥3 ~ 18	− 9	− 15
>18 ~ 30	− 12	− 18
>30 ~ 50	− 14	− 21
>50 ~ 80	− 17	− 25
>80 ~ 120	− 23	− 32

（三）转速

测试时，轴承内圈的转速应符合表 10-5 的规定。

表 10-5　测试时轴承内圈的转速

心轴直径公称尺寸/mm	轴承内圈转速/(r/min)	
	速度型	加速度型
≥3 ~ 60	1764 ~ 1818	1500 ± 30
>60 ~ 120	882 ~ 909	1000 ± 20

（四）加载数值

测试时，应根据轴承的类型，在轴承的轴向或径向施加一定量的载荷，施加在轴承的外圈端面上。表 10-6 给出的是深沟球轴承施加轴向负荷的数值。

表 10-6　深沟球轴承施加轴向负荷的数值

轴承内径/mm	轴向负荷/N
≥3 ~ 6	20
>6 ~ 9	30
>9 ~ 20	40
>20 ~ 40	80
>40 ~ 60	120
>60 ~ 80	180
>80 ~ 120	225

二、振动值标准

轴承径向振动标准值应根据配套设备以及轴承相关参数（主要是径向游隙和尺寸精度）来确定。用于向心深沟球轴承振动限值（加速度级，单位 dB）的标准为 JB/T 7047—2006《滚动轴承　深沟球轴承振动（加速度）技术条件》。该标准适用于公称内径为 3 ~ 120mm、径向游隙为 0、2、3 组轴承的深沟球轴承。按精度等级的不同，表 10-7 给出了部分相关数值（Z1、Z2 和 Z3 三个等级，一般采用 Z2 级）。测量方法按照 JB/T 5314—2013《滚动轴承　振动（加速度）测量方法》的规定。测量用心轴与轴承内孔的配合公差采用 f5。

表 10-7　向心深沟球轴承的径向振动限值

轴承公称内径/mm	振动加速度限值/dB								
	直径系列（0）			直径系列（2）			直径系列（3）		
	Z1	Z2	Z3	Z1	Z2	Z3	Z1	Z2	Z3
20	45	41	36	46	42	38	48	43	39
22	45	41	36	46	42	38	48	43	39

（续）

轴承公称内径/mm	振动加速度限值/dB								
	直径系列（0）			直径系列（2）			直径系列（3）		
	Z1	Z2	Z3	Z1	Z2	Z3	Z1	Z2	Z3
25	46	42	38	47	43	40	49	44	41
28	47	43	39	48	44	41	50	45	42
30	47	43	39	48	44	41	50	45	42
32	48	44	40	49	45	42	51	46	43
35	49	45	41	50	46	43	52	47	44
40	51	46	42	52	47	44	54	49	45
45	53	48	45	54	49	46	56	51	47
50	54	50	47	55	51	48	57	53	49
55	56	52	49	57	53	50	59	54	51
60	58	54	51	59	54	51	61	56	53
65	48	46	46	49	47	42	50	48	43
70	49	47	47	50	48	43	51	49	44
75	50	48	48	51	49	44	52	50	45
80	51	49	49	52	50	45	53	51	46
85	52	50	50	53	51	46	55	52	47
90	53	52	52	55	53	48	57	54	49
95	55	54	54	57	55	50	59	56	51
100	57	56	56	59	57	52	61	58	53
105	59	58	58	61	59	54	63	60	55
110	61	60	60	63	61	56	65	62	57
120	63	62	62	65	63	58	67	64	59

第三节　电机轴承振动测定方法及限值

电机在运转时的振动主要来源于其两端的轴承，因此，测量电机的振动值，可大体反映出轴承本身及其在电机中的安装质量。

一、测量和考核所用标准

电机振动的测量、评定及限值的国家标准现行为等同采用国际标准 IEC60033－14：2007 的 GB/T 10068－2008《轴中心高为 56mm 及以上电机的机械振动　振动的测量、评定及限值》。

该标准适用于额定输出功率为 50MW 以下、额定转速为 120 ~ 15000r/min 的直流电机和三相交流电机，不适用于在运行地点安装的电机、三相换向器电动机、单相电机、单相供电的三相电机、立式水轮发电机、容量大于 20MW 的汽轮发电机和磁浮轴承电机或串励电机。

二、电机振动测量仪器和辅助工装

（一）测量仪表

测量电机振动数值的仪器简称为"测振仪"，就其所用的传感元件与被测部位的接触方式来分，有靠操作人员的手力接触和磁力吸盘吸引两种；另外有分体式传感器和组合式传感器两种；一般同时具有测量振动振幅（单振幅或双振幅，单位 mm 或 μm）、振动速度（有效值，单位 mm/s）和振动加速度（有效值，单位 m/s²）三种单位振动量值的功能。图 10-9 给出了几种外形示例。

GB/T 10068—2008《轴中心高为 56mm 及以上电机的机械振动　振动的测量、评定及限值》中要求，测量所用的传感器装置的总偶合质量应小于被试电机质量的 1/50，以免干扰被试电机运行时的振动状态。测量设备应能够测量振动的宽带方均根值，其平坦响应频率至少在 10Hz ~ 1kHz。然而，对转速接近或低于 600r/min 的电机，平坦响应频率范围的下限应不大于 2Hz。

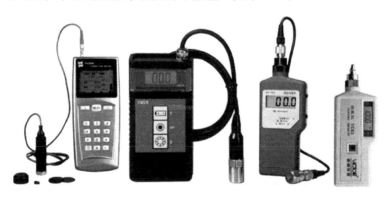

图 10-9　振动测量仪

（二）测量辅助装置及安装要求

测量电机的振动时，还需要一些辅助装置，其中包括：与轴伸键槽配合的半键；弹性基础用的弹性垫和过渡板或者弹簧等；刚性安装用的平台等。下面介绍对这些装置的要求及使用规定，其中有些内容是现行国家标准 GB/T 10068—2008 中提出的，有的是在以前的标准（例如 GB/T 10068—1988）中提出的。

1. 半键

（1）对半键尺寸和形状的规定

对轴伸带键槽的电机，如无专门规定，测量振动时应在轴伸键槽中填充一个半键。半键可理解成高度为标准键一半的键或长度等于标准键一半的键。前者简记为"全长半高键",后者简记为"全高半长键",如图 10-10a 所示。

应当注意的是:配用这两种半键所测得的振动值是有差别的。因前者与调电机转子调校动平衡时所用的半键相同,所以,在无说明的情况下,一般应采用前一种,后一种只在某些特殊情况下使用,例如在使用现场需要测量振动,但没有加工第一种半键的能力时。

(2)安装半键的方法和注意事项

将合适的半键全部嵌入键槽内。当使用"全高半长"半键时,应将半键置于键槽轴向中间位置。然后,用特制的尼龙或铜质套管将半键套紧在轴上。无这些专用工具时,可用胶布等材料将半键绑紧在轴上,分别如图 10-10b 和图 10-10c 所示。固定时一定要绝对可靠,以免高速旋转时甩出,造成安全事故。

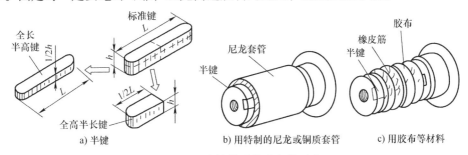

a) 半键   b) 用特制的尼龙或铜质套管   c) 用胶布等材料

图 10-10 半键的形状及安装要求

2. 弹性安装装置

弹性安装是指用弹性悬挂或支撑装置将电机与地面隔离,标准 GB/T 10068—2008 中称其为"自由悬置"。

(1)材料种类

弹性悬挂采用弹簧或强度足够的橡胶带等。弹性支撑可采用乳胶海绵、胶皮或弹簧等。为了电机安装稳定和压力均匀,弹性材料上可加放一块有一定刚度的平板。但应注意,该平板和弹性材料的总质量不应大于被试电机的 1/10。

(2)尺寸

标准 GB/T 10068 – 2008 中没有规定弹性支撑海绵、胶皮垫和刚性过渡平板的尺寸要求,但在使用中,建议按电机噪声测试方法原标准 GB/T 10068—1988 中的相关要求,即按被试电机投影面积的 1.2 倍裁制,或简单地按被试电机长 b(不含轴伸长)和宽 a(不含设在侧面的接线盒等)各增加 10%,作为它们的长与宽进行裁制,如图 10-11 所示。

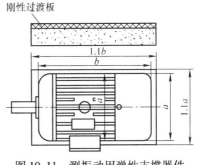

图 10-11 测振动用弹性支撑器件

3. 弹性安装装置的伸长量或压缩量

对于在弹性安装状态下测量电机的振动值，与弹性安装装置的伸长量或压缩量有直接的关系，但标准中没有直接给出规定值。而是规定："电机在规定的条件下运转时，电机及其自由悬置系统沿 6 个可能自由度的固有振动频率应小于被试电机相应转速频率的 1/3"。

这种描述，对于一般操作人员是很难理解的。通过相关理论推导，可得出弹性安装装置的伸长量或压缩量 $\delta(\mathrm{mm})$ 与被试电机相应转速 $n(\mathrm{r/min})$ 的关系：

$$\delta \geqslant 8.047 \times 10^6 \frac{1}{n^2} \tag{10-1}$$

在标准 GB/T 10068 – 2008 中规定：根据被试电机的质量，悬置系统应具有的弹性位移与转速的关系曲线如图 10-12a 所示。实际上图 10-12a 是根据式（10-1）绘出的。表 10-8 给出了几对常用值，使用中的其他转速可用式（10-1)计算求得。

表 10-8　测量振动时弹性安装装置的最小伸长量或压缩量

电机额定转速 $n_N/(\mathrm{r/min})$	600	720	750	900	1000
最小伸长或压缩量 δ/mm	22.4	15.5	14.5	10	8
电机额定转速 $n_N/(\mathrm{r/min})$	1200	1500	1800	3000	3600
最小伸长或压缩量 δ/mm	5.5	3.5	2.5	0.9	0.6

标准 GB/T 10068—2008 中没有规定最大伸长量或最大压缩量，但按以前的标准 GB/T 10068—1998 中的规定，若使用如胶海绵作弹性垫，则其最大压缩量为原厚度的 40% 。

另外，标准 GB/T 10068—2008 中说：转速低于 600r/min 的电机，使用自由悬置的测量方法是不实际的。对于转速较高的电机，静态位移应不小于转速为3600r/min时的值。

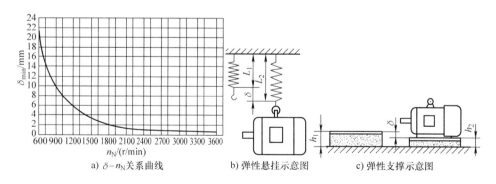

a) $\delta - n_N$ 关系曲线　　b) 弹性悬挂示意图　　c) 弹性支撑示意图

图 10-12　弹性悬挂或支撑装置的伸长量或压缩量的最小值 δ 与电机额定转速 n_N 的关系

4. 对 B5 型卧式电机的安装

对于 B5 型卧式电机，当电机较小时，可直接放在海绵垫上，当电机较大时，建议放在一个合适的 V 型支架上，支架与电机之间应加垫海绵或胶皮等物质以减少附加噪声，如图 10-13 所示，也可采用弹性悬挂的方法。

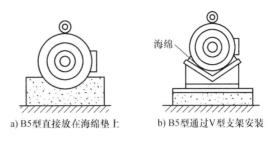

a) B5型直接放在海绵垫上　　b) B5型通过V型支架安装

图 10-13　B5 型电机的安装

5. 刚性安装装置

（1）对安装基础的一般要求

刚性安装装置应具有一定的质量，一般应大于被试电机质量的 2 倍，并应平稳、坚实。

在电机底脚上，或在座式轴承或定子底脚附近的底座上，在水平与垂直两方向测得的最大振动速度，应不超过在邻近轴承上沿水平或垂直方向所测得的最大振动速度的 25%。这一规定是为了避免试验安装的整体在水平方向和垂直方向的固有频率出现在下述范围内：①电机转速频率的 10%；②2 倍旋转频率的 5%；③1 倍和 2 倍电网频率的 5%。

（2）卧式安装的电机

试验时电机应满足以下条件：直接安装在坚硬的底板上或通过安装平板安装在坚硬的底板上或安装在满足上述第（1）条要求的刚性板上。

（3）立式安装的电机

立式电机应安装在一个坚固的长方形或圆形钢板上，该钢板对应于电机轴伸中心孔，带有精加工的平面与被试电机法兰相配合并攻丝以连接法兰螺栓。钢板的厚度应至少为法兰厚度的 3 倍，5 倍更合适。钢板相对直径方向的边长应至少与顶部轴承距钢板的高度 L 相等。如图 10-14 所示。

安装基础应夹紧且牢固地安装在坚硬的基础上，以满足相应的要求。凸缘（法兰）连接应使用合适的数量和直径的紧固件。

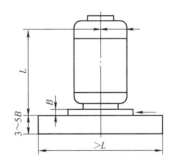

图 10-14　立式（V1 型）
电机的安装

三、振动测定方法

（一）电机运行状态

如无特殊规定，电机应在无输出的空载状态下运行。试验时所限定的条件见表 10-9的规定。

表 10-9　电机振动测定试验时的运行条件

电机类型	振动测定试验时的运行条件
交流电动机	加额定频率的额定电压
直流电动机	加额定电枢电压和适当的励磁电流，使电机达到额定转速。推荐使用纹波系数小的整流电源或纯直流电源
多速电动机	分别在每一个转速下运行和测量。检查试验时，允许在一个产生最大振动的转速下进行
变频调速电动机	在整个调速范围内进行测量或通过试测找到最大振动值的转速下进行测量 由变频器供电的电机进行本项试验时，通常仅能确定由机械产生的振动。机械产生的振动与电产生的振动可能会是不同的。为了在生产厂完成试验，需要用现场与电动机一起安装的变频器供电进行试验
发电机	可以电动机方式在额定转速下空载运行；若不能以电动机方式运行，则应在其他动力的拖动下，使转速达到额定值空载运行
双向旋转的电机	振动限值适用于任何一个旋转方向，但只需要对一个旋转方向进行测量

（二）测量点的位置

（1）对带端盖式轴承的电机

对带端盖式轴承的电机，测点为按图 10-15a 给出的 6 个位置。

对于第⑥点，若因电机该端有风扇和风罩而无法测量，而该电机又允许反转时，可将第⑥点用反转后在第①点位置再测数值代替。

（2）对具有座式轴承的电机

对具有座式轴承的电机，测点为按图 10-15b 给出的 4 个位置。

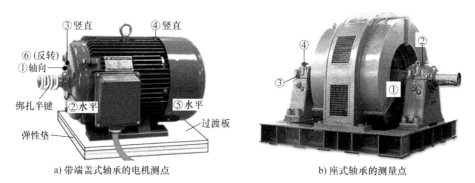

a) 带端盖式轴承的电机测点　　　　b) 座式轴承的测量点

图 10-15　振动测点的布置示意图

四、测量结果的确定

1）一般情况下，以所测所有数据中的最大的那个数值作为该电机的振动值。

2）感应电动机（交流异步电动机），特别是 2 极感应电动机，常常会出现 2 倍转差频率振动速度拍振，在这种情况下，振动烈度（速度有效值）$v_{r.m.s}$ 可由下式（10-2）确定：

$$v_{r.m.s} = \sqrt{\frac{1}{2}(V_{max}^2 + V_{min}^2)} \tag{10-2}$$

式中　V_{max}——最大振动速度有效值（mm/s）；

　　　V_{min}——最小振动速度有效值（mm/s）。

五、振动限值

振动限值适用于在符合规定频率范围内所测得的振动速度、位移和加速度的宽带方均根值。用这 3 个测量值的最大值来评价振动的强度。

如按规定的两种安装条件进行试验，轴中心高≥56mm 的直流和交流电机的振动强度限值见表 10-10（GB 10068—2008 中规定。3 个测量值均应合格，若有协议规定，可只考核其中的振动速度有效值）；小功率电机（折算到 1500r/min，功率在 1.1kW 及以下的电机）振动限值见表 10-11 和表 10-12（GB/T 5171.1—2014 规定）。

表 10-10　电机振动限值（GB 10068—2008）

振动等级	轴中心高 H/mm 安装方式	56 ~ 132			>132 ~ 280			>280		
		位移/μm	速度/(mm/s)	加速度/(m/s²)	位移/μm	速度/(mm/s)	加速度/(m/s²)	位移/μm	速度/(mm/s)	加速度/(m/s²)
A	自由悬挂	25	1.6	2.5	35	2.2	3.5	45	2.8	4.4
	刚性安装	21	1.3	2.0	29	1.8	2.8	37	2.3	3.6
B	自由悬挂	11	0.7	1.1	18	1.1	1.7	29	1.8	2.8
	刚性安装	—	—	—	14	0.9	1.4	24	1.5	2.4

注：1. 等级 A 适用于对振动无特殊要求的电机。

　　2. 等级 B 适用于对振动有特殊要求的电机。轴中心高≤132mm 的电机，不考虑刚性安装。

　　3. 制造厂和用户应考虑到检测仪器可能有 ±10% 的测量容差。

　　4. 以相同机座带底脚卧式电机的轴中心高作为机座无底脚电机、底脚朝上安装式电机的轴中心高。

　　5. 一台电机，自身平衡较好且振动强度等级符合本表的要求，但在现场安装中因受各种因素，如地基不平、负载机械的反作用以及电源中的纹波电流影响等，也会显示较大的振动。另外，由于所驱动的诸单元的固有频率与电机旋转体微小残余不平衡极为接近也会引起振动，在这些情况下，不仅只是对电机，而且对装置中的每一个单元都要检验，见 ISO 10816—3。

表 10-11　普通小功率交流电动机振动限值（GB/T 5171.1—2014）

电机类型	三相异步和同步电动机	单相异步和同步电动机
振动速度有效值/(mm/s)	1.8	2.8

注：对于三相和单相异步电动机，应为铁壳和铝壳结构。

表 10-12　小功率交流换向器电动机额定转速空载运行振动限值（GB/T 5171.1—2014）

额定转速/（r/min）	定子铁心外径/mm	
	≤90	>90
	振动速度有效值/（mm/s）	
≤4000	1.8	2.8
>4000～8000	2.8	4.5
>8000～12000	4.5	7.1
>12000～18000	11.2	11.2
>18000	在相应标准中规定	

第四节　对运行中电机轴承的检查

在日常运行中的电机轴承，应通过人的感官或专用仪器设备对轴承的运行状况进行监视和检查，以及时发现初期的故障，并采取相应措施进行处理，以避免故障的扩大，造成一系列严重后果。

在大型企业和主要的位置使用的电机以及其他设备中的轴承，现已大部分使用专用的监视设备进行全天候地监测，并随时将监测数据传递给中央控制室，由计算机对这些数据进行分析后，自动或由控制人员进行处理。这些内容不在本书要介绍的范围之内，若需要，请读者查阅相关资料。

本节将要介绍的是常规环境下，相对简易的监测项目和方法，供电机使用人员参考。

一、电机轴承运行温度的测量和限值

（一）轴承温度的测量方法

1. 测量位置

运行时轴承的温度可用温度计法或埋置检温计法进行测量。测量时，应保证检温计与被测部位之间有良好的热传递，例如，所有间隙应以导热材料填充。测量位置应尽可能地靠近表 10-13 所规定的测点 A 或 B，如图 10-16 所示。测点 A 与 B 之间以及这两点与轴承最热点之间存在温度差，其值与轴承尺寸有关。对压入式轴瓦的套筒轴承和内径 <150mm 的球轴承或滚子轴承，A 与 B 之间的温度差可忽略不计；对更大的轴承，A 点温度最多可能比 B 点高出 15K。

表 10-13　电机滚动轴承温度测点的位置

轴承类别	测点	测点位置
球轴承或 滚柱轴承	A	位于轴承室内，离轴承外圈①不超过 10mm 处②
	B	位于轴承室外表面，尽可能接近轴承外圈处

① 对于外转子电机，A 点位于离轴承内圈不超过 10mm 的静止部分，B 点位于静止部分的外表面，尽可能接近轴承外圈。

② 测点离轴承外圈或油膜间隙的距离是从温度计或埋置检温计的最近点算起。

2. 测量滚动轴承温度的仪器仪表

（1）温度计

对图 10-16 所示的 B 点，一般用温度计直接测量。所用的温度计有常见的膨胀式温度计和半导体检温计。

常用的检温计如图 10-17 所示。有些数字式万用表和钳形表具有检温计的功能，例如图 10-18 所给出的几种类型。

对用检温计较难接触的部位，可使用如图 10-19 所示的远红外线测温仪（简称红外测温仪）。测量时，光线应与被测量面尽可能垂直，距离应尽可能短。

图 10-20 为用检温计和红外测温仪测量接近轴承外圈温度的示意图。

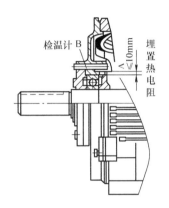

图 10-16　电机轴承温度的
测量位置

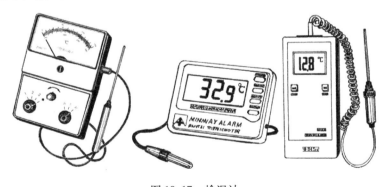

图 10-17　检温计

（2）温度传感器和显示仪表

对事先在电机内部埋置测温元件（称为温度传感器）的，应通过外接的专用仪表进行监测。图 10-21 所示为配用热电阻和热电偶以及配套的专用仪表。

图 10-18　具有测温功能的数字式万用表和钳形表示例

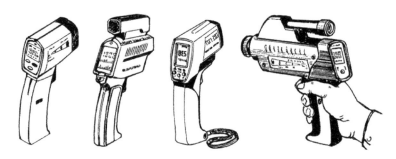

图 10-19　红外测温仪

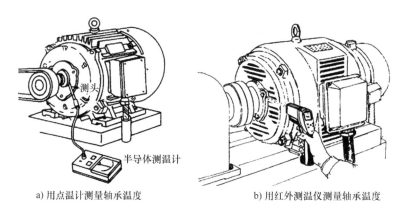

a) 用点温计测量轴承温度　　　　　　　　b) 用红外测温仪测量轴承温度

图 10-20　测量电机轴承运行温度

（3）热电偶及其分度

热电偶在温度发生变化时，其两端产生的电动势也将随之按一定规律发生变化。所产生的电动势与温度变化的关系被称为热电偶的分度。

T 分度铜 – 康铜和 K 分度镍铬 – 镍硅热电偶分度表（0～200℃，冷端温度为0℃）见表 10-14。

a) 柱状和防震柱状热电偶和热电阻　　　　b) 隔爆型防震柱状热电阻

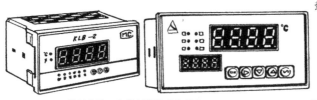

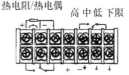

热电阻/热电偶　　高 中 低 下限

c) 带温度显示和控制器的配套仪表　　　　d) 仪表接线端子排

上限 高中低 out　中相

图 10-21　热电偶、热电阻和配套仪表（带温度控制器）

表 10-14　T 分度铜－康铜和 K 分度镍铬－镍硅热电偶分度表（0~200℃，冷端温度为0℃）

温度/℃	电动势/mV		温度/℃	电动势/mV		温度/℃	电动势/mV	
	T 分度	K 分度		T 分度	K 分度		T 分度	K 分度
0	0.000	0.000	70	2.908	2.851	140	6.204	5.735
10	0.391	0.397	80	3.357	3.267	150	6.702	—
20	0.789	0.798	90	3.813	3.682	160	7.207	6.540
30	1.196	1.203	100	4.277	4.096	170	7.718	—
40	1.611	1.612	110	4.749	—	180	8.235	7.340
50	2.035	2.023	120	5.227	4.920	190	8.757	—
60	2.467	2.436	130	5.712	—	200	9.286	8.138

（4）热电阻及其分度

热电阻在温度发生变化时，其电阻值将随之发生变化，在一定的温度范围内这种变化是线性关系的。电阻与温度变化的关系被称为热电阻的分度。

按所用金属材料来分，较常用的有铜热电阻和铂热电阻两大类。

铜热电阻分度表见表 10-15。BA1 和 BA2（Pt100）型铂热电阻分度表见表 10-16。

对于 Pt100 型铂热电阻，可简化记忆为 0℃ 时为 100Ω，其他温度时，每相差 1℃，电阻相差 0.4Ω 来计算。例如在 25℃，电阻相差 25×0.4Ω＝10Ω，即实际值应为 100Ω＋10Ω＝110Ω 左右。

表 10-15　铜热电阻分度表

温度/℃	电阻/Ω			温度/℃	电阻/Ω		
	G 型	Cu50 型	Cu100 型		G 型	Cu50 型	Cu100 型
−50	41.74	39.24	78.49	70	68.77	64.98	129.96
−20	48.50	45.70	91.40	80	71.02	67.12	134.24
0	53.00	50.00	100.00	90	73.27	69.26	138.52
10	55.50	52.14	104.28	100	75.52	71.40	142.80
20	57.50	54.28	108.56	110	77.78	73.54	147.08
30	59.75	56.42	112.84	120	80.03	75.68	151.36
40	62.01	58.56	117.12	130	82.28	77.83	155.66
50	64.26	60.70	121.40	140	84.54	79.83	159.96
60	66.52	62.74	125.68	150	86.79	82.13	164.27

表 10-16　BA1 和 BA2 （Pt100）型铂热电阻分度表

温度/℃	电阻/Ω		温度/℃	电阻/Ω		温度/℃	电阻/Ω	
	BA1 型	BA2 型		BA1 型	BA2 型		BA1 型	BA2 型
−100	27.44	59.65	40	53.26	115.78	180	77.99	169.54
−90	29.33	63.75	50	55.06	119.70	190	79.71	173.29
−80	31.21	67.84	60	56.86	123.60	200	81.43	177.03
−70	33.08	71.91	70	58.65	127.49	210	83.15	180.76
−60	34.94	75.96	80	60.43	131.37	220	84.86	184.48
−50	36.80	80.00	90	62.21	135.24	230	85.56	188.18
−40	38.65	84.03	100	63.99	139.10	240	88.26	191.88
−30	40.50	88.04	110	65.76	142.95	250	89.96	195.56
−20	42.34	92.04	120	67.52	146.78	260	91.64	199.23
−10	44.17	96.03	130	69.28	150.60	270	93.33	202.89
0	46.00	100.00	140	71.03	154.41	280	95.00	206.53
10	47.82	103.96	150	72.78	158.21	290	96.68	210.17
20	49.64	107.91	160	74.52	162.00	300	98.34	213.79
30	51.54	111.85	170	76.26	165.78	310	100.01	217.40

（二）滚动轴承温度限值

当采用表 10-13 中 A 点测量或对轴承内径 <150mm 在 B 点测量时，滚动轴承温度的最高容许值为95℃（环境温度不超过40℃时）。

二、轴承噪声和振动的监测

（一）轴承振动的监测

在本章第三节详细讲述了电机运转时振动的检测方法和相关标准。但那是单台电机在使用前或从设备上拆下之后，单独空载运转的状态下进行的。当电机与负载设备连接起来并且带动负载运行时，影响电机振动的因素则发生了很大的变化，变得复杂了。虽然如此，但利用专用的振动测量分析仪，还是能够得到电机轴承产生异常振动的原因的。这些在本书前面的章节中已有比较详细的讲述。

（二）轴承噪声的监测

除用专用检测仪器设备监测电机带负载运行时的噪声外，监测人员经常使用的是一种叫听棒的简易工具（见图10-22a）粗略地监听轴承运转噪声，如图10-22b所示。用一种类似医用听诊器的机械噪声听诊器（见图10-23a）或具有高级功能的叫作电子机械噪声听诊器的装置（见图10-23b）可清楚地监听到轴承内部的运转声，如图10-23c所示听诊器。

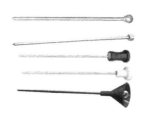

a) 专用听棒　　　　　　　　b) 用听棒监听轴承的运转声

图 10-22　用听棒监听轴承的运转声

a) 简易机械噪声听诊器　　　　　　b) 电子机械噪声听诊器

c) 用电子机械噪声听诊器监听电机轴承运转声

图 10-23　用听诊器监听电机轴承的运转声

第五节　对电机绝缘轴承的检查和轴电压、轴电流的测定试验

一、检测的目的和范围

为阻断轴电流，有些电机使用绝缘轴承。在使用前，应对绝缘轴承进行绝缘水平的检查。对新设计的可能产生较大轴电流的电机在定型生产之前，或对个别因使用时发现轴电流对轴承产生严重影响的电机在改进设计时，应测量电机的轴电压和轴电流，以确定是否需要采取相关措施避免或减轻轴电流对轴承的损伤。国家相关标准中规定了这些项目的试验方法。

因为轴电流的损害主要发生在机座号为280及以上的变频电源供电的电动机及普通大、中型高压电机中。所以本项检测一般只针对这些类型的电机。

二、绝缘轴承的绝缘电阻的测量

测量时，可单独对轴承进行，但最好是将轴承安装在转轴上进行。一般选用250V规格的绝缘电阻表，将仪表的E端与转轴连接；轴承的绝缘部分（例如外圈）用铝箔覆盖后，用裸铜线绑扎将铝箔固定，然后与绝缘电阻表的L端连接；或者将绝缘轴承装入到轴承座或电机端盖轴承室中，在轴承座或电机端盖与安装绝缘轴承的转轴没有电的通路的状态下，测量转轴与轴承座或电机端盖之间的绝缘电阻。

三、轴电压测试方法

试验前应分别检查轴承座与金属垫片、金属垫片与金属底座间的绝缘电阻，确保电动机绝缘良好。

在电动机轴承与机壳之间加装绝缘环（轴承和转轴之间垫入干燥的绝缘片）或者使用绝缘轴承，确保电动机轴承绝缘良好。

应同时分别检查轴承座与金属垫片、金属垫片与金属底座间的绝缘电阻。

第一次测定时，被试电机应在额定电压、额定频率下空载运行，用量程为100mV的高内阻毫伏表（如晶体管或热电势毫伏表、数字毫伏表等）测量轴电压U_1，然后用导线将转轴一端与地短接，测量另一轴承座对地的电压U_2，测量完毕将导线拆除。试验时测点表面与毫伏表引线的接触应良好。

第二次测定时，被试电机在额定电流、额定频率、额定负载下运行，测量轴承电压U_3。

测量位置如图10-24所示。

在各种大、中型电机的国家或行业标准中，都将测定轴电压列入试验项目中，并给出试验方法，但都没有明确规定合格的标准。因此，当需要进行本项试验时，

应视具体情况制定内控标准。

四、轴电流测试方法

对使用滚动轴承的电机，轴电流按图 10-25 进行测量。在电机非轴伸端的轴承与机壳之间加装绝缘环（轴承和转轴之间垫入干燥的绝缘片）或者使用绝缘轴承，确保电动机轴承绝缘良好。

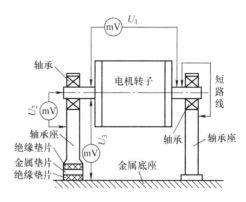

图 10-24　轴电压测量示意图

将电流表串联到与轴承绝缘层两面接触的金属件上，在额定电压、额定频率下空载运行，测量电流值，即为轴电流。

对使用滑动轴承和滚动轴承的电机，如不能按上述方法测量，可采用轴上放置电流互感器的方法测量轴电流。

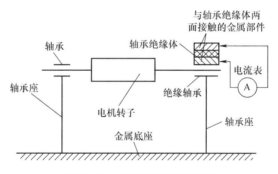

图 10-25　轴电流测量示意图

第十一章　电机轴承应用技术问答61例

在我们的日常工作中，经常遇到电机设计人员和使用人员提出这样或那样的问题，其中很多问题都和诸多方面相互关联。因此对这些问题的回答就是对本书前面诸章节的综合应用。一些问题可以在某一章节中找到全部答案；但是还有一些问题是一些章节知识点各个不同层面综合的回答；还有一些问题需要对前面章节内容进一步思考。总之，对知识系统灵活地应用是解决实际工程问题的重要法宝。

读者可以按照本书知识体系统地了解电机轴承的相关知识。为了便于电机设计及使用和维修人员在遇到问题时的迅速查找，我们将一些问题分成三类共61个问题，做一些解答。

本章中有些内容来自网上的轴承知识论坛，经我们筛选编辑而成。囊括了选用、使用、故障现象和原因分析等多方面的知识，其中大部分是通用的，个别具有其特殊性，由于相关示例全部源于使用现场，所以具有较高的参考和实用价值。但需要说明的是，由于个人理解和知识面等客观原因，有些答案不一定十分准确，请读者参考时根据具体情况给予分析和取舍。

第一部分　电机轴承基础知识和选用技术

一、电机轴承高速是指转速多少？轴承选择应用需要注意什么？

对于轴承而言，低速、中速和高速的概念可参见本书第四章电机轴承润滑剂选择和应用相关内容。与一般电机转速相比，对轴承而言，我们使用的指标是 ndm 值，而非绝对的轴承转速。例如深沟球轴承的 ndm 值在 5×10^5 以上时，被称为高转速。如果是小型深沟球轴承，由于 dm 值很低，所以对应的轴转速会很高。例如轴承牌号为6201，dm 值为22mm，那么，如果 ndm 值为 5×10^5，则轴的转速为22727r/min。也就是说，轴转速在22727r/min以下，对于牌号为6201（开式）的轴承，都不能算是高转速。

高速电机选择轴承时，首先要对比轴承的热参考转速和机械极限转速，最好是两个转速都不要超越。如果可以改善散热，可以考虑适度超越热参考转速，但是需要有良好的控制。

同时，在高速电机应用里，选择轴承润滑时也要考虑高速场合润滑膜的形成条件，进行合理选择。

总体上说，高速电机轴承选择需要注意：

1）尽量选择滚动体轻的轴承（球轴承轻于滚子轴承），甚至超高速可以选择陶瓷球轴承，因为陶瓷球材质的重量仅为普通轴承钢的1/3。

2）选择轻系列的轴承。

3）选择尼龙保持架的轴承。

4）选择基础油黏度低的润滑。

5）在转速很高时，可以选用润滑油进行润滑。如果选择油脂，则应尽量选择油脂黏度低的油脂。

6）有时需要使用角接触球轴承，以承受极高的转速。

7）对于极高转速，还需要考虑选择高精度轴承。

8）对于高转速电机而言，还要注意轴承寿命校核。通常L_{10}寿命校核的单位是百万转。如果折合成时间单位，就需要通过转速折算。因此，一般对于高速电机计算轴承疲劳寿命的时间值都不高。这并不意味着轴承选择不当。这正说明轴承寿命计算不是用来"算命"，而是用于校核轴承大小选择是否合适的工具。

9）对于超高转速电机，在电机出厂试验和实际运转的起动过程中也需要注意，最好不要直接将电机起动至最高转速。通常应该逐步提升转速，以使轴承内部滚动和润滑达到相对良好的状态，避免由此带来的轴承失效。高速电机测试时，转速提升可以参考机床主轴的一些试验标准。

二、电机轴承能达到多高的转速？

在轴承高速运转时，有两个因素制约着轴承转速的进一步提高。

1）轴承的发热。在轴承运转时，其内部的摩擦会产生热量。在给定润滑状态下，轴承的转速达到一定值之后，其温度就会相应地提升到某一个值。为了相互比较，国际标准规定了润滑条件，同时规定了以环境温度为20℃、轴承稳定温升为70℃（有些标准中温升单位用K）作为条件的热平衡转速。在这种给定的润滑和温度要求下，就可以看出轴承与轴承之间内部设计不同而引起的转速差异。按照轴承转速定义，即本书提到的热参考转速，只要使用者可以改善散热，维持这个条件下的热平衡，则轴承的转速就可以进一步提高。

2）轴承的机械强度。轴承高速旋转而产生的离心力挑战着轴承所有零部件（尤其是保持架）的机械强度。在某个转速下，这些零部件的机械强度达到极限，这个转速就是前面所说的机械极限转速。

综上，轴承所能承受的最高转速应该在轴承热参考转速和机械极限转速之中选取。对某一套轴承而言，若热参考转速低于机械极限转速，则可以改善润滑提高轴承转速，直至机械极限转速（如果润滑改善可以做得到的话）。如果机械级限转速低于热参考转速，则这套轴承的机械极限转速就是这套轴承可以达到的最高转速。

三、轴承能承受的最高温度是多少？

轴承能承受的最高温度，实际上应该指的是轴承能在多高的温度下安全运行。

要回答这个问题，需要考虑轴承所有零部件的运行温度限制来了解轴承可以运行的最高温度。

1）轴承钢本身有一定的热处理稳定温度。不同类型的轴承，其热处理稳定温度不同（见本书相关章节）。

2）对于保持架而言，不同保持架的最高温度的范围不同，尤其是尼龙保持架，其最高工作温度仅为120℃。

3）对于润滑而言，通常要确保最高温度下的基础油黏度足以使轴承滚动体和滚道之间形成油膜。所以需要通过校核最高温度下的 k 值（卡帕系数）进行选择。或者反过来用 k 值计算所选油脂能够承受的最高温度。

4）对于密封件而言，通常使用的丁腈橡胶最高工作温度为120℃。其他类型的密封材料需要具体查询。

通过对上面几个部分的考量，我们可以知道一个选定轴承能够承受的最高温度是多少。

例如斯凯孚品牌 6202 – 2RSH/TN9 轴承：轴承热处理稳定温度为120℃；尼龙66 材质的保持架最高工作温度为120℃；RSH 丁腈橡胶密封圈的最高工作温度为120℃；默认油脂为中温油脂，其温度上限为120℃。通过这些数据，可以知道这个轴承在120℃以下可以安全运行。但是需要注意的是，120℃时轴承油脂的寿命，按照70℃每升高15℃降低一半的规则，其所剩油脂寿命很短。

四、为什么轴承会发热？轴承温度多高算是过热？

轴承内部也存在摩擦，根据最新轴承摩擦学模型，轴承内部的摩擦分为滚动摩擦、滑动摩擦、润滑摩擦、密封摩擦四个方面。其中的滚动摩擦发生在滚动体与滚道之间；滑动摩擦发生在滚动体与保持架之间，滚动体与挡边之间，滚动体进出负荷区的位置；润滑摩擦主要指滚动体对润滑的搅拌；密封摩擦发生在密封唇口接触位置。

由于轴承内部具有摩擦，这些摩擦会以发热的形式散失能量。因此轴承自身旋转会产生发热。

但是对于电机轴承而言，轴承作为减少摩擦传递扭矩的零部件，其轴承本身发热总量不应该是电机发热主要部分。电机本体发热来自于整体损耗，在这个损耗里机械损耗的比例很小。电机轴承的发热又是机械损耗的一小部分。比起风磨损耗等其他损耗，其比例不大。所以轴承的损耗应该是电机损耗中微小的一部分。粗略估算一下，我们如果假设电机机械损耗为总损耗的 10%，而轴承损耗占机械损耗的 10%，那么轴承损耗占总损耗的比例为 1%（此处仅为举例并非精准计算）。

由此可见轴承发热不可能是电机发热的主要来源。相反的，电机轴承的温度更多时候是外界传导而来。根据国家标准，通常电机轴承温度为 95℃ 以下为正常。工程实际中很多场合控制在 70~80℃ 范围内。

但是对于工作环境温度高的场合，外界传导来的热量很高。我们不可能要求轴承和电机工作温度甚至低于环境温度（没有主动冷却的情况下）。所以上述温度在这种情况下，需要重新斟酌。但此时对电机轴承、润滑的选择会带来新的挑战，必须做出调整。

上述是正常情况，轴承不应该是主要热源。所以一旦在实际应用中发现轴承主动发热剧烈，就一定是某些地方出了问题，需要立即排除，避免对电机和轴承造成进一步的伤害。

五、高温对游隙有什么影响？

由于热胀冷缩的作用，在温度升高时，轴、轴承室和轴承都会膨胀。如果各个零部件温升一样（温度升高的幅度一样），那么其热胀冷缩程度应该相差不大，所以不会导致轴承内部游隙的太大变化。影响轴承游隙变化的是轴承滚动体、内圈和外圈的相对尺寸。从温度角度看，当内圈、外圈和滚动体之间的温差产生变化时，会带来轴承内部游隙的变化。所以单纯的高温，或者低温，如果不存在温度差变化的话，就不会对轴承游隙产生太大影响。当然高温状态下其他因素会发生变化，需要被考虑。

六、对于频繁加、减速的电机，轴承选择需要注意什么？

频繁加、减速的电机轴承处于经常变速运行过程中。速度的变化会带来轴承几个方面的影响：

1）润滑方面：频繁加、减速对油膜的形成不利。如果加、减速很剧烈的话，更会造成滚动体和滚道之间出现滑动摩擦的可能。因此在进行润滑选择时，除了需要考虑不同速度下的 k（卡帕系数）值以外，还需要考虑一下极压添加剂，以保护接触表面在滑动状态下不受损伤。

2）保持架方面：轴承处于频繁变速时，滚动体和保持架之间的碰撞变得更加严重。因此在频繁变速的应用下需要考虑保持架的强度。铜保持架在振动和频繁加、减速时具有良好的强度，通常会被采用。

3）配合方面：电机转子带动相应的轴承圈频繁变速，需要避免此过程中出现的轴承圈"跑圈"现象。通常可以考虑加紧与转子相连接的轴承圈的配合（内转式电机是指轴承内圈和轴之间的配合；外转式电机是指轴承外圈和轴承室之间的配合）。

4）游隙选择方面：由于紧的配合已将轴承与转子之间的配合加紧，因此，为保证轴承工作游隙，建议轴承的初始游隙可以选择稍大一级。

对于频繁变速的轴承进行轴承寿命校核计算时，用百万转单位校核会比用工作小时数校核更加准确（由于变速，无法用稳定转速进行折算）。

七、轴承精度越高越好吗？

轴承安装在轴上和轴承室内，轴承的精度除了影响自身的旋转以外，也会受到周围因素的影响。最好的状态是轴承的精度和周围的轴以及轴承室的精度相匹配。不能单独靠轴承精度的提高来改善电机轴承的运转质量。尤其在配合部位的尺寸及形位公差方面，轴承受到外界的影响更大。若外界尺寸不良，轴承很难做到凭一己之力提高运转精度。

八、立式电机应该如何选择轴承？

与卧式电机不同，立式电机转子的重量会作为轴向力施加在定位轴承之上，因此需要选择具有轴向承载能力的轴承。在没有外界负荷的情况下，非定位（浮动）轴承几乎不承载。此时建议减小非定位轴承尺寸，并施以适当的预负荷，以避免轴承出现内部滚动不良而带来的发热和失效。当外界有负荷时，需要平衡定位端轴承与非定位端轴承的承载，尽量使两套轴承尺寸选择不至于悬殊。具体布置和选择请参考本书第三章第二节第三部分立式电机基本轴承结构布置的相关内容。

九、拖动带轮的电机轴伸端选用深沟球轴承是否合适？

通常拖动带轮的电机承受带轮重量和带轮张力带来的径向负荷。这个负荷一般是比较大的，因此有的深沟球轴承不能满足要求。这种工况下，通常选用圆柱滚子轴承作为驱动端轴承。当然，如果对带轮张力以及带重量等径向负荷进行过校核，深沟球轴承可以承载，则也不是不可能的。

十、电机的功率越大，选择的轴承就越大吗？

电机的功率对应的是输出转矩。功率大的电机要求轴传递的转矩就大，因此需要轴的强度可以承受这个转矩。这个轴的强度就要求一个最小轴径。一般地讲，若电机的功率大，那么轴的直径就会大，因此轴承内径的最小值就被限定，所选轴承也就会越大。

但是，这并不意味着轴承的选择是因为电机功率而直接决定的。轴承的承载就是电机轴承的轴向、径向负荷。轴承在转矩传递中仅仅充当损耗的角色而已。

例如，如果通过轴材质、轴结构设计等提高轴的转矩传输能力，而没有增加轴径，这样对轴承的选择就不会产生很大的影响（如果有影响的话，也仅仅是改变轴径之后轴向、径向负荷变化而产生的影响）。

因此，从现象上说，功率越大的电机，可能轴承的尺寸就越大，但是内部的逻辑关系并不是这样直接联系的。

十一、重负荷电机的轴承选择有哪些注意事项？

首先我们必须明确，重负荷电机指的是电机的转矩负荷大还是电机的轴向、径向负荷大。如果是电机的转矩负荷大，而电机的轴向、径向负荷不变时，轴承的承载并不会发生很大的变化，因此不需要做特殊改动。

但如果电机的轴向、径向负荷很大时，就需要考虑以下几个因素：

1）轴承的承载很大，这样就需要选择承载力大的轴承。通常而言，尺寸大的轴承承载力较大；重系列的轴承承载力较大；滚子轴承比球轴承承载力大；双列轴承比单列轴承承载力大。

2）轴承承受很大的轴向、径向负荷时，会影响到油膜的形成。因此要选择基础油黏度相对大的油脂，还有可能需要使用一些带极压添加剂的油脂。

3）对于一些大型电机，轴向、径向负荷很大时，在考虑轴承室支撑时还需要注意在极重负荷下轴承室的变形问题。例如在球面滚子推力轴承中，巨大的轴向负荷会引起轴承室支撑面的变形，需要进行特殊处理。

4）因为电机轴承工作负荷很大，所以轴承和润滑的选择都是按照额定工况要求进行的。在电机出厂试验时，如果没有加上外界负荷，那么轴承将运行在非额定工况，因此有可能出现轴承所受负荷小于最小负荷的情况、油脂黏度过大的情况等。因此，最好是在电机出厂试验时带一定量的载荷（考虑到试验条件不一定可以施加与额定工况一致的负荷，因此可以略小。具体需要对轴承最小负荷进行计算之后方能确定）。

十二、电机轴承选型过程中有哪些经济性考虑？

电机轴承选型中的经济性考虑就是关于如何更有效地发挥轴承的承载能力，从而节省轴承部分的成本的问题。概括起来可以有如下几个方面提供参考：

1）轴承校核计算方法：随着轴承设计、生产制造水平的提高，现在轴承的承载能力水平较过去已经有很大的提升。而另一方面，通常被大家用作轴承尺寸校核的计算方法（寿命计算），已经在几十年中没有根本性的改变。这样，用老的方法校核新的轴承，可能会带来一些轴承能力设计余量过大的问题。目前，ISO标准和一些品牌轴承制造商对轴承寿命校核计算提出了一些修正系数，以修正寿命计算的偏差。采用这些修正寿命计算可以减少轴承尺寸选择的冗余量。

2）型号的替换：当代轴承设计、制造水平的提高，提升了轴承的承载能力，使得一些轴承类型的替换成为可能。对于电机而言，有些领域可以考虑使用深沟球轴承替代以前的圆柱滚子轴承（当然需要进行校核计算方可实施）。

3）控制轴承尺寸校核计算的冗余量：如果轴承寿命计算结果超出实际工况需

求，就意味着轴承选型偏大。从成本考虑，应该尽量减小轴承尺寸，使寿命计算校核结果更贴近实际工况要求，以提升轴承的应用效率（适度留有余量会提升轴承应用的可靠性，但是不必过分追求）。

4）轴承通用性：在轴承选型时，要考虑轴承型号的通用性。通用性包括轴承本身后缀的通用，也包括尺寸的应用广泛性。对于轴承尺寸而言，选择行业常用的轴承会更有利于轴承生产厂家变动成本的降低，从而减少轴承成本；对于轴承后缀而言，尽量选择通用后缀（保持架、润滑脂、密封件、游隙等），以提高轴承的可获得性和成本的降低。

十三、不同品牌的轴承 C 值越大其轴承寿命越长吗？

根据 ISO 的标准，轴承 C 值的计算有其固定因素和可调整因素。各个品牌的轴承由于内部设计的不同，选取的可变因素也不同，留有的余量也不同。如果仔细研究轴承的寿命计算方法，会发现不同品牌的轴承寿命计算调整系数的选取略有不同。通常的一个情况是轴承 C 值大的，其寿命计算调整系数会偏小；轴承 C 值小的，其寿命计算调整系数偏大。由此保证了最后计算结果相对的稳定客观。

当然，根据轴承寿命计算公式，在相同工况下，轴承 C 值越大，其计算结果就会越大。但是如果考虑修正结果，则并不一定完全如此。况且轴承的寿命，除了计算的轴承疲劳寿命以外，还有诸多其他因素，因此不可以用 C 值越大，轴承寿命越长来简单概括。

因此，可以说轴承 C 值越大，其 L10 计算结果越大，然而轴承的寿命，则需要更多因素的考量。

十四、使用了绝缘轴承就可以避免轴承电蚀吗？

首先说：不尽然！

通常的绝缘轴承都是在轴承内圈或者外圈上施加一层绝缘镀层。轴承室、轴和轴承本体都是导体，而中间夹有绝缘层。这样在绝缘镀层部位就形成了一个电容结构。我们都知道电容具有"隔直通交"的特性。也就是说，绝缘镀层可以在直流漏电流下对轴承在一定电压下起到保护作用，但是对于交流电流而言，并无效果。

因此，片面地认为绝缘轴承可以避免轴承电蚀的说法是不确切的。它只可以避免轴承直流电蚀。

对于陶瓷球轴承而言，由于整个滚动体都是绝缘材料，轴承内、外圈之间的间距很大，交流电流和直流电流都无法通过。因此是从根本上解决轴承电蚀的选择，其缺点是价格昂贵。

目前比较可靠的工程实际方法是绝缘端盖、绝缘轴承、附加电刷的配合使用，可有效避免轴承电蚀。具体内容可参见本书第九章第三节第五部分中的相关内容。

十五、可以用深沟球轴承替代圆柱滚子轴承吗？

圆柱滚子轴承（电机中常用 N、NU 系列）通常被用在径向负荷比较大的场合，比如带轮传动的轴伸端等。如果经过校核发现深沟球轴承可以满足这个负荷要求，则可以使用深沟球轴承对其进行替代。

N、NU 系列圆柱滚子轴承替换成深沟球轴承之后，需要注意，原来轴承作为浮动端的轴向移动在轴承内部实现，而替换之后只能在轴承外圈和轴承室之间实现，因此需要调整轴承室尺寸，以确保轴承外圈可以在轴承室内进行轴向位移。

通常这种替代是将原来用带轮传动的电机改成联轴器驱动的电机时所发生的，和原来用圆柱滚子轴承的电机相对比，这样的改变可以降低轴承成本，同时可降低轴承摩擦损耗（可使轴承温度下降、电机效率上升）、减小由轴承产生的噪声。

十六、轴承是怎么润滑的？选择润滑脂还是润滑油？

对轴承施加润滑，将润滑剂添加到轴承，轴承旋转时，润滑剂分布在滚动体和滚道之间，并形成润滑膜分隔滚动体和滚道。润滑膜的作用是减少滚动体和滚道之间的摩擦，同时避免滚动体和滚道之间由于直接接触带来的损伤。关于润滑膜形成的机理，请参考本书第四章电机轴承润滑剂选择和应用相关内容。

润滑油和润滑脂各有特点：润滑油具有流动性好，可以用于散热，适用于高速应用等优点，润滑油的使用需要设计专门的油路，并考虑密封以及其他油路循环系统、过滤系统等；油脂具有安装简便、维护简单的特点，其润滑性能适用于大多数电机结构，但是对于一些高速应用场合油脂有其限制。本书第四章第一节有细节对比。

总而言之，对于电机设计而言，油脂是多数中小型电机的首选。对于一些极高速电机，以及一些大型电机，有可能选择润滑油以适应其工况。

十七、为什么那么薄的润滑油膜可以将滚动体和滚道分隔开？

基础油在轴承滚动体和滚道之间承受非常大的压力时，其密度会急剧增加，甚至出现类似"固化"的效果。此时，"固化"的基础油不会被滚动体和滚道挤出接触区。当滚动体和滚道接触压力变小，继而分开时，基础油恢复原来的密度，呈液态。我们把基础油这样的特性叫作基础油的极压性。

由此可见不是任何液体都可以被用作基础油，基础油一个重要的特性是极压性。并且从这个角度可以看出，滚道和滚动体表面的形貌对油膜的形成十分重要。

十八、2 号脂和 3 号脂之间怎么选择？它们的润滑效果一样吗？

在电机轴承应用中，2 号脂多数用于中小型电机的轴承。通常，轴承转速相对中等偏高时可以选择 2 号脂。3 号脂比 2 号脂更稠，在轴上的保持性更好，通常用于中大型电机轴承和立式电机轴承。

轴承油脂中起润滑作用的是油脂里的基础油，基础油的选择应根据轴承运行的温度、转速和负荷情况而定。而轴承增稠剂（皂基）对油脂保持在轴承上起到关键作用。所以 2 号脂和 3 号脂的润滑性能差异主要还是看油脂里的基础油。

十九、如果一台电机已经被存放多年，还可以使用吗？

本书只讨论电机轴承相关问题，因此我们从这个角度展开。

首先，存放多年的电机，其内部轴承预添装的油脂有可能已经超过保质期。因此不能确定其是否可以继续起到润滑作用，并且油脂在多年的存放过程中，由于重力的原因，会都流到轴承下部。因此，此时不可直接起动电机。

从润滑角度来讲，建议更换全部的润滑脂。

从轴承本身角度考虑，多年的存放，电机没有运行，要考虑是否会出现伪压痕。因此需要将轴承拆卸下来做仔细检查，确保轴承相关零部件完好方可使用。

考虑长时间的储存，对轴承检查时也要关注锈蚀的可能性。

当然，最可靠的方法是更换全套原用轴承。

二十、如何确定轴承外圈与轴承室的配合？

有些资料说，轴承外圈与轴承室较理想的配合是轴承外圈能够在轴承室内蠕动，这样就会使轴承外圈得到均匀的磨损从而延长轴承的使用寿命，这种说法是否合理？

这里所说的蠕动，一是应该指轴向的蠕动，这种蠕动是为了吸收轴向膨胀；二是绝不应该有圆周方向的蠕动，圆周方向蠕动肯定是不好的，因为它破坏了轴承的滚动状态。但是，使外圈受到均匀磨损的说法不太合适，因蠕动的目的不是为了磨损。若轴承室磨损了，轴承的相对位置和受载情况就会改变，不见得好。如果蠕动造成磨损是好的，就不用发明可以调整轴向伸长的轴承了。

二十一、振动电机所用轴承的选型、安装和维护有哪些要求？

振动电机选轴承时要注意，计算轴承负荷时和普通电动机不一样，要考虑到振动的加速度。这样得到的当量负荷就不一样，所以选出来的轴承大小就不一样。还要注意保持架的选择，很多情况下用铜保持架（但不可以教条，要看情况而定）。另外，有些品牌的轴承，比如 SKF 有专门的振动筛用轴承，那是专门为振动场合开发的，保持架非常结实。

振动电机的轴承在安装时，润滑的选择要注意，有时要用有 EP 添加剂的润滑脂，并且补充润滑的时间间隔要缩短，根据不同的轴承厂家的说明进行相应的计算。

设计人员选择公差配合时应该注意，振动电机的轴和轴承室的配合应该都是过盈配合，具体数据请参考相应的轴承厂家资料。但是配合过紧了，就要考虑剩余游隙够不够。

二十二、怎样选择轴承的保持架和密封件？

1. 保持架的选择

对于工程塑料的保持架，各个厂家的性能略有不同，但大体相似。这种保持架重量轻，适用于高转速的场合，并且失效模式不是突然迸裂，所以比较适合于一些不允许突然停机的场合。但是对于矿山机械，这种保持架由于安全的考虑不适合使用，因为它的损坏不是突然发生的，而是随着温度逐渐升高到一定程度后，完全损坏，这样对于易爆场合会很危险。同时这种保持架有温度限制，一般是 $-40 \sim 120 ℃$。

对于黄铜保持架，基本没有什么使用限制，但不适用于有氨的环境。一般小轴承不使用铜保持架。

对于钢保持架，也没有什么限制，但大轴承不使用钢保持架。

2. 密封件

一般铁质的轴承密封件，仅仅是防尘，没有密封作用。这种密封件没有使用温度的限制，转速性能和开式轴承相同。

橡胶密封件具有高密封性能，但此类密封轴承的最高转速比开式轴承要低。一般普通橡胶密封件最高工作温度不超过 $120 ℃$，高温氟橡胶密封件最高工作温度不超过 $180 ℃$。

二十三、电机轴承与轴及轴承室的尺寸配合原则是怎样的？

1. 滚动轴承配合的特点

滚动轴承的内径 d、外径 D 是轴承与轴、轴承与外壳轴承孔（轴承室）配合的公称尺寸。

内径 d 取基孔制，但其公差带位于零线下方，即上偏差为 0、下偏差为负值。与其他基孔制公差带位于零线以上相比，在同名配合下更容易获得较为紧密的配合。

外径 D 取基轴制，但其公差带与其他基轴制相同，位于零线上方，即上偏差为 0、下偏差为负值。轴承与孔的配合一般较松，与其他基轴制同名配合相比，其公差带不完全一样。

图 11-1 为各种精度等级（分级内容见本书第一章第二节第三部分）的轴承公差带分布示意图。

相配零部件（轴和孔）的加工精度一般要和轴承的精度相对应。考虑到轴与外壳孔对轴承的精度有不同的影响，以及加工的难易程度，一般轴的加工精度取轴承同级或高一级精度；而外壳孔的加工精度取轴承同级其至低一级的精度。一般情况下，与 0 级和 6 级精度的轴承相配合的轴和孔的公差等级分别取 IT6 和 IT7。

2. 轴承与轴、轴承与外壳轴承孔配合的常用公差带

轴承与轴、轴承与外壳轴承孔配合的常用公差带见表 11-1。以 0 级和 6 级精度的轴承为例，其配合公差带

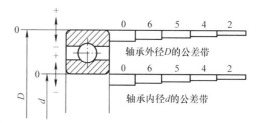

图 11-1　轴承内径、外径公差带分布示意图

分布如图 11-2 和图 11-3 所示（图中 Δd_{mp} 和 ΔD_{mp} 分别为轴承内圈和外圈单一平面平均内径和外径的偏差）。

表 11-1　各级精度轴承常用的配合

精度等级	轴承与轴		轴承与外壳轴承孔		
	过渡配合	过盈配合	间隙配合	过渡配合	过盈配合
0	h9、h8 g6、h6、j6、js6、 g5、h5、j5	r7、k6、m6、n6、 p6、r6、k5、m5	H8 G7、H7 H6	J7、JS7、K7、M7、N7 J6、JS6、K6、M6、N6	P7 P6
6	g6、h6、j6、js6、 g5、h5、j5				
5	h5、j5、js5	k6、m6 k5、m5	G6、H6	JS6、K6、M6 JS5、K5、M5	—
4	h5、js5 h4、js4	k5、m5 k4	H5	K6 JS5、K5、M5	—
2	h3、js3	—	H4	JS4、K4	—

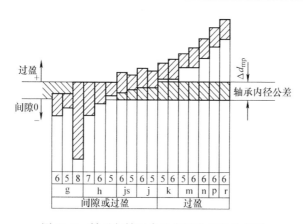

图 11-2　轴承与轴配合的常用公差带分布图

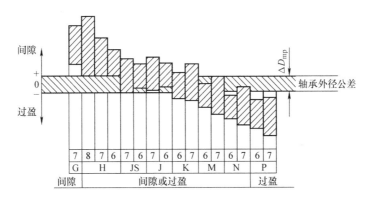

图11-3　轴承与孔配合的常用公差带分布图

3. 滚动轴承配合的选用原则

滚动轴承配合的选用应依据其使用的具体条件（主要是负荷情况）和自身的尺寸等来确定。详见表11-2。

表11-2　滚动轴承配合的选用原则

条件	配合的选用原则
轴承套圈相对于负荷的状况	负荷方向为旋转或摆动的套圈，选择过盈配合或过渡配合 负荷固定的套圈，选择间隙配合 当以不可分离型轴承作为游动支承时，应以相对于负荷方向为固定的套圈作为游动套圈，选择间隙配合或过渡配合
负荷的类型和大小	冲击负荷或重载负荷，选择较为紧密的配合。负荷量越大，配合过盈也将越大
轴承尺寸	随着轴承尺寸的增大，选择的过盈配合的过盈量也越大；间隙配合的间隙越大
轴承游隙	采用过盈配合会导致轴承游隙的减小，应检查安装后轴承的游隙是否满足使用要求，以便正确选择配合及轴承游隙
其他	轴和轴承座的材料、强度和导热性能、外部及在轴承中产生的热量及其导热途径、支承安装和调整性能等，均应在考虑之内

二十四、如何选择轴承游隙以及轴承与轴和孔的公差？

问题1：在机械设计手册中，只见如何选用轴承与轴和孔的公差，至于如何选用轴承游隙，则比较少或者含糊其词。原始游隙、安装游隙、工作游隙到底如何选用？

答：机械设计手册里没有选择游隙的建议，这是合理的。因为轴承的游隙是在生产时就确定的，这样我们在使用时，是要配合它的游隙来选择合适的公差配合，而不是相反。因为要根据公差和配合来选定轴承。也就是说，选择游隙的实质，是选择合适的公差配合。正常情况下，轴承工作时，其内部游隙应该是一个非常小的正值（圆锥滚子轴承和角接触球轴承除外）。至于多大，不同类型的轴承，有不同的范围。例如，通常温度工况下，普通中小型深沟球轴承的工作游隙推荐值为 $4 \sim 11 \mu m$。

问题 2：在普通的机械设计相关书籍中，正常负荷、120mm 的轴径，皆选 m5 公差（+0.013，+0.028），平均为 +0.0205；基本游隙组（+0.015，+0.041），平均为 +0.028；轴承内孔公差（0，-0.02），平均为 -0.01。这样安装后平均过盈就变成了 +0.0305，而轴承游隙平均才为 +0.028，工作时成了负的游隙。这样合适吗？

答：这里所说的轴承游隙变化，只说了公差影响的变化，其实还有一个方面要注意，就是温度变化，热胀冷缩引起的游隙变化。这点在计算时一定也要考虑进来。

选择游隙的方法就是由原始游隙减去由于公差配合造成的游隙减小，再减去于温度变化引起的游隙变化量，所得到的工作游隙符合基本运行工况就好。

问题 3：某电动机，功率为 600kW，连续负载（工作制为 S1），轴径为 120mm，选用 6324 轴承。若选用轴承的公差 n6、C3 游隙，请问此选择是否小了？是否应选 C4 游隙或选 m5、C3 游隙？安装后的游隙是否是留给热膨胀空间的？应该有多大？

答：根据给出的轴承牌号和相关数据做如下计算（由于没有给出轴和轴承室的温度分布，所以只就公差影响进行计算，假设轴承室直径的公差为 H7）。

如果是 n6 的轴径，若选 6324/C3 的轴承，内部剩余游隙是 -0.005 ~ 0.049mm；如果把配合变成了 m6，剩余游隙变为 0.003 ~ 0.057mm。从这里可以看到，其实不是需要选择 C4 的问题，而是需要重新看看自己的公差配合问题。

另外，关于要给热膨胀留出空间的说法需要考虑。因为，所谓热膨胀的空间，在轴承内部，影响最大的应是游隙。配合和游隙选对了，即同时考虑了安装配合和轴承温升，自然有了热膨胀的空间，不需要自己另外留。

最后给出一个通用建议：对于工业用电机，一般运行状况，推荐使用 C3 游隙（小电机除外）。公差配合按照手册上选择（应相信手册，因为其中的数字都是经过严密计算得出的），除非温度负荷有特殊变化。即使平时在我们的工作中，只温度或者运行工况有特殊要求的时候才做游隙计算。一般情况下，应直接按照轴承生产厂家提供的手册进行选择。

二十五、如何确定小功率电机和外转子风扇电机轴承与轴和孔的配合？

小功率电机轴承的配合选择应注意的几个方面：①对于铝壳电机，通常铝的热膨胀系数比铸铁的大，所以选轴承配合时，建议比铸铁机座放紧一挡；②对于铸铁机座的电机，用产品手册上的配合即可；③如果铸铝机壳使用手册上的配合，请在轴承外圈上或轴承室内加一个 O 形橡胶环，避免轴承外圈跑圈。

对于外转子风扇电机，如果轴承是外圈旋转的，则外圈使用过盈配合，内圈使用过渡配合。

二十六、既有轴向力又有径向力时，如何选择轴承？

对一个既有轴向力，又有径向力的转轴，在选择轴承时，采用角接触球轴承似乎是目前最流行的用法。因为角接触球轴承既可承受径向负荷，也可承受轴向负荷。但其承受径向负荷的能力不如深沟球轴承。

电机最常用的轴承是深沟球轴承和圆柱滚子轴承。它们都属于径向轴承，主要承受径向负荷。对于深沟球轴承，同时具有一定的轴向承载能力，通常最大承载能力为径向额定动负荷的 1/4。

用一个径向球轴承和一个普通推力轴承的组合来代替角接触球轴承也是一个有效的办法。

当轴向负荷增大，以至于大过深沟球轴承的负荷能力，则选用角接触球轴承。如果再超过角接触球轴承的能力范围，则要选择其他类型轴承、如球面滚子轴承、推力球轴承、推力滚子轴承、球面滚子推力轴承等。

上面说的是原则问题，落实到操作，就需要进行相应的计算。这里所说的超出它的能力范围，不是说负荷大于样本列出来的值，或者小于多少数值就合格。应该把轴承支撑力折算成当量负荷，然后校核轴承寿命，当满足需要时就为合格。

二十七、要求保证 20000h 以上的轴承噪声寿命，应对轴承生产厂家提出哪些技术要求？

对于噪声寿命，有两个概念要清楚：①没有噪声的轴承是不存在的；②轴承的噪声与外界因素相关。你要了解一个批次轴承的噪声问题，需要对测试条件进行同一化。轴承生产厂家可以给你的是他们在试验条件下的轴承噪声值（多数用振动值）。而这个值与你实际安装后的情况又有不同。所以，控制轴承的噪声主要应该是控制异常噪声，而不是单纯的噪声。因为控制单纯的噪声，就与轴承加工工艺有关了。电机生产厂家难以得到准确的有重复性的结果。如果你对轴承生产厂家提要求，应该是让他们满足行业内或者 ISO 的振动标准。如果不能满足，就是不合格；如果满足了，但是你装到电机上还有异常噪声，那么就要找找电机加工工艺的问题了。

二十八、轴承在贮存期间应注意哪些事项？

轴承入库之后，一般不可能全部马上被使用，因此需要进行妥当贮存。一般情况下，轴承在轴承生产厂出厂之前都会做处理和妥当的包装。但是这些处理和包装都有其一定的时间和条件限制。

轴承贮存必须保持在一定的温度和湿度范围以内。SKF 公司给出的理想的轴承贮存条件如下：

1）温度：理想贮存环境温度为20℃，且在48h内最大温度波动不超过±3℃。可接受贮存温度为35℃以下、48h以内温度波动不超过±10℃。

2）相对湿度：理想贮存环境相对湿度为60%以下。

3）仓库中空气干净、不含有酸和腐蚀性气体及水蒸气。

4）一般情况下，轴承应该置于专用的贮存货架内，贮存轴承的最底层托盘距离地面高度至少为20cm，不可将轴承直接放置于地面上。

5）不同大小轴承的堆高有自身限制，要严格遵守包装上注明的要求，以免产生危险。

6）对于大型轴承，只能平放，不能竖立存放，且对轴承的全部端面提供有力支撑。

二十九、库存轴承需要进行防锈处理吗？

为了防止轴承生锈，在轴承出厂之前会被涂装防锈剂（油）。防锈剂（油）的防锈效果有其时间限制，未经使用的轴承原厂的防锈剂一般在1~3年内会有效（不同品牌具体的时间可以咨询厂家）。在这个时间内不需要对轴承进行额外的防锈处理。对于一般轴承，基本可以在这个时间内被使用，但是如果有些轴承需要长期储存，就需要采取特殊的方法，比如NSK的建议：将轴承浸在机油内以达到防锈的目的。超过防锈保质期的轴承，很有可能在轴承某个表面出现生锈的现象，有的锈迹出现在肉眼可见的地方，有的锈迹很难察觉，比较妥当的处理方式就是送去专门机构进行相应的检测，以检查轴承是否可以继续被使用，或者是需要经过某些处理后方可使用。

第二部分　电机轴承使用技术

三十、新轴承在安装之前需要进行清洗吗？

轴承生产厂家在轴承生产制造过程中对轴承进行了多次清洗，在出厂之前也在轴承表面喷涂了防锈油。轴承运转对外界污染十分敏感，因此轴承厂对其生产的轴承会保持良好的清洁度。一般电机生产厂很难保证轴承清洗工具及清洗剂的洁净度。

另一方面，轴承生产厂选用的防锈油和大部分油脂和润滑油都能兼容。所以电机厂也不必担心防锈油和润滑剂之间的兼容性。

综上，不建议电机厂在安装新轴承之前对其进行清洗。若有疑问，可查看相关说明或咨询轴承供应商。

三十一、怎样清洗新的轴承？

若必须清洗新买或库存轴承上的防锈油脂，则建议按下述方法进行：

用厚油和防锈油脂（如工业用凡士林）进行防锈的轴承，可先用 10 号机油或变压器油加热溶解清洗（油温不得超过 100℃）。把轴承浸入油中，待防锈油脂溶化将其取出冷却后，再用汽油或煤油清洗。

用气相剂、防锈水和其他水溶性防锈材料进行防锈的轴承，可用皂类基清洗剂（如 664、6503、6501 等清洗剂）清洗。

用汽油或煤油清洗时，应一手捏住轴承内圈，另一手慢慢转动外圈，直至轴承的滚动体、滚道、保持架上的油污完全洗掉之后，再清洗净轴承外圈的表面。清洗时还应注意，开始时宜缓慢转动，往复摇晃，不得过分用力旋转，否则，轴承的滚道和滚动体易被附着的污物损伤。

轴承清洗数量较大时，为了节省汽油、煤油并保证清洗质量，可分粗、细清洗两步进行。对于不便拆卸的轴承，可用热油冲洗。即以 90～100℃温度的热机油淋烫轴承，使其旧油脂溶化，用工具把轴承内的旧油脂挖净，再用煤油将轴承内部的残余旧油、机油冲净，最后用汽油冲洗一遍即可。

轴承的清洗质量靠手感检验。轴承清洗完毕后，仔细观察，在其内外圈滚道里、滚动体上及保持架的缝隙里总会有一些剩余的油。检验时，可先用干净的塞尺将剩余的油脂刮出，涂于拇指上，用食指来回慢慢搓研，手指间若有沙沙响声，说明轴承未清洗干净，应再洗一遍。最后将轴承拿在手上，捏住内圈，拨动外圈水平旋转（大型轴承可放在装配台上，内圈垫纸垫，外圈悬空，压紧内圈子，转动外圈），以旋转灵活、无阻滞、无跳动为合格。

对清洗好的轴承，添加润滑剂后，应放在装配台上，下面垫以净布或纸垫，上面盖上塑料布，以待装配。挪动轴承时，不允许直接用手拿，应戴帆布手套或用干净的布将轴承包起后再拿，否则，由于手上有汗气、潮气，接触后易使轴承产生指纹锈。

三十二、电机出厂试验时是带载运行好，还是不带载运行好？

首先，这个问题中的"带载"和"不带载"指的是电机轴端的轴径向负荷，而不是转矩负荷。

如果电机转子重量分配到每个轴承上之后的负荷不能够达到轴承的最小负荷时，电机测试过程中将会出现轴承内部滚动不良，由此引发滑动摩擦，出现发热、噪声甚至损坏轴承的情况。在这种情况下，建议对轴承施加一定的轴向和径向负荷。

如果电机不带载，其轴承承受的负荷仍然满足最小负荷要求，则可以不带载运行。

简便起见，电机出厂测试时，对电机施加一定（按照额定工况范围以内）的轴向和径向负荷，将有利于测试中轴承的运行。

三十三、密封轴承需要补充润滑脂吗？

在一般电机常用的轴承中，一些深沟球轴承和调心滚子轴承是有带密封设计的。

对于深沟球轴承而言，通常密封的轴承也叫作终身润滑轴承。就是说轴承油脂的寿命应该长于轴承本身的疲劳寿命。因此对于密封的深沟球轴承是不需要进行补充润滑的。

对于密封的调心滚子轴承，需要对轴承润滑寿命和轴承疲劳寿命进行校核。若润滑寿命较短，有时候需要对密封件进行拆卸，而施加补充润滑。

三十四、一台电机中不同类型的轴承再润滑时间间隔不同该怎么办？

通常而言，滚子轴承需要的再润滑时间间隔比球轴承要短。当一台电机使用不同类型的轴承时，通常以再润滑时间间隔短的那个时间作为整台电机轴承的再润滑时间间隔。

三十五、电机轴承预负荷怎么加？

电机应用中通常对深沟球轴承和角接触球轴承等施加预负荷。

角接触球轴承通常用于承担较大的轴向负荷，施加预负荷的目的主要是为了防止轴承承担反向负荷而脱开，因此在轴承负荷方向施加一定的预负荷以避免轴承反向脱开，是针对角接触球轴承加预负荷的正确方法。

对深沟球轴承，为减小轴承噪声，需要添加的预负荷大小为 5~10 倍轴承内径（mm），计算结果单位为 N；为避免轴承出现伪压痕，施加预负荷大小为 10~20 倍轴承内径（mm）。

深沟球轴承预负荷施加方法细节可以参考本书第二章电机常用滚动轴承的性能及选择相关内容。

三十六、电机轴承预负荷弹簧加几个合适？

通常对电机轴承施加预负荷是通过弹簧实现的。对于小型电机的轴承，一般使用波形弹簧施加预负荷；对于中大型电机，一般使用柱形弹簧施加预负荷。

从弹簧弹力的角度，随着弹簧数量的增加，就可以对轴承周边更均匀地施力，这样做有利于负荷的分布。

但是另一方面，弹簧预负荷的变形量与初始长度和压缩后长度的差相关。电机装配之后，弹簧压缩后长度尺寸就被固定了。考虑整个机座尺寸链累计公差的影响，弹簧数量越多，尺寸累计公差带来的影响就越大。例如，机座、端盖、轴承盖尺寸累计公差为0.5mm，如果用4个弹簧，那么弹簧变形量公差就是2mm；如果是8个弹簧，这个变形量累计公差就是4mm。预负荷的值成倍变化。因此在考虑弹簧数量时，要考虑总尺寸累计公差导致弹簧变形量带来的预负荷误差，可以使这个误差在5~10倍轴承内径的范围之内，以避免在装配时累计公差带来的预负荷不足或者过大。

三十七、电机轴承能承受多大负荷？

轴承在不旋转或者低转速下旋转时，如果承受负荷折算到电机滚动体与滚道之间的接触力突破了材料表面的屈服极限，就会引发塑性变形。在对低速轴承进行校核时，通常会校核轴承的最大额定静负荷，以避免承载过大。

我们所说的低转速包含以下3种情况：

1）轴承静止不动。

2）轴承往复摆动。

3）轴承转速低于10r/min。

对于正常运行的轴承，通常会用在这个负荷下轴承的寿命来判断轴承的选择是否合适。可以看出，轴承能够承受多大负荷往往与所期望的轴承寿命相关。因此，我们所说的轴承能承受多大负荷，其实是在期望寿命下，轴承能承受的最大负荷是多少。

从轴承的寿命计算可知 $L = (C/P)^p$，由此可得 $P = C/\sqrt[p]{L}$。由于这个计算来自于轴承疲劳寿命计算，因此疲劳寿命计算的所有局限性，也同样适用于这种计算。

三十八、怎样除去滚动轴承上的锈蚀？

对出现锈蚀的轴承，经除油清洗后，应对其进行除锈处理。常用的方法有机械除锈法和化学除锈法。

1. 机械除锈法

使用000号砂纸或1号、0号、00号细砂布，通过手工研磨。研磨时，方向要一致，用力要均匀。

也可在锈蚀部位涂上研磨膏，然后用棉布进行研磨。应根据锈蚀的程度选择研磨膏的类型和操作程序。对于锈蚀比较严重的，应先用粗磨膏，再用中磨膏，最后用细磨膏进行研磨；锈蚀很轻的，直接用细磨膏进行研磨就可能达到预期的效果。

当用量较少时，细磨膏可用市场上销售的成品（图11-4所示的示例）和其他合适的成品。

用量较大时，可以自制，其配方见表11-3。图11-5给出了市场销售的相关原料。

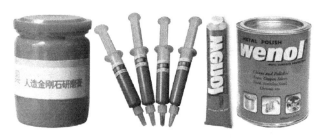

图 11-4　市场销售的研磨膏

表 11-3　除锈用的研磨膏配方

组成成分名称	含量（质量分数，%）		
	粗磨膏	中磨膏	细磨膏
氯化铬（Cr_2Cl_3）	81	76	74
硅酸钠（硅胶）	2	2	1.8
硬脂酸	10	10	10
猪油	5	10	10
油酸	—	—	2
碳酸钠（纯碱，Na_2CO_3）	—	—	0.2
煤油	2	2	2

a) 硅酸钠(硅胶)　b) 碳酸钠（纯碱，Na_2CO_3）　c) 氯化铬(Cr_2Cl_3)　d) 硬脂酸　e) 油酸

图 11-5　配置除锈膏的主要原料

2. 化学除锈法

化学除锈法是利用化学作用去除轴承上的锈斑的方法。其操作流程如下：

将开封的轴承清洗去除油脂→用热水冲洗→用流动的冷水冲洗→化学除锈（将无机酸加缓蚀剂配置的除锈液涂在轴承的锈蚀处，除去金属表面的锈蚀）→用流动的冷水冲洗→中和→用流动的水冲洗→纯化（将氧化剂铬酐涂在轴承金属表面使之产生致密氧化层）→干燥→油封。

除锈液的配方及工作规范见表 11-4。表中的 1，2，3，4 指四类不同的处理工艺，应针对不同的材料、性能进行选择应用。

图11-6是三种主要材料的市场销售品。

表11-4 除锈液的配方及工作规范

成分	配方类别和工艺要求			
	1	2	3	4
铬酐[①]（CrO₃）（工业用）/质量分数（%）	1.5	1.5	1.5	1.5
磷酸（H₃PO₄）（工业用）/质量分数（%）	8~8.5	8~8.5	15~17	15~25
硫酸（H₂SO₄）（工业用）/质量分数（%）	—	1~1.2	1~1.2	—
蒸馏水（或洁净的自来水）	76~76.5	75.3~75.5	66.8~69	60~70
保持温度/℃	85~95	85~95	85~95	85~95
持续时间/h	0.4~1	0.5~1	0.5~1	0.5~1

① 铬酐——又被称为铬酸酐，是一种强氧化剂，主要起钝化作用，使金属表面迅速进入稳定状态，保持基体金属不受腐蚀。

a) 铬酐(铬酸酐，CrO₃)　　b) 磷酸(H₃PO₄)　　c) 硫酸(H₂SO₄)

图11-6 配置除锈液的主要原料

使用化学除锈法的具体操作步骤如下：

（1）首先制作两个洗液槽，一个称为酸洗槽，一个称为中和槽。操作人员应穿戴工作服和防酸橡胶手套、防护眼镜，并准备足量的约50℃的温水。

（2）配制酸洗液：先将温水倒入酸洗槽内，水量应根据管材数量而定，一般以全部淹没被除锈的轴承为宜，然后依次加入酸液及缓蚀剂。缓蚀剂可延缓管材与酸液的化学反应速度，以免伤及轴承深部。

酸洗溶液可按如下比例配制：工业盐酸用量为8%~10%（即100kg的水加入8~10g的工业盐酸）。加入盐酸时应尽量缓慢并搅拌均匀，操作者应严格按加入的顺序兑制酸洗液，严禁将水兑入盐酸中引起飞溅现象而灼烧操作者。缓蚀剂可按产品说明加入的比例即可。

（3）将轴承轻轻放入槽内浸泡，以不溢出洗液为宜，浸泡期间经常翻动轴承。浸泡时间一般为10~15min，对锈蚀较重者可延长浸泡时间。

（4）中和槽又称钝化槽，主要的作用是使已被去锈的轴承表面在中和槽内形成一层保护膜，阻止金属表面再次氧化腐蚀。

中和液主要是采用一些碱性物质兑制而成，配方可参照如下配制比例：

氢氧化钠:磷酸三钠:水 =2%:3%:95% 或氢氧化钠:水 =（5%~10%）:（95%~90%）。在轴承从酸洗槽取出后，先用清水冲洗后再放置在中和槽内。

（5）钝化处理后的轴承取出后用清水冲洗，并晾晒或吹干。如放置时间较长时，应将轴承放置在干燥通风处。

（6）经化学除锈的轴承应及时进行防锈处理。

钝化时一般用重铬酸钾溶液（2~4g/L，有时也加入 1~2g 磷酸），在 80~90℃温度下浸泡 2~3min 取出，水洗即可。

三十九、带轮平行度和轴向对齐的方法有哪些?

对于用带轮传动的电机，其轴承的工作状态与两个带轮的平行度和轴向对齐的好坏有直接关系。下面介绍带轮的平行度和轴向对齐的检查方法。

1. 拉线检查法

用一根细绳靠紧大轴的端面（要求两轮端面平整，否则此法偏差较大），两端拉直，并正对两轴直径，若拉线与两个皮带轮的端面均靠紧，并且整条拉线是一条直线，则符合要求。如图 11-7 所示。

2. 吊线检查法

将两端均挂上重物（重量要大体相等）的两条细绳分别搭挂在两个皮带轮上，并使其与皮带轮的轴向中心线重合。从一端观察垂下的 4 条铅垂线。若完全重合，则两轮位置正确；看到两条线，说明两轮前后未对齐；看到 3 条线，则是两轮不平行。如图 11-8 所示。

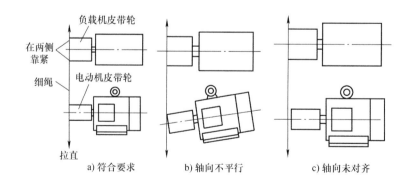

图 11-7　两个皮带轮平行及轴向对齐的拉线检查法

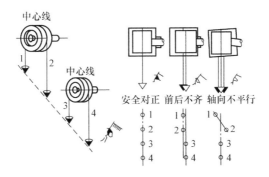

图 11-8 两轮平行及轴向对齐的吊线检查法

四十、怎样调好两个联轴器的同轴度？

当设备通过联轴器对接时，应使两个半节达到较高的同轴度，即轴向一致。另外，为防止因少量的轴向窜动造成两个半节"对顶"，应使两个半节对接平面保持 2 ~ 3mm 的间隙。

轴承的工作状态与两个联轴器同轴度的好坏有直接关系。下面介绍两个联轴器同轴度的检查方法。

1. 用塞尺和直尺检查

要求精确时，两个半节对接平面的间隙可用塞尺进行检测。

对同轴度的检查，可用一段直尺或一边较直的铁板、木板等靠在联轴器侧面，在顶面和两个侧面进行检查，若两个半节与直尺均密合，则说明同轴度达到了要求，否则存在轴向平行但不重合或轴向不平行的现象，如图 11-9 所示。

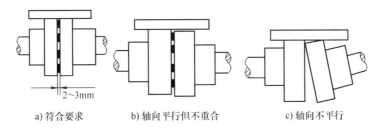

a) 符合要求　　　b) 轴向平行但不重合　　　c) 轴向不平行

图 11-9 用直尺检查联轴器对接的同轴度是否符合要求

2. 用百分表检查两个半节的同轴度误差

在两个半节未联结的情况下，将一只百分表通过磁性表架固定在一端的联轴器上。表的测头压在负载端联轴器的侧面上。将百分表调整好后，盘动联轴器转动 1 周。如图 11-10 所示。记录百分表指示值的变化量（最大值与最小值之差）。该变化量即为两个半节的同轴度误差，俗称为"径向圆跳动"。应根据所用设备的精度要求（如整体振动的要求）以及联轴器的类型（刚性连接或弹性连接），将其控制在一个合适的范围之内，例如≤0.05mm。

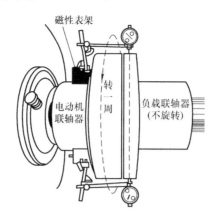

图 11-10　用百分表检查两个联轴器的同轴度

第三部分　电机轴承故障诊断和处理方法

四十一、电机出厂测试时噪声良好，为什么运抵客户处刚开始运行就出现异常的"吭吭"声？

电机出厂测试时噪声良好，运抵客户处会出现噪声，这就说明在测试和运抵客户处之间出现了一些问题。在本书第七章和第九章中分别介绍了运输过程中轴承可能出现伪压痕从而在电机运抵客户处时出现噪声的原因，可以参考相关部分了解细节。

概括来说，电机在运输过程中，滚动体和滚道之间相对静止。然而在这个过程中的振动（车辆颠簸、加减速、转弯等）使轴承滚动体在滚道表面产生微小的相对移动和振动。如果这个运动往复出现，就会使轴承滚道出现退化（磨损），从而出现伪压痕。伪压痕的间距等于滚动体间距，并且具有都出现在下端，并且呈中间最宽、最深，两边逐渐变窄、变浅的明显特征，图 11-11 所示为一个典型的实例。对外所表现的特征是电机的运转噪声为"咯噔、咯噔"的连续声，轴承温度上升很快。

由于运输路途中道路颠簸硌出的条状压痕

图 11-11　由于运输中较大的颠簸造成的轴承内、外环压痕实物

为避免此类伪压痕，需要在电机运输过程中对轴进行轴向和径向的固定。可以参考相关章节的建议，图 11-12 是附加"转子固定支架（或板）"的电机实物图。

图 11-12　附加"转子固定支架（或板）"的电机实物图

四十二、一台电机在渔船上正常运行一段时间后，停机放置了较长时间再启用时，出现明显的"吭吭"声，是什么原因造成的？

海船上不运转的电机，会因船的上下颠簸而使电机转子也上下"颠簸"，若时间较长（实际案例为 1 年），则对轴承造成的损伤和前面第一题完全相同，当然答案也就完全相同了。此时只能更换原用轴承。为了避免此类损伤，建议将长期不用的电机拆下，放在陆地上，或者按图 11-12 给出的方法对转子进行固定。若按上述方法处理有困难，则经常转动一下转轴，改变转子的位置，当然，若让电机时常轻载或空载运转一小段时间则更好。

四十三、电机轴承中的密封轴承会漏油一定是故障吗？

具有密封的轴承在运转起来时，轴承内部的油脂会进行一定的循环流动，并在轴承以及轴承室表面形成一层润滑油脂的附着层。在轴承转动时，密封件出口部分由于有接触力，因而形成波浪状运动形式，所以会在唇口位置有少量油脂被分布到外部。但是一般而言，这个位置只会有少量油脂，并且不会持续增加。这种情况是正常情况。

如果密封轴承唇口部分有大量油脂分布，或者油脂出现不断增多的情况，就属于不正常的漏油，需要检查密封件是否已经出现问题。

四十四、为什么电机轴承不能到达计算寿命？

通常我们所说的电机轴承计算寿命指的是可靠性为 90% 的轴承疲劳寿命，这个寿命计算指的是轴承疲劳寿命在某一个失效可靠性下的计算值，这其中的疲劳寿命特指次表面源起型疲劳，且此值为给定工况下，允许最多 10% 轴承出现次表面源起型疲劳的值。

实际工况中，轴承失效往往是综合了轴承疲劳、润滑失效、密封失效等多方面的问题。任何一套轴承零部件（内圈、外圈、滚动体、保持架、润滑、密封件）

失效，最终都会造成电机轴承的失效。所以在运行实际工况下，电机轴承的寿命应该等于电机所有零部件中寿命最短的零部件的寿命。而非单纯的轴承内外圈和滚动体的寿命。

另一方面，即便从轴承本身角度分析，由轴承失效分析的分类可知，轴承的次表面源起型疲劳仅仅是六大类轴承失效中的第一大类中的一个子分类（参见本书电机轴承失效分析部分）。所以，轴承寿命计算并没有涵盖所有轴承失效模式，而仅仅针对轴承失效中的一种情况做了校核计算。

以上讨论还排除了运行工况多变的因素等外界变动的影响。

综上，电机轴承寿命计算通常是不能与其实际寿命进行比较的。而电机轴承寿命计算的目的是在电机轴承选型时校核轴承选择尺寸大小的一个校核工具，而非"算命"程序。

四十五、电机轴承噪声冬天比夏天明显吗？

一些电机厂确实遇到了电机冬天噪声比夏天明显的情况，尤其在北方更加明显。

对比冬天和夏天的工作环境，最大的差别就在于温度。而温度的变化会直接影响电机轴承内部油脂的黏度及其基础油的黏度。我们知道，油脂基础油黏度和油脂黏度都随着温度降低而升高，因此，在冬季润滑黏度就会增高。电机设计人员在进行润滑设计时，主要考虑的是额定工况下的润滑状态。在冬季和夏季，电机的工作温度发生改变，如果这个工作温度改变超出了初期润滑设计的考虑，就会带来润滑不良。油脂稠度高初期带来的表征就是电机噪声问题，尤其在电机起动时。在冬季，油脂处于比较冷的状态，此时起动电机，轴承内部润滑膜难于形成，则电机多发噪声。

这就是电机在冬天噪声比夏天明显的原因。当然，上述描述是排除其他故障的角度分析。

如果这种电机的噪声并不剧烈，并且随着电机温度的升高而消失了，则可不做特殊处理；如若想降低这种未见有害的起动噪声，可以适当地对轴承室加热，状况便可缓解。

四十六、电机轴承啸叫声是怎么回事？

电机轴承的啸叫声是很多电机厂遇到的电机轴承高频噪声的情况，尤其特指在对轴承、轴、润滑等各个因素进行核查之后未发现异常，而高频噪声依然存在的情况。在工况中，往往可以通过添加过量油脂使这个噪声消失，但是待过多的油脂被挤出之后，噪声恢复如初。这是电机生产厂经常遇到的令人困扰的问题之一。本书中第七章电机运行中的轴承噪声及振动分析相关内容中关于电机轴承啸叫声的原理做了系统的分析。这里仅做概括。

电机在运转时，滚动体在滚道上运行，由于粗糙度等原因，滚动体会在滚道内圈和外圈之间发生往复振动。当滚动体进入负荷区时，两个滚道之间的间距由存在剩余游隙到没有剩余游隙而承载的状态，也就是滚道之间间距变窄，这就使滚动体在其间的振动频率增加，由此产生了高频的振动并发出高频声音（这种状态与用乒乓球拍在桌面上压紧一个正在弹跳的乒乓球时发出的尖锐噪声原理一致）。

从上述原因可以看出，电机轴承啸叫声是由轴承运行状态以及内部尺寸等因素决定的。影响这个声音的因素包括轴承内部的剩余工作游隙和润滑介质的阻尼等。当电机轴承内部添加过量油脂时，滚动体和滚道之间充满油脂。油脂在滚动体振动时起到了阻尼作用，从而减少了滚动体在非负荷区的往复运动，更降低了滚动体进入负荷区时的往复运动频率。因此，填入过量油脂会消除轴承啸叫声。但是，轴承内部油脂添加量不能过多，否则会引起发热等情况。待轴承内部过量油脂被挤出之后，前述的振动依然恢复，噪声也就回来了。

另一个方面，如果我们可以减少轴承内部剩余工作游隙，将有利于削弱轴承啸叫声。对于深沟球轴承而言，可以通过施加预负荷的方法消除轴承内部剩余的工作游隙，从而消除电机轴承的啸叫声。

但是对于圆柱滚子轴承，无非通过施加预负荷的方式消除轴承剩余工作游隙。所以在工程实际中，圆柱滚子轴承啸叫声的情况更加多发。有时在一批电机中，有的电机圆柱滚子轴承有啸叫声，有的没有；有的啸叫声强，有的弱。这是由于轴承剩余工作游隙的不同而导致的。一个比较有效的方法就是选择初始游隙小的圆柱滚子轴承（如 CN 或 C3L）。如果轴承生产厂家可以提供的话，选择 C3L 是一个最保险的方法。但不论如何，剩余游隙依然存在，这个方法可以减弱啸叫声，却不能百分之百地消除（实际用户案例表明，此法可以大幅度改善轴承啸叫声，改善率达 80%~90%）。

四十七、轴承圈断裂是怎么引起的？

轴承圈断裂大致有 3 种可能的原因：过载断裂、疲劳断裂和热涨裂。

在电机轴承安装使用过程中，不恰当的配合、冲击负荷、轴承圈的跑圈蠕动、安装拆卸过程中的野蛮操作等都可以引起轴承圈的断裂。本书第九章第三节第七部分对轴承断裂各个分类做了更详细的介绍。

四十八、一批电机，有的噪声大，有的噪声小，这是怎么回事？

经常有电机生产厂在同一批生产的电机中，发现有的噪声大有的噪声小的情况。当然，如果针对噪声不同来源仔细分析，可以从本书第七章电机运行中的轴承噪声及振动分析相关内容中寻找原因。但是总体上讲，这种噪声有大有小的原因，其实是一个关于产品性能一致性以及工艺稳定性的问题。

首先，轴承（尤其是电机中经常使用的深沟球轴承）是批量生产的，对于一些小型轴承更是批量生产量很大。设备参数设定之后，一批生产成千上万套轴承，其一致性相对稳定。但是对于电机生产厂而言，每个批次的电机数量一般都小于轴承批次数量。所以，如果从轴承本身质量的角度考量，从批量一致性的角度考虑看，更应该是一批次的电机轴承噪声和另一批次的电机轴承噪声有差异的几率更大，而同一批次轴承内不同批次的电机噪声差异很大的几率应该较小（不考虑电机各零部件质量）。

所以，如果出现一个批次电机轴承全部出现噪声问题时，除了查找电机本身的问题以外，应该怀疑轴承质量；相反，如果一个批次电机中仅仅发现几台电机轴承有较大噪声，那么此时电机本身出现问题的几率会大些。

当然，以上判断更多是从概率角度来做粗略描述的，并不能排除个别情况。并且对于大型轴承，其单批次产量有可能和电机单批次产量相似，所以概率也相似。

四十九、同批次电机产生噪声差异的原因是什么？

本书第七章电机运行中的轴承噪声及振动分析相关内容中介绍过，电机轴承的噪声分为正常噪声和非正常噪声。应用本书中的相关知识，可以找到绝大多数电机轴承非正常噪声产生的原因。而这些问题也必须被修正，从而消除电机运行轴承失效的潜在风险。

但是，对于电机轴承的正常噪声，是无法完全消除的。好在这些噪声通常会在接受的范围之内。但是，即便在接受的范围之内，也存在噪声的大小之分。其中有一些原因就是从电机生产质量一致性角度需要注意的。

1）电机轴、轴承室、轴承之间公差配合的影响。这个问题经常会遇到。如果轴径偏下差碰到配合的孔径偏上差，再碰到轴承初始游隙接近上差时，轴承工作游隙就会偏大，甚至超过轴承应有的工作游隙。这样就会带来噪声偏大。如果是与上述相反的情况，则会导致轴承发热。这些情况，单独检查任何工件都是合格的，但是装配到一起时就会出现问题。因此，在电机装配时需要尽量回避这一点（这里只是用尺寸公差举例，其他问题也一样）。

2）轴承润滑的一致性。电机厂比较难于控制的就是润滑工艺。我们需要保证操作人员能够正确地对轴承施加合适量的油脂。要做到这一点，在工艺手段上不能失控。电机的工艺工程师需要考虑引入所谓"防呆"设计的理念，减少操作人员的主观自由度对工件之间质量差异的影响。比如使用本书中曾经介绍的填脂工装。根据每个机型的电机设计，让操作人员固定使用定量器添加油脂，这样就可以保证填脂量均匀、合适。

总之，电机批量生产中出现的偶发电机噪声，包含了电机零部件问题、轴承问题、选型安装问题、工艺一致性问题等。这是一个系统性的问题，其一方面考验着技术人员对各个部分知识的掌握，同时也考验着整个生产系统的衔接。

五十、为什么拆卸已经失效的轴承时也需要使用合适的工具？

通常我们需要对失效的轴承进行失效分析，本来轴承失效痕迹已经错综复杂，如果在拆卸时对轴承造成了进一步的伤害，将大大增加轴承失效分析的难度。因此，建议使用正确的轴承拆卸工具，在最小限度地伤害轴承的情况下对轴承进行拆卸，以便后续分析。

另一方面，如果必须对失效轴承进行拆解才可以取下轴承，那么，建议拆解破坏点要远离轴承失效部位。实际工况中，有可能需要进行切割轴承内圈才能拆下轴承。如果切割点刚好在轴承失效点上，那后续几乎无法进行良好的分析。

使用良好的工具对轴承进行拆卸，除了保护失效轴承以外，还要对轴、轴承室进行相应保护。因为这些零部件在更新轴承之后还有可能继续使用。

五十一、造成风机电机的轴承故障原因有哪些？如何处理？

据不完全统计，水泥厂的风机电机发生振动异常的故障率最高可达 58.6%，由于振动将造成风机运行不平衡。其中，轴承紧定套配合调整不当，会导致轴承异常温升与振动。

如某水泥厂在设备维修期间更换了风机轮叶。轮叶两侧用紧定套与轴承座固定配合。重新试车时发生浮动端轴承温度高和振动值偏高的故障。拆开轴承座上盖，手动慢速回转风机，发现处于转轴某一特定位置的轴承滚子，在非负荷区亦有滚动情况，由此可确定轴承运转间隙变动偏高且安装间隙可能不足。经测量得知，轴承内部间隙仅为 0.04mm、转轴偏心达 0.18mm。

由于左右轴承跨距大，要避免转轴挠曲或轴承安装角度的误差比较困难，因此，大型风机采用可自动对心调整的球面滚子轴承。但当轴承内部间隙不足时，轴承内部滚动体受运动空间的限制，其自动对心的机能受影响，振动值反而会升高。轴承内部间隙随配合紧度的增大而减小，无法形成润滑油膜，当轴承间隙因温度高而降为零时，若轴承运行产生的热量仍大于逸散的热量时，轴承温度即会快速爬升。这时，如不及时停机，轴承终将烧损。轴承内环与轴的配合过紧是本例中轴承运转异常高温的原因。

处理故障时，退下紧定套，重新调整轴与内坏的配合紧度，更换轴承之后的间隙取 0.1mm。重新安装，起动风机，轴承振动值及温度均恢复正常。

轴承内部间隙太小或机件设计制造精度不佳，均是轴承运转温度偏高的主因，为方便风机设备的安装、拆修和维护，一般在设计上，多采用紧定套轴承锥孔内环配合的轴承座轴承。然而也易因安装程序上的疏忽而发生问题，尤其是适当间隙的调整。轴承内部间隙太小、运转温度急速升高；轴承内环锥孔与紧定套配合太松，轴承易因配合面发生松动而在短期内发生故障烧损。

五十二、电机轴向窜动问题和导致轴承烧毁的原因有哪些？

1. 电机的轴向窜动问题

通常，电机用得最多的是深沟球轴承和圆柱滚子轴承。并且在布置的时候，一端做轴向定位；另一端做轴向浮动。轴向定位如果可靠，对于深沟球轴承来说，它的轴向窜动量就应该是它的轴向游隙，一般不会太大，即取决于所选的轴承径向游隙。对于圆柱滚子轴承（N 和 NU 系列轴承），不能作为定位轴承，否则，轴向窜动就一定过大。

2. 轴承烧毁问题

如果定位轴承承受了过大的轴向负荷，就会导致轴承烧毁。所以，选择定位轴承的时候要了解轴向负荷有多大，所选的轴承是否承受得了。如果是 NJ 系列的圆柱滚子轴承，这种轴向负荷完全是由滑动部分承受的，所以不行。对于深沟球轴承，轴向能力最多只有径向的 1/4，对于不同的轴承各有不同。

现在很多的电机都是轴可以来回窜动的，靠一个波形弹簧垫圈来调整，但还是能够窜动。

轴系一般会要求轴向定位。所以需要一端作为定位端；另一端作为游动端。

波形弹簧不是用于定位的，是用于加轴向预负荷的。所以，对于交叉定位的电机，一定会存在波形弹簧垫圈引起的轴向窜动。如果要控制该窜动，就该做成传统的一个定位端，一个非定位端，然后在非定位端加波形弹簧垫圈。

五十三、怎样根据轴承润滑脂颜色的变化判定轴承运行状态？

根据润滑脂的颜色来判断轴承运行情况是否正常，比较困难。因为不同的润滑脂内部的添加剂不同、运行条件不同、适应温度范围不同，不可能有统一的标准。即使是同一种润滑脂，也可能会由于出厂的批次不同、配方略有不同而造成颜色的差异。因此，以颜色变化作为依据可能会不尽相同。

另外，即使润滑脂不放在轴承里，也会变色。这是因为润滑脂存在氧化问题。

润滑脂放置（或者运行）一段时间后，因和空气接触，同时金属（轴承本身和轴承室等相关部件）在这个氧化反应中也充当了催化剂的角色。虽然现在有很多润滑脂都有抗氧化添加剂，但只是降低了氧化的速度。所以，润滑脂的颜色会一直发生变化。若轴承运行不正常，或者进入异物等，将促使润滑脂性能和颜色的改变。若温度较高，其中的润滑脂将加速氧化，直至碳化变成炭黑色。原因是轴承本身或者环境温度的变差，将导致润滑脂中的基油不断地进出增稠剂，同时每次基油回去的时候，不一定完全回去。这样时间久了，油脂的性能会变差，将不能满足润滑。基油不足的润滑脂，颜色就有可能发生变化。温度越高，油脂的性能变化就越大，其颜色变化也会越大。如果温度很高，会碳化，即变成黑褐色。

若轴承进入异物，包括轴承自身磨损或异物与轴及轴承室之间的摩擦产生的金属屑，将会随之变成与异物接近甚至相同的颜色。

进入水或其他液体时，其颜色一般会变浅，有时会变成泡沫状或絮状。

五十四、使用柱轴承的新电动机无负荷运行时噪声大的原因是什么？

圆柱和圆锥滚子轴承、推力轴承等滚子与轴承内外圈接触面较大的轴承，需要一定的负荷才能在接触面之间形成润滑脂油膜和良好的滚动。若没有负荷或负荷很小，则油膜将很难形成，滚子和轴承内外圈就有可能发生滑动摩擦，造成接触面磨损，产生较大的摩擦噪声，同时将影响轴承的寿命。

轴承的最小负荷与轴承大小也有关系，总体上讲，轴承的负荷能力越大，它所需要的最小负荷也越大。

有很多使用单位在新电机安装之前的检查过程中，给电动机通电空载运行两个多小时（很多验收规程中有这样的规定），这对于使用圆柱和圆锥滚子轴承、推力轴承的电机是很不利的。要想既达到验收目的，又减少对轴承的损伤，可采用带适当负荷的办法。无带负荷的条件时，就只能减少空转时间，只要通电运转正常即可停机，不必非要运转两个小时才停机。

五十五、一台电机，在补脂（二硫化钼）后温度上升，其原因是什么？

1. 案例描述

有一台 6kV 、1480r/min 的高压电机，以前运行时驱动端轴承温度在 40℃ 左右，但在对轴承补脂（二硫化钼）后，再开车运行时，其轴承温度一路上升，达到 90℃ 左右，而且有"丝丝"的声音，但非驱动端的轴承温度仅为 25℃。此电机结构是驱动端（与设备联结侧）为浮动端，有两套轴承，里面是深沟球轴承，外面是圆柱滚子轴承，深沟球轴承与轴承座是松配合。对其解体后发现，深沟球轴承和圆柱滚子轴承相对的端面间有明显的摩擦痕迹。现场分析后认为，是两轴承间的间隙发生了变化而导致了摩擦。

2. 分析和解答

首先，关于补充油脂的时间问题，应根据使用情况（包括运行时间、负荷大小、环境温度和空气的清洁度等多方面的因素），按使用说明书或其他相关提示进行，有关计算可从本书第四章电机轴承润滑剂选择和应用第三节中第二到第四部分相关内容或轴承手册里找到。另外，添加二硫化钼润滑脂不妥，因为通常二硫化钼润滑脂适用于低速，在高速场合不适合，容易产生摩擦和发热。本例说添加润滑脂后轴承温度比原来高，就与此有关。还有就是添加润滑脂的量，不可添加太多。

其次是关于两个轴承相对滑动问题，通常不应该发生。一个好的电机设计，如果使用深沟球轴承和圆柱滚子轴承的布置，那么深沟球轴承的轴承室应该比圆柱滚子轴承的大。如果更讲究一点的设计，应该加橡胶圈防止轴承外圈跑圈。同时应该检查两个轴承安装好之后是否夹得比较紧。以上几点都做到，就应该没有问题了。

五十六、粉末冶金轴承常见受损原因及处理方法有哪些？

轴承损坏的原因很多，大体上来说，有 1/3 的粉末冶金轴承损坏缘于疲劳损坏；1/3 因为润滑不良；剩余 1/3 可能是由于污染物进入轴承或安装处理不当。然而，这些损坏形式亦与使用场合有关。例如，纸浆与造纸工业多半是由于润滑不良或污染造成轴承的损坏，而不是由于材料疲劳所致。

分析和处理方法的建议如下：

1. 温度监控

轴承温度高一般表示轴承已处于异常状态。有时轴承过热可归因于轴承的润滑剂。若粉末冶金轴承在超过 125℃ 的温度下长期运转，会降低轴承寿命。引起轴承高温的因素有润滑不足或过分润滑；润滑剂内含有杂质；负载过大；轴承磨损；间隙不足；轴承密封件产生的较大磨擦等。

所以，连续地监测轴承温度是有必要的，无论是量测轴承本身或其他重要的零件。如果是在运转条件不变的情况下，任何的温度改变都可表示已发生故障。

2. 轴承的滚道声及其控制方法

滚道声是当轴承运转时，其滚动体在滚道面上滚动而发出的一种滑溜连续的声音，是所有滚动轴承都会发出的特有的声音。一般的轴承噪声是滚道声其他声音的叠加。

球粉末冶金轴承的滚道声是不规则的，频率在 1000Hz 以上，它的主频率不随滚动体转速的变化而变化，但其总声压级会随轴承转速的加快而增加。

滚道声大的轴承，其滚道声的声压级随润滑脂黏度的增加而减少；而滚道声小的轴承，其声压级在润滑脂黏度增大至 $20mm^2/s$ 以上时，由减少而转为有所增大。

轴承座的刚性越大，滚道声的总声压级越低。如径向游隙过小，滚道声的总声压级和主频率会跟着径向游隙的减少而急剧增加。

控制滚道声的方法是选用低噪声的轴承。

五十七、给水泵用电动机轴承异响的原因是什么？怎样处理？

1. 案例描述

一台给水泵，配套电动机为三相高压（6kV）异步电动机，型号为 YKK 400 - 2，额定功率为 450kW，额定转速为 2975r/min。轴伸端用 NU3E222 型柱轴承，非负荷端用 6222 型深沟球轴承。运行中，轴伸端声音尖锐刺耳，但不像是电磁噪声，也不像是轴承缺油干磨的声音。噪声持续约 2min，然后间歇约 2min。用测振仪测量轴承的振动，声响异常时，测得振动速度有效值为 53.6mm/s，有时甚至达到 97mm/s，远远超过标准限值 2.8mm/s，且电流波动较大。

由于轴伸端的轴承采用间隙配合，无法调整轴承的轴向定位尺寸。在检修过程中，发现内轴承盖有不均匀的磨损痕迹，轴承有两个深沟柱损伤。

测量轴承、端盖和内、外轴承盖的定位尺寸，并经过计算，轴承的允许间隙为 0.7mm，当电动机的轴承温度达到 100℃时，轴的膨胀值约为 0.9mm，不能满足电动机正常运行的要求。多次更换深沟柱轴承后，电动机噪声不仅没有消失，而且异响周期变为 4min。

2. 故障分析与处理

（1）故障分析

由于该电动机原来采用 NU 型柱轴承，所以允许电动机具有一定的轴向窜动量。轴承外圈两侧有挡边，内圈无挡边，因此允许转轴相对轴承外圈的双向位移，可以承受因热膨胀引起的轴伸长。同时，轴承的间隙相对深沟球轴承来说偏大，但轴承的受力为线形，比深沟球轴承的点受力效果好。轴承运动轨迹不是一个圆形而是一个椭圆形。轴的受力主要是在下部，对于深沟柱轴承，其受力点为一条直线，高速运转中，由于轴承的间隙，受力点改变，受力运动轨迹变成抛物线形。

（2）处理方法

给水泵电动机运行时主要受轴向力作用，且拖动的负载平稳，深沟柱轴承允许的径向窜动必要性减弱，因此将轴伸端（负荷端）的轴承更换为深沟球轴承，轴承的游隙组别仍为 C3，径向游隙值约为 0.04mm，可以满足运行要求。同时考虑轴承的受热膨胀，在挡油环小盖处加一块厚度约为 0.8mm 的垫片，克服来自于给水泵和轴承温度升高引起的轴向窜动。

轴承滚动体及滚道的微观表面是粗糙不平的，运动中会发生一定的冲击，但这种冲击产生的脉冲是高频的，因而使用测振仪测量电动机运行的高频干扰的参数值比标准值大。深沟柱轴承的滚子与滚道的接触是一条线，接触较多，产生的高频冲击就大；而深沟球轴承的滚子与滚道的接触是点，产生的高频冲击相对较小。因而本例的电动机可以使用深沟球轴承代替深沟柱轴承，解决设备出现的异常噪声。

将深沟柱轴承更换为深沟球轴承后，轴承异响消失。运行一段时间，原有的异常噪声没有再出现，测量电动机的振动幅值达到了要求，带负荷性能稳定，电流也没有较大波动了。

五十八、轴流风机的后端轴承为什么温度高？

轴流风机在工作时，其风扇叶推动空气向离开风机的方向运动，根据作用力与反作用力的原理可知，此时风扇叶将受到被推动空气的反作用力，该作用力将施加在电机的转轴上，其方向是由风扇端到非风扇端（即"后端"）的。如图 11-13 所示。此轴向力将使后端轴承内圈和外圈产生一个轴向偏离，使滚动

空气的反作用力

图 11-13　轴流风机电机受轴向力的方向

体（滚珠）被压挤到轴承内、外圈的侧面，造成滚动困难，产生过多的热量，造成其温度较高。

五十九、造成轴承温度高的原因都有哪些（汇总）？

通过测量，发现某电机的轴承运行温度超过了允许的数值（例如95℃）或上升速度较快，则应进一步通过分析查出原因，并加以解决。

下面介绍电机轴承温度较高的原因。

1）轴承与转轴或轴承室的同轴度不符合要求，如图11-14a所示。

2）本应可轴向活动的一端轴承外环被轴承盖压死，如图11-14b所示。当运行转轴因温度上升而伸长时，带动轴承内环离开原轴向位置，从而挤压滚珠研磨侧滚道，产生较多的热量。

3）轴承与转轴或轴承室配合过紧，使轴承内环或外环挤压变形，径向游隙变小，滚动困难，产生较多的热量，如图11-14c所示。

4）轴承与转轴或轴承室配合过松，使轴承内环在转轴上、外环在轴承室内快速滑动（内环滑动是绝对不允许的，外环有很缓慢的滑动在很多情况下是无害的），如图11-14d所示。这种摩擦将产生大量的热量，会造成温度急剧上升，严重时会在很短的时间内将轴承损坏，并进而产生定转子相擦，绕组过电流烧毁等重大事故。

5）润滑脂过多、过少或变质。对附带挡油盘的轴承室结构，若不及时补充油脂，就会逐渐出现润滑脂过少的现象。另外，在低温下使用耐高温的润滑脂，会因其黏度较大而产生相对较多的热量。

6）环境中的粉尘通过轴承盖与转轴之间的间隙进入到轴承中，大幅度地降低

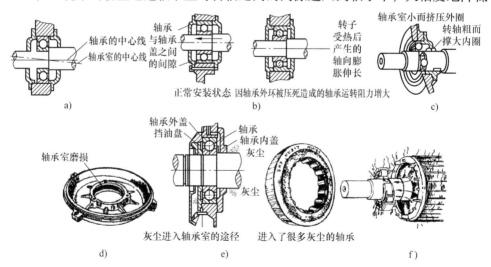

图 11-14　轴承温度较高的原因

油脂的润滑功能，增加摩擦阻力，产生较多的热量，如图11-14e所示。

7）因各种原因造成的转子过热，转子的热量传导到轴承中，使轴承中的润滑脂温度达到其滴点而变成液态而流失，轴承失去润滑而产生较高的热量，如图11-14f所示。

六十、造成轴承噪声大或异常噪声的原因都有哪些（汇总）？

轴承噪声大是指其数值超过了规定的标准，异常噪声是指某些间断的或连续的不正常响声，例如"嗡嗡"声、"咔咔"声等，此时测量数值不一定超过规定的标准数值（分贝值），但却让人感觉很不舒服，有时还可能进一步扩大并造成设备的损坏（例如部件之间或进入异物导致定转子相擦造成的异常噪声等）。

轴承噪声大或有异常噪声的现象和原因分析见表11-5。

表11-5　轴承噪声大或有异常噪声的现象和原因

序号	现象	原因分析
1	相对均匀连续、声音不算高的摩擦声	1）润滑脂因使用时间过长而减少，降低润滑作用 2）注入的润滑脂与原有的润滑脂不相容，使润滑效果降低 3）非金属密封装置与轴承内环或外环相摩擦 4）因安装或相关尺寸问题，造成轴承内外圈轴向错位，使滚珠在滚道的两侧滚动，增大了摩擦阻力
2	相对均匀连续、频率较高、尖锐的摩擦声	1）润滑脂中进入灰尘，特别是沙粒和金属颗粒 2）内环或外环滚道磨损后变得粗糙 3）轴承径向间隙小。原因有： ① 所选用的轴承径向间隙小 ② 转轴轴承档直径大于规定数值，使轴承内圈被撑大 ③ 轴承室直径小于规定数值，使轴承外圈被缩小 4）轴承内环与转轴配合松动，造成内环和转轴相互摩擦 5）轴承外环与轴承室配合松动，造成外环转动，摩擦轴承室 6）金属密封装置与轴承内环或外环相摩擦
3	间断的尖锐磨擦声	1）个别滚动体破损 2）保持架破损 3）轴承内环或外环破损
4	间断不定时的"咯咯"声或"咔咔"声，随着运转时间的延续，声音逐渐变小并消失	一般发生在新机器或全部更换新轴承、新润滑脂的初期运行时。由于油脂没有均匀地分布在轴承空腔内，被包裹在其中的空气在运转时挤压爆破，发出"咯咯"声或"咔咔"声
5	间断但按一定周期的"吭吭"声，随着运转时间的延续，声音逐渐变大	在运输过程中，因为颠簸时转子的上下振动，轴承下半部的滚珠或滚柱敲打轴承外环滚道，严重时出现压痕。轴承运转时，在压痕处产生阻碍，发出按转速周期的"吭吭"声，并随着摩擦加重，声音将越来越大
6	间断的"嗡嗡"声，频率较低	1）轴承内外环同轴度较差 2）因轴承室径向尺寸较小或圆度较差，使轴承外环被挤压变形 3）轴承室与轴承同轴度较差。常见的原因有： ① 零部件加工造成的同轴度较差 ② 用冷压法装配轴承时用力不均匀，使轴承偏斜，造成的同轴度较差

六十一、常见轴承损坏现象有哪些？各是什么原因造成的（汇总）？

对损坏的轴承，可通过观察其损坏的现象来分析造成损坏的原因，从而有针对性地进行改进，避免故障的重复发生。常见轴承损坏现象及其原因见表11-6。

表 11-6　常见轴承损坏现象及其原因

轴承损坏现象	图例	原因分析和处理建议
（1）高硬度颗粒所造成的磨痕		轨道面与滚子布满凹痕，保持架上有颗粒物，轨道面磨损，润滑剂变色。可能的原因：通常都是因装配过程不洁所致。安装轴承时必须保持清洁，使用新的润滑脂，检查密封是否完好
（2）润滑不当造成的磨损		表面磨损呈镜面状，经过运转后色泽呈蓝色或棕色。可能的原因：由于润滑不足所造成，并易使温度迅速升高。改善润滑状况，检查润滑周期与油封
（3）振动所造成的损伤		在滚动体上为椭圆形印痕，在滚珠轴承上为圆形印痕。在印痕底部呈闪亮或生锈状。这表示轴承在静止时受到振动。可装置吸振基础，可能的话，尽量采用滚珠轴承代替滚柱轴承，另外，搬运机器时，以预压方式固紧轴承
（4）安装不当与超负荷所造成的凹痕		内外环都有凹痕，且凹痕的间距等于滚子之间的距离。其原因可能为安装时未敲击在正确的环上，或者在圆锥轴上推进太多或在静止状态超负荷。请确实遵守规定的安装方法，或更换一个额定静负荷较高的轴承
（5）异物所造成的凹痕		轨道与滚子布满凹痕。异物可能是在安装时带入的，来自于润滑剂或周围的环境。安装轴承时必须保持清洁，使用干净的润滑脂，并检查密封是否完好
（6）滚子末端与引导凹缘的擦伤		在滚子末端与引导凹缘上，有刻痕与局部变色。可能的原因：由于过重的负荷下，滑动或润滑不足所致。此类损坏可选择适当的润滑剂，亦即黏度较高者，加以避免
（7）滚子与滚道的擦伤		在滚道受力区的开端与滚子上，有刻划的痕迹与局部变色。可能的原因：由于滚子在进入受力区时突然的加速所造成的。有两个可行的办法：一是更换较合适的润滑剂，亦即黏度较高者；二是减小轴承的间隙
（8）轨道面有呈滚子间距的擦伤		轴向的伤痕呈与滚子间距一样的分布。可能的原因：若为圆柱滚子轴承，可能是环与滚子安装歪斜；若为球面滚子轴承，可能是安装时敲打在不正确的环上或超负荷。充分润滑表面；安装时要注意旋转。安装圆柱滚子轴承可采用引导套筒
（9）止推轴承的擦伤		滚道上面有斜条的擦伤。可能的原因：由于与负荷不成比例的过高转速所致。这类损坏可以用增加预压力的方式加以避免。例如加装弹簧。安装时，请确认轴向预压力达到最小值

（续）

轴承损坏现象	图例	原因分析和处理建议
（10）外表面的擦伤		内环内孔与外环表面有刻痕与局部变色。可能的原因：由于轴承外环与轴承室有相对转动所致。此类损坏只有加紧环与轴或轴承室的配合才能阻止它们的相对转动。轴向制动或夹紧并无法解决此问题
（11）表面受挫		小而浅的坑痕，并且呈现结晶状的破坏形态。可能的原因：由于润滑不当所致。例如失油或由于温度过高所造成的黏度改变，致使油膜无法将接触面分开，表面会有瞬间的接触，宜改善润滑
（12）腐蚀或深层锈蚀		灰黑色的条纹横越滚道，大部分都呈现与滚子间距一样的分布。可能的原因：由于轴承内部的水汽或侵蚀性物质所造成的损坏的最后阶段，表面会呈现凹坑。检查油封是否有效，或使用防锈性较佳的润滑剂
（13）微动腐蚀		在轴承环与轴承室之间有相对运动才发生的现象。而在轴承内孔与外表面会有锈痕，在轴承滚道面上的相关位置亦可能出现受力痕迹。可能的原因：由于太松的配合或状态不佳的轴承座所致，轴承座需加以改善
（14）电流通过所造成的损坏		在滚道或滚子表面有暗棕色或灰黑色的直条痕或麻点。可能的原因：当电流流过轴承时，轴承零件的表面会发生熔接现象，引导电流使其不流过轴承，或有绝缘措施阻止电流流通，使用绝缘轴承可解决此问题
（15）预压所造成的剥落		轨道之受力痕迹非常明显。此预压可能是来自过渡的干涉配合或圆锥座上推进太多。在调整单列斜角接触轴承或圆锥滚子轴承时，都有可能发生过度预压。剥落的位置通常都会在负荷最重的区域。改变配合或选择间隙较大的轴承，按规程安装
（16）椭圆压缩造成的剥落		在两环中的一个环上，径向对角两端的位置，有明显的受压痕迹，并且有表皮脱落。通常都必须重新制造轴承箱，但有一个变通的办法，对轴承座喷焊再重新修磨。而若轴承箱被安装在一个不平整的基础上，轴承箱的圆度将被破坏
（17）轴向负荷造成的剥落		受力痕迹明显。环的一侧或双列轴承的某一滚道表皮剥落。可能的原因：不正确的安装所造成的轴向负荷，预压过度，非固定轴承被卡住，或轴向位移预留量不足
（18）歪斜造成的剥落		若为深沟球轴承，受力痕迹出现在轨道斜对角相对的两端。可能的原因：由于歪斜所致。若为圆柱滚子轴承，剥落现象从轨道的边缘开始发展，这是由于不当的安装所致

（续）

轴承损坏现象	图例	原因分析和处理建议
（19）印痕所造成的剥落		轨道表皮剥落，并有与滚子间距相对应的印痕。这是由于不当安装所造成的并导致轴承在静止状态超负荷。至于与剥落并存的细微印痕，则可能是由在安装时所带入的异物或混合在润滑剂中的异物造成的
（20）擦伤所造成的剥落		擦伤或演变成剥落。此剥落区靠近受力区滚子开始被加速的地方。改用含抗磨损添加剂的润滑剂。若为轴向的擦伤痕迹，则是不当的安装所造成的
（21）微动腐蚀所造成的剥落		环的轨道表皮剥落，相对于剥落区的外表面则有腐蚀现象。此微动腐蚀是由于太松的配合或形状不正确的轴承座所造成的
（22）直条痕与坑洞所造成的剥落		闪亮或遭腐蚀的直条痕与坑洞，是由于静止状态发生的振动所致，或是黑色或呈现烧焦状的痕迹，则是电流所造成的。应设置吸振装置或引开电流通过
（23）粗暴的敲打所造成的裂痕		此裂痕或崩裂的缺口，通常只发生在一旁，是由于过力敲打造成的
（24）过度的推进所造成的裂痕		裂痕通过全断面。可能的原因：在圆锥座上推进太多或圆柱座上的干涉配合太大所造成的
（25）擦伤造成的裂痕		裂痕与轴承环上的擦伤痕迹并存，甚至可能横跨整个环宽。可能的原因：由于擦伤发展到最后的状态。使用增加了防磨损添加剂的润滑剂可以防止此现象
（26）微动腐蚀所造成的裂痕		若是微动腐蚀所造成的裂痕，内环裂痕为横断向，在外环则为圆周方向。可能的原因：由于太松的配合或形状不正确的轴承座所造成的
（27）保持架磨损		滚动体转动速度过高、润滑脂失效等原因，造成过度磨损。可能的原因：保持架材质耐磨度偏低，更换符合运行要求的轴承
（28）保持架磨损并破裂		可能的原因：机械振动大、滚动体或保持架卡死、转动速度过高、润滑脂失效、材质耐磨度偏低等，造成过度磨损，更换符合运行要求的轴承

附　录

附录A　深沟球轴承的径向游隙（GB/T 4604.1—2012）

内径范围/mm	游隙组别（代号）				
	2组（C2）	0组	3组（C3）	4组（C4）	5组（C5）
	游隙范围/μm				
>6~10	0~7	2~13	8~23	14~29	20~37
>10~18	0~9	3~18	11~25	18~33	25~45
>18~24	0~10	5~20	13~28	20~36	28~48
>24~30	1~11	5~20	13~23	23~41	30~53
>30~40	1~11	6~20	15~33	28~46	40~64
>40~50	1~11	6~23	18~36	30~51	45~73
>50~65	1~15	8~28	23~43	38~61	55~90
>65~80	1~15	10~30	25~51	46~71	65~105
>80~100	1~18	12~36	30~58	53~84	75~120
>100~120	2~20	15~41	36~66	61~97	90~140
>120~140	2~23	18~48	41~81	71~114	105~160
>140~160	2~23	18~53	46~91	81~130	120~180
>160~180	2~25	20~61	53~102	91~147	135~200
>180~200	2~30	25~71	63~117	107~163	150~230
>200~225	2~35	25~85	75~140	125~195	175~265
>225~250	2~40	30~95	85~160	145~225	205~300
>250~280	2~45	35~105	90~170	155~245	225~340

附录 B　圆柱滚子轴承的径向游隙（GB/T 4604.1—2012）

内径范围/mm	游隙组别（代号）				
	2组（C2）	0组	3组（C3）	4组（C4）	5组（C5）
	游隙范围/μm				
10	0～25	20～45	35～60	50～75	—
>10～24	0～25	20～45	35～60	50～75	65～90
>24～30	0～25	20～45	35～60	50～75	70～95
>30～40	5～30	25～50	45～70	60～85	80～105
>40～50	5～35	30～60	50～80	70～100	95～125
>50～65	10～40	40～70	60～90	80～110	110～140
>65～80	10～45	40～75	65～100	90～125	130～165
>80～100	15～50	50～85	75～110	105～140	155～190
>100～120	15～55	50～90	85～125	125～165	180～220
>120～140	15～60	60～105	100～145	145～190	200～245
>140～160	20～70	70～120	115～165	165～215	225～275
>160～180	25～75	75～125	120～170	170～220	250～300
>180～200	35～90	90～145	140～195	195～250	275～330
>200～225	45～105	105～165	160～220	220～280	305～365
>225～250	45～110	110～175	170～235	235～300	330～395
>250～280	55～125	125～195	190～260	260～330	370～440

附录 C　开启式深沟球轴承（60000 型）的极限转速值

规格/mm		极限转速/(r/min)	规格/mm		极限转速/(r/min)
内径	外径		内径	外径	
10	19，22，26，30，35	26000～18000	60	78，85，95，110，130，150	6700～4500
12	21，24，28，32，37	22000～17000	65	90，100，120，160	6000～4300
15	24，28，32，35，42	20000～16000	70	90，110，125，150，180	6000～3800
17	26，30，35，40，47，62	19000～11000	75	95，105，115，130，160，190	5600～3600
20	32，37，42，47，52，72	17000～9500	80	100，110，125，140，170，200	5300～3400
25	37，42，47，52，62，80	15000～8500	85	110，120，130，150，180，210	4800～3200
30	42，47，55，62，72，90	12000～8000	90	125，140，160，190，225	4500～2800
35	47，55，62，72，80，100	10000～6700	95	120，145，170，200	4300～3200
40	52，62，68，80，90，110	9500～6300	100	140，150，180，215，250	4000～2400
45	58，75，85，100，120	8500～5600	105	130，160，190，225	3800～2600
50	65，72，80，90，110，130	8000～5300	110	150，170，200，240，280	3600～2000
55	72，90，100，120，140	7500～4800	120	150，165，180，215，260	3400～2200

附录 D　带防尘盖的深沟球轴承（60000 - Z 型和 60000 - 2Z 型）的极限转速值

规格/mm		极限转速 /(r/min)	规格/mm		极限转速 /(r/min)
内径	外径		内径	外径	
20	42, 47, 52	15000 ~ 13000	55	90, 100, 120	6300 ~ 5300
25	47, 52, 62	13000 ~ 10000	60	95, 110, 130	6000 ~ 5000
30	55, 62, 72	10000 ~ 8000	65	100, 120, 140	5600 ~ 4500
35	62, 72, 80	9000 ~ 8000	70	110, 125, 150	5300 ~ 4300
40	68, 80, 90	8500 ~ 7000	75	115, 130, 160	5000 ~ 4000
45	75, 85, 100	8000 ~ 6300	80	125, 140	4800 ~ 4300
50	80, 90, 110	7000 ~ 6000	85	130, 150	4500 ~ 4000

附录 E　带密封圈的深沟球轴承（60000 - RS 型、2RS 型、RZ 型、2RZ 型）的极限转速值

规格/mm		极限转速 /(r/min)	规格/mm		极限转速 /(r/min)
内径	外径		内径	外径	
20	42, 47, 52	9500 ~ 8500	55	90, 100, 120	4500 ~ 3800
25	47, 52, 62	8500 ~ 7000	60	95, 110, 130	4300 ~ 3600
30	55, 62, 72	7500 ~ 6300	65	100, 120, 140	4000 ~ 3200
35	62, 72, 80	6300 ~ 5600	70	110, 125, 150	3800 ~ 3000
40	68, 80, 90	6000 ~ 5000	75	115, 130, 160	3600 ~ 2800
45	75, 85, 100	5600 ~ 4500	80	125, 140, 170	3400 ~ 2600
50	80, 90, 110	5000 ~ 4300	85	130, 150, 180	3200 ~ 2400

附录 F　内圈或外圈无挡边的圆柱滚子轴承（NU0000 型、NJ0000 型、NUP0000 型、N0000 型和 NF0000 型）的极限转速值

规格/mm		极限转速 /(r/min)	规格/mm		极限转速 /(r/min)
内径	外径		内径	外径	
50	80, 90, 110, 130	6300 ~ 4800	95	170, 200, 240	3200 ~ 2200
55	90, 100, 120, 140	5600 ~ 4300	100	150, 180, 215, 250	3400 ~ 2000
60	95, 110, 130, 150	5300 ~ 4000	105	160, 190, 225	3200 ~ 2200
65	120, 140, 160	4500 ~ 3800	110	170, 200, 240, 280	3000 ~ 1800
70	110, 125, 150, 180	4800 ~ 3400	120	180, 215, 260, 310	2600 ~ 1700
75	130, 160, 190	4000 ~ 3200	130	200, 230, 280, 340	2400 ~ 1500
80	125, 140, 170, 200	4300 ~ 3000	140	210, 250, 300, 360	2000 ~ 1400
85	150, 180, 210	3600 ~ 2800	150	225, 270, 320, 380	1900 ~ 1300
90	140, 160, 190, 225	3800 ~ 2400	160	240, 290, 340	1800 ~ 1400

附录 G　单列圆锥滚子轴承（30000型）的极限转速值

规格/mm		极限转速 /(r/min)	规格/mm		极限转速 /(r/min)
内径	外径		内径	外径	
50	72, 80, 90, 110	5000 ~ 3800	90	125, 140, 160, 190	3200 ~ 1900
55	90, 100, 120	4000 ~ 3400	95	145, 170, 200	2400 ~ 1800
60	85, 95, 110, 130	4000 ~ 3200	100	150, 180, 215	2200 ~ 1600
65	100, 120, 140	3600 ~ 2800	105	160, 190, 225	2000 ~ 1500
70	100, 110, 125, 150	3600 ~ 2600	110	150, 170, 200, 240	2000 ~ 1400
75	115, 130, 160	3200 ~ 2400	120	180, 215, 260	1700 ~ 1300
80	125, 140, 170	3000 ~ 2200	130	180, 200, 230, 280	1700 ~ 1100
85	120, 130, 150, 180	3400 ~ 2000	140	190, 210, 250, 300	1600 ~ 1000

附录 H　单向推力球轴承（510000型）的极限转速值

规格/mm		极限转速 /(r/min)	规格/mm		极限转速 /(r/min)
内径	外径		内径	外径	
50	70, 78, 95, 110	3000 ~ 1300	90	120, 135, 155, 190	1700 ~ 670
55	78, 90, 105, 120	2800 ~ 1100	100	135, 150, 170, 210	1600 ~ 600
60	85, 95, 110, 130	2600 ~ 1000	110	145, 160, 190, 230	1500 ~ 530
65	90, 100, 115, 140	2400 ~ 900	120	155, 170, 210	1400 ~ 670
70	95, 105, 125, 150	2200 ~ 850	130	170, 190, 225, 270	1300 ~ 430
75	100, 110, 135, 160	2000 ~ 800	140	180, 200, 240, 280	1200 ~ 400
80	105, 115, 140, 170	1900 ~ 750	150	190, 215, 250, 300	1100 ~ 380
85	110, 125, 150, 180	1800 ~ 700	160	200, 225, 270	1000 ~ 500

附录 I　单向推力圆柱滚子轴承（80000型）的极限转速值

规格/mm		极限转速 /(r/min)	规格/mm		极限转速 /(r/min)
内径	外径		内径	外径	
40	60, 68	2400, 1700	85	110, 125	1300, 900
50	78	2400	90	120	1200
55	78, 90	1900, 1400	100	150	800
65	90, 100	1700, 1200	120	155	950
75	110	1000	130	190	670

附录 J　单列角接触轴承（70000C 型、70000AC 型、70000B 型）的极限转速值

规格/mm		极限转速/(r/min)	规格/mm		极限转速/(r/min)
内径	外径		内径	外径	
50	80, 90, 110, 130	6700 ~ 5000	90	140, 160, 190, 215	4000 ~ 2600
55	90, 100, 120	6000 ~ 5000	95	145, 170, 200	3800 ~ 3000
60	95, 110, 130, 150	5600 ~ 4300	100	150, 180, 215	3800 ~ 2600
65	100, 120, 140	5300 ~ 4300	105	160, 190, 225	3700 ~ 2400
70	110, 125, 150, 180	5000 ~ 3600	110	170, 200, 240	3600 ~ 2200
75	115, 130, 160	4800 ~ 3800	120	180, 215, 260	2800 ~ 2000
80	125, 140, 170, 200	4500 ~ 3200	130	200, 230	2600 ~ 2200
85	130, 150, 180	4300 ~ 3400	140	210, 250, 300	2200 ~ 1700

附录 K　ISO 公差等级尺寸规则

标准尺寸/mm	不同公差等级（IT）下的尺寸/μm												
	IT0	IT1	IT2	IT3	IT4	IT5	IT6	IT7	IT8	IT9	IT10	IT11	IT12
1 ~ 3	0.5	0.8	1.2	2	3	4	6	10	14	25	40	60	100
>3 ~ 6	0.6	1	1.5	2.5	4	5	8	12	18	30	48	75	120
>6 ~ 10	0.6	1	1.5	2.5	4	6	9	15	22	36	58	90	150
>10 ~ 18	0.8	1.2	2	3	5	8	11	18	27	43	70	110	180
>18 ~ 30	1	1.5	2.5	4	6	9	13	21	33	52	84	130	210
>30 ~ 50	1	1.5	2.5	4	7	11	16	25	39	62	100	160	250
>50 ~ 80	1.2	2	3	5	8	13	19	30	46	74	120	190	300
>80 ~ 120	1.5	2.5	4	6	10	15	22	35	54	87	140	220	350
>120 ~ 180	2	3.5	7	8	12	18	25	40	63	100	160	250	400
>180 ~ 250	3	4.5	7	10	14	20	29	46	72	115	185	290	460
>250 ~ 315	4	6	8	12	16	23	32	52	81	130	210	320	520
>315 ~ 400	5	7	9	13	18	25	36	57	89	140	230	360	570
>400 ~ 500	6	8	10	15	20	27	40	63	97	155	250	400	630
>500 ~ 630	—	—	—	—	—	28	44	70	110	175	280	440	700
>630 ~ 800	—	—	—	—	—	35	50	80	125	200	320	500	800
>800 ~ 1000	—	—	—	—	—	56	56	90	140	230	360	560	900

附录L 深沟球轴承新老标准型号对比及基本尺寸表

基本尺寸/mm			新型号	老型号	基本尺寸/mm			新型号	老型号
内径	外径	宽度			内径	外径	宽度		
20	47	14	6204	204	75	115	20	6015	115
	52	15	6304	304		130	25	6215	215
	72	19	6404	404		160	37	6315	315
25	52	15	6205	205		190	45	6415	415
	62	17	6305	305	80	125	22	6016	116
	80	21	6405	405		140	26	6216	216
30	62	16	6206	206		170	39	6316	316
	72	19	6306	306		200	48	6416	416
	90	23	6406	406	85	130	22	6017	117
35	72	17	6207	207		150	28	6217	217
	80	21	6307	307		180	41	6317	317
	100	25	6407	407		210	52	6417	417
40	80	18	6208	208	90	140	24	6018	118
	90	23	6308	308		160	30	6218	218
	110	27	6408	408		190	43	6318	318
45	85	19	6209	209		225	54	6418	418
	100	25	6309	309	95	145	24	6019	119
	120	29	6409	409		170	38	6219	219
50	80	16	6010	110		200	25	6319	319
	90	20	6210	210	100	150	24	6020	120
	110	27	6310	310		180	34	6220	220
	130	31	6410	410		215	47	6320	320
55	90	18	6011	111		250	58	6420	420
	100	21	6211	211	105	160	26	6021	121
	120	29	6311	311		190	36	6221	221
	140	33	6411	411		225	49	6321	321
60	95	18	6012	112	110	170	28	6022	122
	110	22	6212	212		200	38	6222	222
	130	31	6312	312		240	50	6322	322
	150	35	6412	412	120	180	28	6024	124
65	100	18	6013	113		215	40	6224	224
	120	23	6213	213		260	55	6324	324
	120	33	6313	313	130	200	33	6026	126
	160	37	6413	413		230	40	6226	226
70	110	20	6014	114		280	58	6326	326
	125	24	6214	214	140	210	33	6028	128
	150	35	6314	314		250	42	6228	228
	180	42	6414	414		300	62	6328	328

附录 M　带防尘盖的深沟球轴承新老标准型号及基本尺寸对比表

基本尺寸/mm			新型号		老型号	
内径	外径	宽度	单封闭 60000－Z 型	双封闭 60000－2Z 型	单封闭	双封闭
10	26	8	6000Z	6000－2Z	60100	80100
	30	9	6200Z	6200－2Z	60200	80200
	35	11	6300Z	6300－2Z	60300	80300
12	28	8	6001Z	6001－2Z	60101	80101
	32	10	6201Z	6201－2Z	60201	80201
	37	12	6301Z	6301－2Z	60301	80301
15	32	9	6002Z	6002－2Z	60102	80102
	35	11	6202Z	6202－2Z	60202	80202
	42	13	6302Z	6302－2Z	60302	80302
17	35	10	6003Z	6003－2Z	60103	80103
	40	12	6203Z	6203－2Z	60203	80203
	47	14	6303Z	6303－2Z	60303	80303
20	42	12	6004Z	6004－2Z	60104	80104
	47	14	6204Z	6204－2Z	60204	80204
	52	15	6304Z	6304－2Z	60304	80304
25	47	12	6005Z	6005－2Z	60105	80105
	52	15	6205Z	6205－2Z	60205	80205
	62	17	6305Z	6305－2Z	60305	80305
30	55	13	6006Z	6006－2Z	60106	80106
	62	16	6206Z	6206－2Z	60206	80206
	72	19	6306Z	6306－2Z	60306	80306
35	62	14	6007Z	6007－2Z	60107	80107
	72	17	6207Z	6207－2Z	60207	80207
	80	21	6307Z	6307－2Z	60307	80307

（续）

基本尺寸/mm			新型号		老型号	
内径	外径	宽度	单封闭 60000-Z型	双封闭 60000-2Z型	单封闭	双封闭
40	68	15	6008Z	6008-2Z	60108	80108
	80	18	6208Z	6208-2Z	60208	80208
	90	23	6308Z	6308-2Z	60308	80308
45	75	16	6009Z	6009-2Z	60109	80109
	85	19	6209Z	6209-2Z	60209	80209
	100	25	6309Z	6309-2Z	60309	80309
50	80	16	6010Z	6010-2Z	60110	80110
	90	20	6210Z	6210-2Z	60210	80210
	110	27	6310Z	6310-2Z	60310	80310
55	90	18	6011Z	6011-2Z	60111	80111
	100	21	6211Z	6211-2Z	60211	80211
	120	29	6311Z	6311-2Z	60311	80311
60	95	18	6012Z	6012-2Z	60112	80112
	110	22	6212Z	6212-2Z	60212	80212
	130	31	6312Z	6312-2Z	60312	80312

附录 N　带骨架密封圈的深沟球轴承新老标准型号及基本尺寸对比表

基本尺寸/mm			新型号		老型号	
内径	外径	宽度	单封闭 60000-RS型	双封闭 60000-2RS型	单封闭	双封闭
10	26	8	6000RS	6000-2RS	160100	180100
	30	9	6200RS	6200-2RS	160200	180200
	35	11	6300RS	6300-2RS	160300	180300
12	28	8	6001RS	6001-2RS	160101	180101
	32	10	6201RS	6201-2RS	160201	180201
	37	12	6301RS	6301-2RS	160301	180301
15	32	9	6002RS	6002-2RS	160102	180102
	35	11	6202RS	6202-2RS	160202	180202
	42	13	6302RS	6302-2RS	160302	180302
17	35	10	6003RS	6003-2RS	160103	180103
	40	12	6203RS	6203-2RS	160203	180203
	47	14	6303RS	6303-2RS	160303	180303

（续）

基本尺寸/mm			新型号		老型号	
内径	外径	宽度	单封闭 60000 – RS 型	双封闭 60000 – 2RS 型	单封闭	双封闭
20	42	12	6004RS	6004 – 2RS	160104	180104
	47	14	6204RS	6204 – 2RS	160204	180204
	52	15	6304RS	6304 – 2RS	160304	180304
25	47	12	6005RS	6005 – 2RS	160105	180105
	52	15	6205RS	6205 – 2RS	160205	180205
	62	17	6305RS	6305 – 2RS	160305	180305
30	55	13	6006RS	6006 – 2RS	160106	180106
	62	16	6206RS	6206 – 2RS	160206	180206
	72	19	6306RS	6306 – 2RS	160306	180306
35	62	14	6007RS	6007 – 2RS	160107	180107
	72	17	6207RS	6207 – 2RS	160207	180207
	80	21	6307RS	6307 – 2RS	160307	180307
40	68	15	6008RS	6008 – 2RS	160108	180108
	80	18	6208RS	6208 – 2RS	160208	180208
	90	23	6308RS	6308 – 2RS	160308	180308
45	75	16	6009RS	6009 – 2RS	160109	180109
	85	19	6209RS	6209 – 2RS	160209	180209
	100	25	6309RS	6309 – 2RS	160309	180309
50	80	16	6010RS	6010 – 2RS	160110	180110
	90	20	6210RS	6210 – 2RS	160210	180210
	110	27	6310RS	6310 – 2RS	160310	180310
55	90	18	6011RS	6011 – 2RS	160111	180111
	100	21	6211RS	6211 – 2RS	160211	180211
	120	29	6311RS	6311 – 2RS	160311	180311
60	95	18	6012RS	6012 – 2RS	160121	180121
	110	22	6212RS	6212 – 2RS	160212	180212
	130	31	6312RS	6312 – 2RS	160312	180312

附录O　内圈无挡边的圆柱滚子轴承新老标准型号及基本尺寸对比表

基本尺寸/mm				新型号 NU0000	老型号 32000	基本尺寸/mm				新型号 NU0000	老型号 32000
内径	外径	宽度	内圈外径			内径	外径	宽度	内圈外径		
20	47	14	27	NU204	32204	45	85	19	55	NU209	32209
	47	14	26.5	NU204E	32204E		85	19	54.5	NU209E	32209E
	47	18	26.5	NU2204E	32504E		85	23	55	NU2209	32509
	52	15	28.5	NU304	32304		85	23	54.5	NU2209E	32509E
	52	15	27.5	NU304E	32304E		100	25	58.5	NU309	32309
25	52	15	32	NU205	32205		100	25	58.5	NU309E	32309E
	52	15	31.5	NU205E	32205E		100	36	58.5	NU2309	32609
	52	18	32	NU2205	32505		100	36	58.5	NU2309E	32609E
	52	18	31.5	NU2205E	32505E		120	29	64.5	NU409	32409
	62	17	35	NU305	32305	50	80	16	57.5	NU1010	32110
	62	17	34	NU305E	32305E		90	20	60.4	NU210	32210
	62	24	33.6	NU2305	32605		90	20	59.5	NU210E	32210E
	62	24	34	NU2305E	32605E		90	23	60.4	NU2210	32510
30	62	16	38.5	NU206	32206		90	23	59.5	NU2210E	32510E
	62	16	37.5	NU206E	32206E		110	27	65	NU310	32310
	62	20	38.5	NU2206	32506		110	27	65	NU310E	32310E
	62	20	37.5	NU2206E	32506E		110	40	65	NU2310	32610
	72	19	42	NU306	32306		110	40	65	NU2310E	32610E
	72	19	40.5	NU306E	32306E		130	31	65	NU410	32410
	72	27	42	NU2306	32606	55	90	18	64.5	NU1011	32111
	72	27	40.5	NU2306E	32606E		100	21	66.5	NU211	32211
	90	23	45	NU406	32406		100	21	66.0	NU211E	32211E
35	72	17	43.8	NU207	32207		100	25	66.5	NU2211	32511
	72	17	44	NU207E	32207E		100	25	66.0	NU2211E	32511E
	72	23	43.8	NU2207	32507		120	29	70.5	NU311	32311
	72	23	44	NU2207E	32507E		120	29	70.5	NU311E	32311E
	80	21	46.2	NU307	32307		120	43	70.5	NU2311	32611
	80	21	46.2	NU307E	32307E		120	43	70.5	NU2311E	32611E
	80	31	46.2	NU2307	32607		140	33	77.2	NU411	32411
	80	31	46.2	NU2307E	32607E	60	95	18	69.5	NU1012	32112
	100	25	53	NU407	32407		110	22	73	NU212	32212
40	80	18	50	NU208	32208		110	22	72	NU212E	32212E
	80	18	49.5	NU208E	32208E		110	28	73	NU2212	32512
	80	23	50	NU2208	32508		110	28	72	NU2212E	32512E
	80	23	49.5	NU2208E	32508E		130	31	77	NU312	32312
	90	23	53.2	NU308	32308		130	31	77	NU312E	32312E
	90	23	52	NU308E	32308E		130	46	77	NU2312	32612
	90	33	53.5	NU2308	32608		130	46	77	NU2312E	32612E
	90	33	52	NU2308E	32608E		150	35	83	NU412	32412
	110	27	58	NU408	32408						

附录 P　外圈无挡边的圆柱滚子轴承新老标准型号及基本尺寸对比表

基本尺寸/mm			新型号		老型号	
内径	外径	宽度	N0000 型	NF0000 型	2000 型	12000 型
20	42	12	N1004	—	2104	—
	47	14	N204	NF204	2204	12204
	47	14	N204E	—	2204E	—
	52	15	N304	NF304	2304	12304
	52	15	N304E	—	2304E	—
25	47	12	N1005	—	2105	—
	52	15	N205	NF205	2205	12205
	52	15	N205E	—	2205E	—
	52	18	N2205	NF2205	2505	12505
	62	17	N305	NF305	2305	12305
	62	17	N305E	—	2305E	—
	62	24	N2305	NF2305	2605	12605
30	62	16	N206	NF206	2206	12206
	62	16	N206E	—	2206E	—
	62	20	N2206	—	2506	—
	72	19	N306	NF306	2306	12306
	72	19	N306E	—	2306E	—
	72	27	N2306	NF2306	2606	12606
	90	23	N406	—	2406	—
35	72	17	N207	NF207	2207	12207
	72	17	N207E	—	2207E	—
	72	23	N2207	—	2507	—
	80	21	N307	NF307	2307	12307
	80	21	N307E	—	2307E	—
	80	31	N2307	NF2307	2607	12607
	100	25	N407	—	2407	—
40	68	15	N1008	—	2108	—
	80	18	N208	NF208	2208	12208
	80	18	N208E	—	2208E	—
	80	23	N2208	NF2208	2508	12508
	90	23	N308	NF308	2308	12308
	90	23	N308E	—	2308E	—
	90	23	N2308	NF2308	2608	12608
	110	27	N408	—	2408	—

（续）

基本尺寸/mm			新型号		老型号	
内径	外径	宽度	N0000 型	NF0000 型	2000 型	12000 型
45	85	19	N209	NF209	2209	12209
	85	19	N209E	—	2209E	—
	85	23	N2209	—	2509	—
	100	25	N309	NF309	2309	12309
	100	25	N309E	NF309E	2309E	12309E
	100	36	N2309	NF2309	2609	12609
	120	29	N409	—	2409	—
50	80	16	N1010	—	2110	—
	90	20	N210	NF210	2210	12210
	90	20	N210E	—	2210E	—
	90	23	N2210	—	2510	—
	110	27	N310	NF310	2310	12310
	110	27	N310E	NF310E	2310E	12310E
	110	40	N2310	NF2310	2610	12610
	130	31	N410	NF410	2410	12410
55	90	18	N1011	—	2111	—
	100	21	N211	NF211	2211	12211
	100	21	N211E	—	2211E	—
	100	25	N2211	NF2211	2511	12511
	120	29	N311	NF311	2311	12311
	120	29	N311E	NF311E	2311E	12311E
	120	43	N2311	NF2311	2611	12611
	140	33	N411	—	2411	—
60	95	18	N1012	—	2112	—
	110	22	N212	NF212	2212	12212
	110	22	N212E	—	2212E	—
	110	28	N2212	—	2512	—
	130	31	N312	NF312	2312	12312
	130	31	N312E	NF312E	2312E	12312E
	130	46	N2312	NF2312	2612	12612
	150	35	N412	—	2412	—

（续）

基本尺寸/mm			新型号		老型号	
内径	外径	宽度	N0000 型	NF0000 型	2000 型	12000 型
	120	23	N213	NF213	2213	12213
	120	23	N213E	—	2213E	—
	120	31	N2213	—	2513	—
65	140	33	N313	NF313	2313	12313
	140	33	N313E	NF313E	2313E	12313E
	140	48	N2312	NF2313	2613	12613
	160	37	N413	—	2413	—
	110	20	N1014	—	2114	
	125	24	N214	NF214	2214	12214
	125	24	N214E	—	2214E	—
	125	31	N2214	—	2514	—
70	150	35	N314	NF314	2314	12314
	150	35	N314E	NF314E	2314E	12314E
	150	51	N2314	NF2314	2614	12614
	180	42	N414	—	2414	—
	130	25	N215	NF215	2215	12215
	130	25	N215E	—	2215E	—
	130	31	N2215	NF2215	2515	12515
75	160	37	N315	NF315	2315	12315
	160	37	N315E	NF315E	2315E	12315E
	160	55	N2315	NF2315	2615	12615
	190	45	N415	—	2415	—
	125	22	N1016	—	2116	
	140	26	N216	NF216	2216	12216
	140	26	N216E	—	2216E	—
	140	33	N2216	—	2516	—
80	170	39	N316	NF316	2316	12316
	170	39	N316E	NF316E	2316E	12316E
	170	58	N2316	NF2316	2616	12616
	200	48	N416	NF416	2416	12416

（续）

基本尺寸/mm			新型号		老型号	
内径	外径	宽度	N0000 型	NF0000 型	2000 型	12000 型
85	150	28	N217	NF217	2217	12217
	150	28	N217E	—	2217E	—
	150	36	N2217	—	2517	—
	180	41	N317	NF317	2317	12317
	180	41	N317E	NF317E	2317E	12317E
	180	60	N2317	NF2317	2617	12617
	210	52	N417	—	2417	—
90	140	24	N1018	—	2118	—
	160	30	N218	NF218	2218	12218
	160	30	N218E	—	2218E	—
	160	40	N2218	—	2518	—
	190	43	N318	NF318	2318	12318
	190	43	N318E	NF318E	2318E	12318E
	190	64	N2318	NF2318	2618	12618
	225	54	N418	NF418	2418	12418
95	170	32	N219	NF219	2219	12219
	170	32	N219E	—	2219E	—
	170	43	N2219	—	2519	—
	200	45	N319	NF319	2319	12319
	200	45	N319E	NF319E	2319E	12319E
	200	67	N2319	NF2319	2619	12619
	240	55	N419	—	2419	—
100	150	24	N1020	—	2120	—
	180	34	N220	NF220	2220	12220
	180	34	N220E	—	2220E	—
	180	46	N2220	—	2520	—
	215	47	N320	NF320	2320	12320
	215	47	N320E	NF320E	2320E	12320E
	215	73	N2320	NF2320	2620	12620
	250	58	N420	NF420	2420	12420
105	160	26	N1021	—	2121	—
	190	36	N221	NF221	2221	12221
	225	49	—	NF321	2321	12321

（续）

基本尺寸/mm			新型号		老型号	
内径	外径	宽度	N0000 型	NF0000 型	2000 型	12000 型
110	170	28	N1022	—	2122	—
	200	38	N222	NF222	2222	12222
	200	38	N222E	—	2222E	—
	200	53	N2222	NF2222	2522	12522
	240	50	N322	NF322	2322	12322
	240	80	N2322	NF2322	2622	12622
	280	65	N422	—	2422	—
120	180	28	N1024	—	2124	—
	215	40	N224	NF224	2224	12224
	215	40	N224E	—	2224E	—
	215	58	N2224	NF2224	2524	12524
	260	55	N324	NF324	2324	12324
	260	86	N2324	NF2324	2624	12624
	310	72	N424	—	2424	—
130	200	33	N1026	—	2126	—
	230	40	N226	NF226	2226	12226
	230	64	N2226	NF2226	2526	12526
	280	58	N326	NF326	2326	12326
	280	93	N2326	NF2326	2626	12626
	340	78	N426	—	2426	—
140	210	33	N1028	—	2128	—
	250	42	N228	NF228	2228	12228
	250	68	N2228	—	2528	—
	300	62	N328	NF328	2328	12328
	300	102	N2328	NF2328	2628	12628
	360	82	N428	—	2428	—
150	225	35	N1030	—	2130	—
	270	45	N230	NF230	2230	12230
	320	65	N330	NF330	2330	12330
	320	108	N2330	NF2330	2630	12630
	380	85	N430	—	2430	—
160	240	38	N1032	—	2132	—
	290	48	N232	NF232	2232	12232
	290	80	N2232	—	2532	—
	340	68	N332	NF332	2332	12332
170	260	42	N1034	—	2134	—
	310	52	N234	NF234	2234	12234
	360	72	N334	—	2334	—
	360	120	N2334	NF2334	2634	12634

附录 Q　单向推力球轴承新老标准型号及基本尺寸对比表

基本尺寸/mm			新型号	老型号	基本尺寸/mm			新型号	老型号
内径	外径	高度	510000	8000	内径	外径	高度	510000	8000
30	47	11	51106	8106	80	105	19	51116	8116
	52	16	51206	8206		115	28	51216	8216
	60	21	51306	8306		140	44	51316	8316
	70	28	51406	8406		170	68	51416	8416
35	52	12	51107	8107	85	110	19	51117	8117
	62	18	51207	8207		125	31	51217	8217
	68	24	51307	8307		150	49	51317	8317
	80	32	51407	8407		180	72	51417	8417
40	60	13	51108	8108	90	120	22	51118	8118
	68	19	51208	8208		135	35	51218	8218
	78	26	51308	8308		155	50	51318	8318
	90	36	51408	8408		190	77	51418	8418
45	65	14	51109	8109	100	135	25	51120	8120
	73	20	51209	8209		150	38	51220	8220
	85	28	51309	8309		170	55	51320	8320
	100	39	51409	8409		210	85	51420	8420
50	70	14	51110	8110	110	145	25	51122	8122
	78	22	51210	8210		160	38	51222	8222
	95	31	51310	8310		190	63	51322	8322
	110	43	51410	8410		230	95	51422	8422
55	78	16	51111	8111	120	155	25	51242	8242
	90	25	51211	8211		170	39	51324	8324
	105	35	51311	8311		210	70	51424	8424
	120	48	51411	8411	130	170	30	51126	8126
60	85	17	51112	8112		190	45	51226	8226
	95	26	51212	8212		225	75	51326	8326
	110	35	51312	8312		270	110	51426	8426
	130	51	51412	8412	140	180	31	51128	8128
65	90	18	51113	8113		200	46	51228	8228
	100	27	51213	8213		240	80	51328	8328
	115	36	51313	8313		280	112	51428	8428
	140	56	51413	8413	150	190	31	51130	8130
70	95	18	51114	8114		215	50	51230	8230
	105	27	51214	8214		250	80	51330	8330
	125	40	51314	8314		300	120	51430	8430
	150	60	51414	8414	160	200	31	51132	8132
75	100	19	51115	8115		225	51	51232	8232
	110	27	51215	8215		270	87	51332	8332
	135	44	51315	8315	170	215	34	51134	8134
	160	65	51415	8415		240	55	51234	8234

附录 R　推力圆柱滚子轴承新老标准型号及基本尺寸对比表

基本尺寸/mm			新型号	老型号	基本尺寸/mm			新型号	老型号
内径	外径	高度	80000	9000	内径	外径	高度	80000	9000
10	24	9	81100	9100	50	70	14	81110	9110
12	26	9	81101	9101	55	78	16	81111	9111
15	28	9	81102	9102	60	85	17	81112	9112
17	30	9	81103	9103	65	90	18	81113	9113
20	35	10	81104	9104	70	95	18	81114	9114
25	42	11	81105	9105	75	100	19	81115	9115
30	47	11	81106	9106	80	105	19	81116	9116
35	52	12	81107	9107	85	110	19	81117	9117
40	60	13	81108	9108	90	120	22	81118	9118
45	65	14	81109	9109	100	135	25	81120	9120

附录 S　我国和国外主要轴承生产厂电机常用滚动轴承型号对比表（内径≥10mm）

轴承名称		型　　　　号				
		中国		日本 NSK	日本 NTN	瑞典 SKF
		新	旧			
向心深沟球轴承	开启式	61800	1000800	6800	6800	61800
		6200	200	6200	6200	6200
	一面带防尘盖	61800 – Z	106008	6800Z	6800Z	—
	两面带防尘盖	61800 – 2Z	1080800	6800ZZ	6800ZZ	—
		6200 – 2Z	80200	6200ZZ	6200ZZ	6200 – 2Z
	一面带密封圈	61800 – RS	1160800	6800D	6800LU	61800 – RS1
		6200 – RS	160200	6200DU	6200LU	6200 – RS1
		61800 – RZ	1160800K	6800V	6800LB	61800 – RZ
		6200 – RZ	160200K	6200V	6200LB	6200 – RZ
	两面带密封圈	61800 – 2RS	1180800	6800DD	6800LLU	61800 – 2RS1
		6200 – 2RS	180200	6200DDU	6200LLU	6200 – 2RS1
		61800 – 2RZ	1180800K	6800VV	6800LLB	61800 – 2RZ
		6200 – 2RZ	180200K	6200VV	6200LB	6200 – 2RZ
内圈无挡边圆柱滚子轴承		NU1000	32100	NU1000	NU1000	NU1000
		NU200	32200	NU200	NU200	—
		NU200E	32200E	NU200ET	NU200E	NU200EC
推力球轴承		51100	8100	51100	51100	51100
推力圆柱滚子轴承		81100	9100	—	81100	81100

注：NSK 为日本精工公司（Nippon Seiko K. K. Japan）；NTN 为日本东洋轴承公司（the Tokyo Bearing Mfg Co. Ltd. , Japan）；SKF 为瑞典斯凯孚集团。

附录 T 径向轴承（圆锥滚子轴承除外）内环尺寸公差表

内径范围 d/mm	公差范围/μm									
	0级（普通级）				P6级				P5级		
	内径	圆度			内径	圆度			内径	圆度	
		直径系列				直径系列				直径系列	
		8, 9	0, 1	2, 3, 4		8, 9	0, 1	2, 3, 4		8, 9	0~4
>2.5~10	0 ~ -8	10	8	6	0 ~ -7	9	7	5	0 ~ -5	5	4
>10~18	0 ~ -8	10	8	6	0 ~ -7	9	7	5	0 ~ -5	5	4
>18~30	0 ~ -10	13	10	8	0 ~ -8	10	8	6	0 ~ -6	6	5
>30~50	0 ~ -12	15	12	9	0 ~ -10	13	10	8	0 ~ -8	8	6
>50~80	0 ~ -15	19	19	11	0 ~ -12	15	15	9	0 ~ -9	9	7
>80~120	0 ~ -20	25	25	15	0 ~ -15	19	19	11	0 ~ -10	10	8
>120~180	0 ~ -25	31	31	19	0 ~ -18	23	23	14	0 ~ -13	13	10
>180~250	0 ~ -30	38	38	23	0 ~ -22	28	28	17	0 ~ -15	15	12
>250~315	0 ~ -35	44	44	26	0 ~ -25	31	31	19	0 ~ -18	18	14
>315~400	0 ~ -40	50	50	30	0 ~ -30	38	38	23	0 ~ -23	23	18
>400~500	0 ~ -45	56	56	34	0 ~ -35	44	44	26	0 ~ -27	27	21

附录 U 径向轴承（圆锥滚子轴承除外）外环尺寸公差表

外径范围 d/mm	公差范围/μm									
	0级（普通级）				P6级				P5级		
	外径	圆度			外径	圆度			外径	圆度	
		直径系列				直径系列				直径系列	
		8, 9	0, 1	2, 3, 4		8, 9	0, 1	2, 3, 4		8, 9	0~4
>6~18	0 ~ -8	10	8	6	0 ~ -7	9	7	5	0 ~ -5	5	4
>18~30	0 ~ -9	12	9	7	0 ~ -8	10	8	6	0 ~ -6	6	5
>30~50	0 ~ -11	14	11	8	0 ~ -9	11	9	7	0 ~ -7	7	5
>50~80	0 ~ -13	16	13	10	0 ~ -11	14	11	8	0 ~ -9	9	7
>80~120	0 ~ -15	19	19	11	0 ~ -13	16	16	10	0 ~ -10	10	8
>120~150	0 ~ -18	23	23	14	0 ~ -15	19	19	11	0 ~ -11	11	8
>150~180	0 ~ -25	31	31	19	0 ~ -18	23	23	14	0 ~ -13	13	10
>180~250	0 ~ -30	38	38	23	0 ~ -20	25	25	15	0 ~ -15	15	11
>250~315	0 ~ -35	44	44	26	0 ~ -25	31	31	19	0 ~ -18	18	14
>315~400	0 ~ -40	50	50	30	0 ~ -28	35	35	21	0 ~ -20	20	15
>400~500	0 ~ -45	56	56	34	0 ~ -33	41	41	25	0 ~ -23	23	17

附录 V　径向轴承（圆锥滚子轴承除外）内外圈厚度尺寸公差表

内径范围 d/mm	公差范围/μm	内径范围 d/mm	公差范围/μm
>2.5~10	0 ~ -120 (-40)①	>120~180	0 ~ -250
>10~18	0 ~ -120 (-80)①	>180~250	0 ~ -300
>18~30	0 ~ -120	>250~315	0 ~ -350
>30~50	0 ~ -120	>315~400	0 ~ -400
>50~80	0 ~ -150	>400~500	0 ~ -450
>80~120	0 ~ -200		

① 括号内的数字为 P5 级。

附录 W　Y（IP44）系列三相异步电动机现用和曾用轴承牌号

机座号	轴　承　牌　号			
	主轴伸端		非主轴伸端	
	2 极	4、6、8、10 极	2 极	4、6、8、10 极
80	6204 - 2RZ/Z2（180204K - Z2）			
90	6205 - 2R/Z2（180205K - Z2）			
100	6206 - 2R/Z2（180206K - Z2）			
112	6206 - 2R/Z2（180306K - Z2）			
132	6208 - 2R/Z2（180308K - Z2）			
160	6209/Z2（309 - Z2）			
180	6311/Z2（311 - Z2）			
200	6312/Z2（312 - Z2）			
225	6313/Z2（313 - Z2）			
250	6314/Z2（314 - Z2）			
280	6314/Z2（314 - Z2）	6317/Z2（317 - Z2）	6314/Z2（314 - Z2）	6317/Z2（317 - Z2）
315	6316/Z2（316 - Z2）	NU319（2319）	6316/Z2（316 - Z2）	6319/Z2（319 - Z2）
355	6317/Z2（317 - Z2）	NU322（2322）	6317/Z2（316 - Z2）	6322/Z2（322 - Z2）

注：括号内的为以前曾用过的轴承行业标准 ZBJ11027—1989 中规定的轴承牌号。

附录 X　Y2（IP54）系列三相异步电动机现用和曾用轴承牌号

机座号	轴　承　牌　号			
	主轴伸端		非主轴伸端	
	2 极	4、6、8、10 极	2 极	4、6、8、10 极
80~100	同 Y（IP44）系列			
112	6206 - 2Z（180206K - Z2）			
132	6208 - 2Z（180208K - Z2）			
160	6209 - 2Z（180209K - Z2）	6309 - 2Z（180309K - Z2）	6209 - 2Z（180209K - Z2）	

（续）

机座号	轴承牌号			
	主轴伸端		非主轴伸端	
	2 极	4、6、8、10 极	2 极	4、6、8、10 极
180	6211（211－ZV2）	6311－2Z（311－ZV2）	6211（211－ZV2）	
200	6212（212－ZV2）	6212（312－ZV2）	6212（212－ZV2）	
225	6312（312－ZV2）	6313（313－ZV2）	6312（312－ZV2）	
250	6313（313－ZV2）	6314（314－ZV2）	6313（313－ZV2）	
280	6314（314－ZV2）	6317（316－ZV2）	6314（314－ZV2）	
315	6317（317－ZV2）	NU319（2319－ZV2）	6317（317－ZV2）	6319（319－ZV2）
355	6319（319－ZV2）	NU322（2322－ZV2）	6319（319－ZV2）	6322（322－ZV2）

注：同附录 W。

附录 Y 滚动轴承国家标准

序号	编号	名称
1	GB/T 271—2017	滚动轴承 分类
2	GB/T 272—2017	滚动轴承 代号方法
3	GB/T 273.1—2011	滚动轴承 外形尺寸总方案 第 1 部分：圆锥滚子轴承
4	GB/T 273.2—2018	滚动轴承 外形尺寸总方案 第 2 部分：推力轴承
5	GB/T 273.3—2015	滚动轴承 外形尺寸总方案 第 3 部分：向心轴承
6	GB/T 274—2000	滚动轴承 倒角尺寸最大值
7	GB/T 275—2015	滚动轴承 配合
8	GB/T 276—2013	滚动轴承 深沟球轴承 外形尺寸
9	GB/T 281—2013	滚动轴承 调心球轴承 外形尺寸
10	GB/T 283—2007	滚动轴承 圆柱滚子轴承 外形尺寸
11	GB/T 285—2013	滚动轴承 双列圆柱滚子轴承 外形尺寸
12	GB/T 288—2013	滚动轴承 调心滚子轴承 外形尺寸
13	GB/T 290—2017	滚动轴承 无内圈冲压外圈滚针轴承 外形尺寸
14	GB/T 292—2007	滚动轴承 角接触球轴承 外形尺寸
15	GB/T 294—2015	滚动轴承 三点和四点接触球轴承 外形尺寸
16	GB/T 296—2015	滚动轴承 双列角接触球轴承 外形尺寸
17	GB/T 297—2015	滚动轴承 圆锥滚子轴承 外形尺寸
18	GB/T 299—2008	滚动轴承 双列圆锥滚子轴承 外形尺寸
19	GB/T 300—2008	滚动轴承 四列圆锥滚子轴承 外形尺寸
20	GB/T 301—2015	滚动轴承 推力球轴承 外形尺寸
21	GB/T 305—1998	滚动轴承 外圈上的止动槽和止动环 尺寸和公差

（续）

序号	编　号	名　称
22	GB/T 307.1—2017	滚动轴承　向心轴承　产品几何技术规范（GPS）和公差值
23	GB/T 307.2—2005	滚动轴承　测量和检验的原则及方法
24	GB/T 307.3—2017	滚动轴承　通用技术规则
25	GB/T 307.4—2017	滚动轴承　推力轴承　产品几何技术规范（GPS）和公差值
26	GB/T 4199—2003	滚动轴承　公差　定义
27	GB/T 4604.1—2012	滚动轴承　游隙　第1部分：向心轴承的径向游隙
28	GB/T 4662—2012	滚动轴承　额定静载荷
29	GB/T 4663—2017	滚动轴承　推力圆柱滚子轴承　外形尺寸
30	GB/T 5859—2008	滚动轴承　推力调心滚子轴承　外形尺寸
31	GB/T 5868—2003	滚动轴承　安装尺寸
32	GB/T 6391—2010	滚动轴承　额定动载荷和额定寿命

参 考 文 献

［1］才家刚，李兴林，王勇，等 . 滚动轴承使用常识［M］. 2 版 . 北京：机械工业出版社，2015.

［2］刘泽九 . 滚动轴承应用手册［M］. 3 版 . 北京：机械工业出版社，2005.

［3］王勇 . SKF 大型混合陶瓷深沟球轴承——风力发电机的可靠解决方案［J］. 电机控制与应用，2008（12）：54 – 57.

［4］王勇 . 风力发电机中的轴承过电流问题［J］. 电机控制与应用，2008（9）：15 – 19.

［5］王勇 . 工业电机中的滚动轴承噪声［J］. 电机控制与应用，2008（6）：38 – 41.

［6］王勇 . 工业电机中的滚动轴承失效分析［J］. 电机控制与应用，2009（9）：38 – 43.

［7］王勇 . 滚动轴承寿命计算［J］. 电机控制与应用，2009（7）：14 – 18.

［8］王勇 . 工业电机滚动轴承润滑方案设计［J］. 电机控制与应用，2009（12）：52 – 56.

［9］王勇 . 工业电机滚动轴承的安装与使用［J］. 电机控制与应用，2010（1）：56 – 60.

［10］才家刚 . 电机故障诊断及修理［M］. 北京：机械工业出版社，2016.

［11］才家刚 . 电机选、用、修现代技术问答［M］. 北京：机械工业出版社，2012.

［12］才家刚 . 零起步看图学电机使用与维护［M］. 北京：化学工业出版社，2010.

［13］才家刚 . 零起步看图学三相异步电动机维修［M］. 北京：化学工业出版社，2010.